高等学校规划教材

弹 性 力 学

王者超　乔丽苹　编

中国建筑工业出版社

图书在版编目(CIP)数据

弹性力学/王者超等编.—北京：中国建筑工业出版社，2016.6
高等学校规划教材
ISBN 978-7-112-19481-0

Ⅰ.①弹… Ⅱ.①王… Ⅲ.①弹性力学-高等学校-教材 Ⅳ.①O343

中国版本图书馆CIP数据核字(2016)第124063号

本书是为高等学校土建、水利、机械和矿业等专业编写的弹性力学教材。本书系统地阐述了弹性力学的基本概念、基本理论和基本方法，主要内容包括：应力理论、应变理论、广义胡克定律、一般原理、平面问题、空间问题、线性热弹性力学和弹性波传播理论。本书在编写中遵循了"重视基础、淡化专业、加强应用"的思路，在兼顾理论体系完整性的同时加强对知识点应用性的阐述，着力培养学生运用弹性力学知识分析和解决问题的能力。

本书可作为高等学校土建、水利、机械和矿业等工科专业本科生和研究生的教材或教学参考书，也可供研究人员和工程技术人员参考。

为更好地支持本课程的教学，本书作者制作了多媒体教学课件，有需要的读者可以发送邮件至jiangongkejian@163.com索取。

*　　*　　*

责任编辑：仕　帅　吉万旺　王　跃
责任校对：李欣慰　刘梦然

高等学校规划教材
弹 性 力 学
王者超　乔丽苹　编
*
中国建筑工业出版社出版、发行（北京西郊百万庄）
各地新华书店、建筑书店经销
北京红光制版公司制版
北京市书林印刷有限公司印刷
*
开本：787×1092毫米　1/16　印张：13　字数：287千字
2016年6月第一版　　2016年6月第一次印刷
定价：**30.00**元（赠课件）
ISBN 978-7-112-19481-0
　　　　(28722)

版权所有　翻印必究
如有印装质量问题，可寄本社退换
（邮政编码 100037）

前 言

本书是为高等学校土建、水利、机械和矿业等专业编写的弹性力学教材。本书系统地阐述了弹性力学的基本概念、基本理论和基本方法。随着时代的进步，高等学校相关专业人才培养对弹性力学教材提出以下四点要求：（1）叙述思路清晰，理清主要脉络；（2）重点突出，对核心知识点精准阐述；（3）理论与应用相结合，使得理论在应用中鲜活起来；（4）强调弹性力学在相关专业课程教学中的基础地位，做到知识点与其他课程衔接。

本书针对上述要求，在充分吸收国内外经典教材理念基础上，结合编者自身学习和教学实践，突出以下特色：（1）内容体现弹性力学与其他力学课程的区别，突出了弹性力学课程特点；（2）采用通俗易懂的叙述方式，尽量避免繁琐的数学推导，便于学生理解；（3）参考国内外经典教材，对重要知识点深度阐述；（4）通过实例对知识点进行说明，不但便于学生理解，而且有利于提高学生解决实际问题能力；（5）强调弹性力学在相关专业课程教学中的基础地位，为学生学习后续相关课程奠定良好理论基础。本书内容分为基本部分和选学部分，选学部分均加注"*"，方便授课教师根据教学课时、学生情况和后续课程需要作适当的取舍。本书配备了多媒体教学课件，读者可联系出版社索取。

山东建筑大学薛守义教授和山东大学张敦福教授认真审阅了书稿，提出了许多宝贵意见。宗智协助完成了部分统稿和图表绘制工作。本书的出版得到了山东大学首批精品教材建设计划和示范性研究生学位课程建设项目的资助，对此，一并表示衷心的感谢。

由于水平有限，书稿中难免有不足之处，恳请各位读者批评指正。

编者
2016 年 3 月

目 录

第 1 章 绪论 1
- §1.1 弹性力学概述 1
- §1.2 基本假设 2
- §1.3 弹性力学理论发展 3
- §1.4 弹性力学的研究方法 4
- §1.5 本书主要内容 4

第 2 章 应力理论 5
- §2.1 体力和面力 5
- §2.2 应力与应力张量 6
- §2.3 斜截面应力公式 8
- §2.4 平衡微分方程与应力张量对称性 10
- §2.5 应力分量转换公式 11
- §2.6 主应力与主方向 13
- §2.7 最大切应力与八面体切应力 16
- §2.8 应力球张量与应力偏张量 18
- §2.9 平面应力 21
- §2.10 极坐标系下应力张量对称性与平衡微分方程 23
- 习题 24

第 3 章 应变理论 27
- §3.1 相对位移张量 27
- §3.2 应变张量、几何方程与刚体转动张量 29
- §3.3 几种特殊的应变状态 32
- §3.4 应变分量转换公式 35
- §3.5 主应变与主方向 36
- §3.6 最大切应变与八面体切应变 38
- §3.7 应变球张量与应变偏张量 38
- §3.8 应变协调方程 39
- *§3.9 协调方程与位移单值连续关系 40
- §3.10 平面应变 44
- §3.11 极坐标系下几何方程与应变协调方程 46
- 习题 47

第4章 广义胡克定律与弹性常数 ········· 50
§4.1 广义胡克定律 ········· 50
§4.2 弹性常数 ········· 53
§4.3 弹性应变能密度函数 ········· 58
*§4.4 横观各向同性弹性 ········· 61
习题 ········· 64

第5章 弹性力学问题的一般原理 ········· 66
§5.1 基本方程 ········· 66
§5.2 边界条件 ········· 68
§5.3 位移法 ········· 70
§5.4 应力法 ········· 74
§5.5 解的唯一性 ········· 76
§5.6 叠加原理 ········· 77
§5.7 圣维南原理 ········· 78
§5.8 变形能定理 ········· 80
*§5.9 功的互等定理 ········· 81
*§5.10 最小变形能定理 ········· 84
习题 ········· 86

第6章 平面问题 ········· 89
§6.1 基本方程 ········· 89
§6.2 应力函数法 ········· 91
§6.3 应力函数法求解弹性力学平面问题 ········· 93
§6.4 矩形梁的纯弯曲逆解法 ········· 96
§6.5 梁的弹性平面弯曲半逆解法 ········· 98
§6.6 简支梁受均布荷载作用半逆解法 ········· 102
§6.7 极坐标系下一般方程 ········· 105
§6.8 厚壁圆筒问题位移法 ········· 107
§6.9 圆孔孔边应力集中应力法 ········· 109
§6.10 半无限弹性体平面问题 ········· 113
*§6.11 对径受压圆盘中的应力分析 ········· 117
*§6.12 位移函数法 ········· 121
习题 ········· 124

第7章 空间问题 ········· 129
§7.1 简单空间问题 ········· 129
§7.2 空间轴对称问题的基本方程 ········· 132
§7.3 空间轴对称问题的基本解法 ········· 133
§7.4 无限大弹性体作用集中力问题的应力函数法 ········· 138
*§7.5 半空间体表面受法向力问题 ········· 140
§7.6 空间球对称问题的解法 ········· 145

* §7.7 半空间体表面受切向集中力问题的位移函数法 ……………… 150
习题 …………………………………………………………………… 151

*第8章 线性热弹性力学问题 …………………………………………… 153
§8.1 热传导方程及其定解条件 ……………………………………… 153
§8.2 热膨胀与热应力 ………………………………………………… 155
§8.3 热弹性力学的基本方程 ………………………………………… 157
§8.4 位移解法 ………………………………………………………… 160
§8.5 圆球体的球对称热应力 ………………………………………… 161
§8.6 热弹性应变势 …………………………………………………… 163
§8.7 圆筒的轴对称热应力 …………………………………………… 165
§8.8 应力解法 ………………………………………………………… 167
§8.9 热应力函数 ……………………………………………………… 169
§8.10 简单热应力问题 ………………………………………………… 172
习题 …………………………………………………………………… 175

*第9章 弹性介质中波的传播理论 ………………………………………… 177
§9.1 集散波和畸变波 ………………………………………………… 177
§9.2 平面波 …………………………………………………………… 178
§9.3 纵波在柱形杆中传播的初等理论 ……………………………… 181
§9.4 杆的纵向碰撞 …………………………………………………… 184
§9.5 瑞利表面波 ……………………………………………………… 189
§9.6 球对称波与球形洞内的爆炸压力 ……………………………… 191
习题 …………………………………………………………………… 194

主要符号表 …………………………………………………………………… 196

参考文献 ……………………………………………………………………… 199

第1章 绪 论

§1.1 弹性力学概述

弹性力学是土建、水利、机械和矿业等专业本科生必修的一门专业基础课。作为固体力学的一个重要分支，弹性力学主要研究弹性体在外界因素（力、约束和温度等）作用下应力、应变和位移的分布规律，从而为解决相关工程的强度、刚度和稳定问题提供依据。

弹性是指物体变形与载荷存在一一对应关系，而且当外力作用除去后，物体可以完全恢复到原来状态。这种一一对应关系可以是线性的，也可以是非线性的。弹性是对物体性质的一种理想假设，适用于在一定条件下描述物体的力学性质。本教材只讨论应力与应变成线性关系的情况，即物体是线弹性的。

弹性力学与人们生产生活活动密不可分，日常生活中最常见的弹性问题莫过于弹簧受到拉力作用伸长的现象。材料力学中也介绍了弹性问题，低碳钢受到拉应力作用将产生拉应变。在比例极限范围内，低碳钢应力与应变成线性关系。而本课程要解决的问题要比上述问题复杂。实际应用中研究对象多数是实体，并且受力和变形是三维的。在此条件下，物体内产生的应力、变形和位移就不能像上述问题那么简单地表达出来。

本教材目标是培养学生全面掌握弹性力学的基本概念、基本原理和基本方法，提高分析和解决实际问题的能力，并为学习塑性力学、结构设计原理、钢筋混凝土结构、断裂力学、损伤力学、岩石（体）力学和土力学等后续专业课程提供必备的基础知识。

弹性力学是材料力学理论的深化，其两者的主要区别如下：
(1) 研究对象

弹性力学：既研究杆件，也研究深梁、板壳、堤坝、地基等实体结构。

材料力学：基本上只研究杆件。

(2) 研究方法

弹性力学：严格考虑静力学、几何学和物理学三方面条件，建立三套方程；在边界上考虑受力或约束条件，并在边界条件下求解上述方程，得出较精确的解答。材料力学：也考虑以上几方面条件，但不是十分严格，常常引用近似的计算假设（如平面截面假设）来简化问题，并在许多方面进行了近似的处理。

(3) 求解难度

弹性力学的研究对象是弹性体，从微分单元体入手，三维数学问题，综合分析的结果是偏微分方程边值问题，在数学上求解困难重重，除了少数特殊问题，一般弹性体问题很难得到解析解。材料力学的研究对象是杆件，从微段平衡入手，一维数学问题，求解的基本方程是常微分方程，数学求解没有困难。

（4）载荷处理方法

材料力学经常把高度集中的表面载荷简化为集中力。弹性力学则把集中力还原成作用在局部表面上的面力。

§1.2 基 本 假 设

在弹性力学中，为了能够通过已知量求出应力、应变和位移等未知量，首先要从问题的静力学、几何学和物理学三方面出发，建立这些未知量所满足的弹性力学基本方程和相应边界条件。由于实际问题是极其复杂的，如果不分主次地将全部因素考虑进来，则势必会造成分析上的困难，而且由于导出的方程过于复杂，实际上也不可能求解。因此，通常必须按照物体性质和求解范围，忽略一些可以暂不考虑的因素，而提出一些基本假设，使问题限制在可以求解的范围内。在以后的讨论中，如果不特别指出，将采用以下六个基本假设：

（1）连续性

假设内容：①整个弹性体内部完全由组成物体的介质所充满，各个质点之间不存在空隙；②弹性体在整个变形过程保持连续，原来相邻的两个点变形后仍是相邻点。其作用是使物体所有物理量，例如位移、应变和应力等，均为物体空间（坐标）的连续函数。因此，可以利用高等数学中的微积分知识来处理连续介质问题。

注意：任何物体都是由分子、原子组成的，从微观上讲任何物体都是稀疏分布的、不连续的。作为土木工程一个重要的研究对象，土是由颗粒组成的，颗粒之间存在着孔隙，从细观上讲，土也是不连续的。当宏观尺寸远远大于微（细）观尺寸时，使用连续性假设并不会引起显著误差。

（2）均匀性

假设内容：①弹性体是由相同或相似性质的材料组成；②各个部分的结构或组成成分不随坐标位置的变化而改变。其作用为：①弹性常数不随位置坐标变化而变化；②取微元体分析的结果可应用于整个物体。

注意：土、混凝土等材料，如果不细究其不同组分交界面的局部应力，可以在宏观尺寸足够大的情况下视为均匀材料。

（3）各向同性

假设内容：弹性体在同一点处的性质与考察方向无关。其作用为：弹性常数不随坐标方向变化而变化。

注意：大多数金属材料是各向同性的。木材、复合材料、地壳结构一般都不是各向同性的。

（4）小变形

假设内容：物体在外力或其他作用下，物体产生的变形与其本身尺寸相比可以忽略不计。其作用为：①可以使用变形前的几何尺寸代替变形后的尺寸，简化问题复杂程度；②考虑几何关系时可以略去位移公式的二阶小量，使几何方程为线性方程。

注意：大变形分析必须考虑几何关系中的二阶甚至高阶项。

(5) 线弹性

假设内容：弹性体的变形与载荷之间存在着一一对应的线性关系。其作用为：弹性常数不随应力或应变的变化而改变。

(6) 无初始应力

假设内容：物体处于自然状态，即在力和温度等外界因素作用之前，物体内部是没有应力的。其作用为：物体所受应力仅由外力或温度变化所引起。

§1.3 弹性力学理论发展

与其他任何学科一样，在弹性力学的发展史中，可以看到人们认识自然界的历程：从简单到复杂，从粗糙到精确，从错误到正确。许多数学家、力学家和实验工作者做了辛勤的探索和研究工作，使弹性力学理论得以建立，并且不断地深化和发展。

(1) 发展初期（约 1821 以前）

这时期主要是通过实验探索物体的受力与变形之间的关系。1678 年，胡克通过实验，发现了弹性体的变形与受力之间成比例的规律。1807 年，杨做了大量的实验，提出和测定了材料的弹性模量。1705 年伯努利和 1776 年库仑分别研究了梁的弯曲理论。一些力学家开始了对杆件等的研究分析。

(2) 线性理论发展阶段（约于 1821~1855）

这时期建立了线性弹性力学的基本理论。1820 年纳维从分子结构理论出发，建立了各向同性弹性体的方程，但其中只含一个弹性常数。1820~1822 年间柯西从连续统模型出发，建立了弹性力学的平衡（运动）微分方程、几何方程和各向同性的广义胡克定律。

1838 年，格林应用能量守恒定律，指出各向异性体只有 21 个独立的弹性常数。此后，汤姆逊由热力学定理证明了上述结果。同时拉梅等再次肯定了各向同性体只有两个独立的弹性常数。至此，弹性力学建立了完整的线性理论，弹性力学问题已经化为在给定边界条件下求解微分方程的数学问题。

(3) 基础理论发展阶段（约于 1854~1907）

在这段时期，数学家和力学家应用已建立的线性弹性理论，去解决大量的工程实际问题，并由此推动了数学分析工作的进展。圣维南提出了局部性原理和半逆解法。艾里解决了弹性力学的平面问题。赫兹解决了弹性体的接触问题。

(4) 深入发展阶段（1907 至今）

1907 年以后，非线性弹性力学迅速地发展起来。1907 年，卡门提出了薄板的大挠度问题；卡门和钱学森提出了薄壳的非线性稳定问题；力学工作者还提出了大应变问题，同时，线性弹性力学也得到进一步的发展，出现了许多分支学科，如薄壁构件力学、薄壳力学、热弹性力学、粘弹性力学、各向异性弹性力学等。

§1.4 弹性力学的研究方法

弹性力学的研究方法如下：

（1）解析法（本教材主要讲解的研究方法）

根据弹性体的静力学、几何学、物理学等条件，建立区域内的微分方程组和边界条件，并应用数学分析方法求解这类微分方程的边值问题，得出的解答是精确的函数解。

（2）变分法（能量法）

根据变形体的能量极值原理，导出弹性力学的变分方程，并进行求解。这也是一种独立的弹性力学问题的解法。由于得出的解答大多是近似的，所以常将变分法归入近似的解法。

（3）差分法

差分法是微分方程的近似数值解法。它将弹性力学中导出的微分方程及其边界条件化为差分方程进行求解。

（4）有限单元法

有限单元法是近半个世纪发展起来的非常有效、应用非常广泛的数值解法。它首先将连续体变换为离散化结构，再将变分原理应用于离散化结构，并使用计算机进行求解的方法。

（5）实验法

实验法是指模型试验和现场试验的各种方法。模型试验是采用相似理论将实际问题尺寸缩小至室内可开展试验的尺寸，在获得试验数据后，再通过相似理论获得实际问题的解答。现场试验则为实践中通过直接测量方式获得问题解答。

对于许多工程实际问题，由于边界条件、外荷载及约束等较为复杂，所以常常应用近似解法——变分法、差分法、有限单元法等求解。

§1.5 本书主要内容

本书共分九章。第1章介绍了弹性力学基本情况；第2章和第3章分别阐述了应力理论和应变理论；第4章介绍了弹性本构方程——广义胡克定律及弹性常数相关内容；第5章系统阐述了弹性力学问题的一般原理；第6章和第7章分别全面介绍了弹性力学平面问题和空间问题求解方法；第8章介绍了线性热弹性力学问题求解方法；第9章介绍了弹性介质中波的传播理论相关内容。

第 2 章 应 力 理 论

弹性力学所研究的大多是超静定问题。要解决超静定问题，必须考虑静力学、几何学和物理学三方面的条件，缺一不可。本章的任务是要从静力学观点出发，分析一点的应力状态，并建立了连续介质力学普遍适用的平衡微分方程。本章中，2.1 节介绍了引起物体内力的外力基本类型及数学定义；2.2 节与 2.3 节分别介绍一点处应力描述方法和斜截面上应力公式；2.4 节介绍物体处于平衡状态需满足的基本方程；2.5 节介绍不同坐标系下应力分量转换关系；2.6～2.8 节介绍三维应力理论其他相关内容；2.9 节介绍平面应力相关内容；2.10 节介绍极坐标系下应力理论基本方程。

§2.1 体力和面力

(一) 概念

(1) 体力是作用于物体微粒体积上的力。物体微粒体积称为体元。

举例：重力、惯性力、电磁力。多由物理场作用产生。

(2) 面力则是作用于物体表面微粒集合上的力。表面微粒集合称之为面元。

举例：风力、液体压力、接触力。

体力和面力在属性上均属于外力。

(二) 数学定义

(1) 体力

取体元，体积为 ΔV，受力为 $\Delta \boldsymbol{F}$，则体力（平均集度）为：

$$\boldsymbol{f} = \lim_{\Delta V \to 0} \frac{\Delta \boldsymbol{F}}{\Delta V} \tag{2.1-1}$$

单位：N/m^3。

(2) 面力

取面元，面积为 ΔS，受力为 $\Delta \overline{\boldsymbol{F}}$，则面力（平均集度）为：

$$\overline{\boldsymbol{f}} = \lim_{\Delta S \to 0} \frac{\Delta \overline{\boldsymbol{F}}}{\Delta S} \tag{2.1-2}$$

单位：N/m^2。

根据连续性假设，认为极限存在。

上述两式采用了连续性假设，认为上述两式极限存在。

(三) 示例

(1) 体力：重力

某弹性体密度为 ρ，则体积为 ΔV 的体元所受重力为：

$$\Delta F = \rho \Delta V \boldsymbol{g} \tag{2.1-3}$$

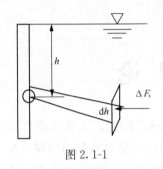

图 2.1-1

因此其体力为:$f = \rho \boldsymbol{g}$

(2) 面力:静水压力

如图 2.1-1 所示,距离水位为 h 处水压力,则面积为 $\Delta h \times 1$ 的面元所受水压力为:

$$\Delta \overline{\boldsymbol{F}} = \rho_w g h \Delta h \qquad (2.1\text{-}4)$$

式中 ρ_w ——水的密度。

因此其面力(静水压力)为:$f = \rho_w h \boldsymbol{g}$

§2.2 应力与应力张量

(一) 应力及产生原因

应力为单位面积上所承受的附加内力,或内力在一点的集中程度。产生原因可以理解为物体中分子或原子位置变化,而这种变化由外力作用引起,如图 2.2-1 所示。

若 $d = d_0$,吸引力=排斥力,无应力状态;

若 $d_1 > d_0$,吸引力>排斥力,产生拉应力;

若 $d_1 < d_0$,吸引力<排斥力,产生压应力。

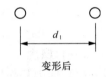

图 2.2-1

由此可见,物体中附加内力场导致应力产生。

(二) 柯西应力原理

如图 2.2-2 (a) 所示,某物体体积为 V,表面积为 S,物体受单位面积上的面力 $\overline{f}$ 和单位体积上的体力 $\overline{f}$ 作用,物体在外力作用下处于平衡状态。P 为物体内任一点,过 P 点用平面 S^* 把物体分成两部分:Ⅰ 和 Ⅱ。如图 2.2-2 (b) 所示,ΔS^* 为平面 S^* 上 P 点附近微小面元,其法向矢量为 $\boldsymbol{n}$,用等效力系代替 Ⅱ 对 Ⅰ 的作用,该等效力系合力矢量为 $\Delta \boldsymbol{F}_i$,合力矩为 $\Delta \boldsymbol{M}_i$。

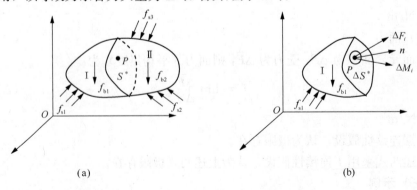

图 2.2-2

柯西应力原理假设:

第2章 应力理论

(1) $\lim\limits_{\Delta S^* \to 0} \dfrac{\Delta \boldsymbol{F}_i}{\Delta S^*} = \boldsymbol{p}_i$ 　　　　　　　　　　　　　　(2.2-1)

(2) $\lim\limits_{\Delta S^* \to 0} \dfrac{\Delta \boldsymbol{M}_i}{\Delta S^*} = 0$ 　　　　　　　　　　　　　　(2.2-2)

式中　$\boldsymbol{p}_i$ ——应力矢量。

应力矢量的大小和方向不仅与 P 点位置有关，而且和面元法线方向有关。

（三）应力张量

如图 2.2-3（a）所示，当外法线 $\boldsymbol{n}$ 的方向与 x 坐标轴的方向一致时，则过平面 C 上点 P 的应力分量为 σ_{xx}、τ_{xy}、τ_{xz}。下标第一个字母表示应力分量所在面的外法线方向；下标第二个字母表示应力分量的指向。与此类似，如图 2.2-3（b）所示，当外法线 $\boldsymbol{n}$ 的方向与 y 坐标轴的方向一致时，则过平面 C 上点 P 的应力分量为 σ_{yy}、τ_{yx}、τ_{yz}。如图 2.2-3（c）所示，当外法线 $\boldsymbol{n}$ 的方向与 z 坐标轴的方向一致时，则过平面 C 上点 P 的应力分量为 σ_{zz}、τ_{zx}、τ_{zy}。

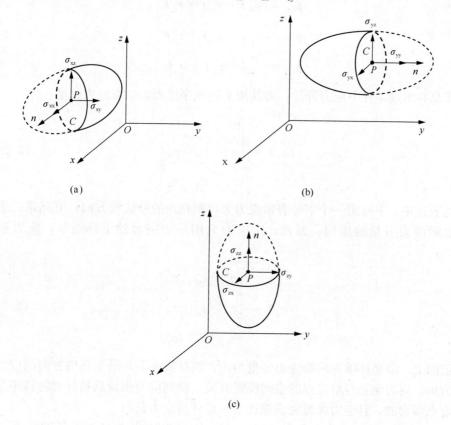

图 2.2-3

在三维坐标系内，用六个平行于坐标面的截面通过 P 点作六个切面。其中外法线与坐标面正向同向的面元为正面，如图 2.2-4（a）所示，反之则为负面，如图 2.2-4（b）所示。

依次将作用在正面上的应力矢量沿坐标轴分解得：

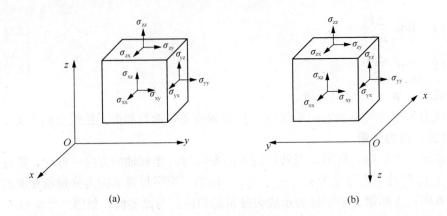

图 2.2-4
(a) 正面；(b) 负面

$$\left.\begin{aligned} \boldsymbol{p}_{(x)} &= \sigma_{xx}\boldsymbol{i} + \tau_{xy}\boldsymbol{j} + \tau_{xz}\boldsymbol{k} \\ \boldsymbol{p}_{(y)} &= \tau_{yx}\boldsymbol{i} + \sigma_{yy}\boldsymbol{j} + \tau_{yz}\boldsymbol{k} \\ \boldsymbol{p}_{(z)} &= \tau_{zx}\boldsymbol{i} + \tau_{zy}\boldsymbol{j} + \sigma_{zz}\boldsymbol{k} \end{aligned}\right\} \qquad (2.2\text{-}3)$$

上式总共出现了九个应力分量，将其按下列顺序排列，一点应力张量：

$$(\sigma_{ij}) = \begin{bmatrix} \sigma_{xx} & \tau_{yy} & \tau_{xz} \\ \sigma_{yx} & \tau_{yy} & \tau_{yz} \\ \sigma_{zx} & \tau_{zy} & \tau_{zz} \end{bmatrix} \qquad (2.2\text{-}4)$$

上述表达中，下标第一个字母表示应力分量所在面的外法线方向；下标第二个字母表示应力分量的指向。通常，正应力只用一个字母的下标表示，应力张量记为：

$$(\sigma_{ij}) = \begin{bmatrix} \sigma_{x} & \tau_{xy} & \tau_{xz} \\ \tau_{yx} & \sigma_{y} & \tau_{yz} \\ \tau_{zx} & \tau_{zy} & \sigma_{z} \end{bmatrix} \qquad (2.2\text{-}5)$$

在正面上，沿坐标轴方向的应力分量为正；而在负面上，沿坐标轴方向的应力分量为负。应力张量与给定点的空间位置有关，谈到应力张量总是针对物体中某一确定点而言的，且应力张量完全描述了一点处的应力状态。

若确定了一点应力张量的九个分量，则可以求出通过该点任意截面上的应力。

§2.3 斜截面应力公式

(一) 斜截面应力公式推导

M 为空间中任意一点，已知该点应力状态，并可用应力张量 (σ_{ij}) 表示。作

第2章 应力理论

一个与坐标倾斜的面元,其单位法向量为 $\boldsymbol{n} = (l, m, n)^\mathrm{T}$,设其上应力矢量为 $\boldsymbol{p} = (p_x, p_y, p_z)^\mathrm{T}$,当此面元无限接近 M 点时,$\boldsymbol{p}$ 就表示过该点斜截面上的应力。现在要建立应力矢量与应力张量之间的关系。

如图 2.3-1 所示,设斜截面 ABC 面积为单位 1,则三角形 MBC 面积为 l,MAC 为 m,MAB 为 n。根据力的平衡可得:

$$\left. \begin{array}{l} p_x = \sigma_x l + \tau_{yx} m + \tau_{zx} n \\ p_y = \tau_{xy} l + \sigma_y m + \tau_{zy} n \\ p_z = \tau_{xz} l + \tau_{yz} m + \sigma_z n \end{array} \right\} \quad (2.3\text{-}1)$$

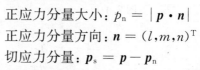

图 2.3-1

或写作:

$$[p] = [\sigma][n] \quad (2.3\text{-}2)$$

式中 $[p]$ ——应力矢量对应的列向量;

$[\sigma]$ ——应力张量对应的矩阵;

$[n]$ ——法向量对应的列向量。

(1) 斜截面应力矢量

大小:$|\boldsymbol{p}| = \sqrt{p_x^2 + p_y^2 + p_z^2}$

方向:$\left(\dfrac{p_x}{|\boldsymbol{p}|}, \dfrac{p_y}{|\boldsymbol{p}|}, \dfrac{p_z}{|\boldsymbol{p}|} \right)^\mathrm{T}$

(2) 应力矢量沿斜截面法线的正应力分量与切应力分量

正应力分量大小:$p_n = |\boldsymbol{p} \cdot \boldsymbol{n}|$

正应力分量方向:$\boldsymbol{n} = (l, m, n)^\mathrm{T}$

切应力分量:$\boldsymbol{p}_s = \boldsymbol{p} - \boldsymbol{p}_n$

(二) 例题

如图 2.3-2 所示,已知某点应力张量如下:

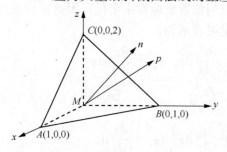

图 2.3-2

$$(\sigma_{ij}) = \begin{bmatrix} -21 & -63 & 42 \\ -63 & 0 & 84 \\ 42 & 84 & -21 \end{bmatrix}, \text{单位:MPa}。$$

求:(1) 在法向为 $\boldsymbol{n} = \left(\dfrac{2}{7}, -\dfrac{3}{7}, \dfrac{6}{7} \right)^\mathrm{T}$ 平面上的应力矢量;

(2) 平行于平面 ABC 的斜截面上的应力矢量。

解:

(1) $[p_1] = [\sigma][n] = \begin{bmatrix} -21 & -63 & 42 \\ -63 & 0 & 84 \\ 42 & 84 & -21 \end{bmatrix} \begin{bmatrix} 2/7 \\ -3/7 \\ 6/7 \end{bmatrix} = \begin{bmatrix} 57 \\ 54 \\ -42 \end{bmatrix}$

$$\boldsymbol{p}_1 = 57\boldsymbol{i} + 54\boldsymbol{j} - 42\boldsymbol{k}$$

(2) 平面 ABC 方程为:$2x + 2y + z = 2$

单位法向量为：$\bm{n} = \left(\dfrac{2}{3}, \dfrac{2}{3}, \dfrac{1}{3}\right)^{\mathrm{T}}$

则，$[p_2] = [\sigma][n] = \begin{bmatrix} -21 & -63 & 42 \\ -63 & 0 & 84 \\ 42 & 84 & -21 \end{bmatrix} \begin{bmatrix} 2/3 \\ 2/3 \\ 1/3 \end{bmatrix} = \begin{bmatrix} -42 \\ -14 \\ 77 \end{bmatrix}$

$$\bm{p}_2 = -42\bm{i} - 14\bm{j} + 77\bm{k}$$

§2.4 平衡微分方程与应力张量对称性

2.2节和2.3节讨论了处于平衡状态物体内的一点处应力状态，本节将讨论物体内一点应力状态随坐标变化时应满足的基本方程。

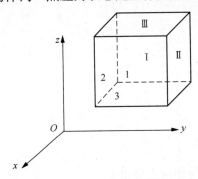

图 2.4-1

如图 2.4-1 所示微元体，三个负面交点处应力张量为：

$$(\sigma_{ij}^1) = \begin{bmatrix} \sigma_x & \tau_{xy} & \tau_{xz} \\ \sigma_{yx} & \tau_y & \tau_{yz} \\ \sigma_{zx} & \tau_{zy} & \tau_z \end{bmatrix} \quad (2.4\text{-}1)$$

微元体体力为：

$$f = (f_x, f_y, f_z) \quad (2.4\text{-}2)$$

考察三个正面交点处应力张量分量。由于两点间位置坐标发生变化，因此正面处应力分量可表示为：

$$(\sigma_{ij}^2) = \begin{bmatrix} \sigma_x + \dfrac{\partial \sigma_x}{\partial x}\mathrm{d}x & \tau_{xy} + \dfrac{\partial \tau_{xy}}{\partial x}\mathrm{d}x & \tau_{xz} + \dfrac{\partial \tau_{xz}}{\partial x}\mathrm{d}x \\ \tau_{yx} + \dfrac{\partial \tau_{yx}}{\partial y}\mathrm{d}y & \sigma_y + \dfrac{\partial \sigma_y}{\partial y}\mathrm{d}y & \tau_{yz} + \dfrac{\partial \tau_{yz}}{\partial y}\mathrm{d}y \\ \tau_{zx} + \dfrac{\partial \tau_{zx}}{\partial z}\mathrm{d}z & \tau_{zy} + \dfrac{\partial \tau_{zy}}{\partial z}\mathrm{d}z & \sigma_z + \dfrac{\partial \sigma_z}{\partial z}\mathrm{d}z \end{bmatrix} \quad (2.4\text{-}3)$$

（一）平衡微分方程

根据 x 方向平衡条件：

$$\left(\sigma_x + \dfrac{\partial \sigma_x}{\partial x}\mathrm{d}x\right)\mathrm{d}y\mathrm{d}z - \sigma_x\mathrm{d}y\mathrm{d}z + \left(\tau_{yx} + \dfrac{\partial \tau_{yx}}{\partial y}\mathrm{d}y\right)\mathrm{d}z\mathrm{d}x - \tau_{yx}\mathrm{d}z\mathrm{d}x$$
$$+ \left(\tau_{zx} + \dfrac{\partial \tau_{zx}}{\partial z}\mathrm{d}z\right)\mathrm{d}x\mathrm{d}y - \tau_{zx}\mathrm{d}x\mathrm{d}y + f_x\mathrm{d}x\mathrm{d}y\mathrm{d}z = 0 \quad (2.4\text{-}4)$$

整理得：

$$\dfrac{\partial \sigma_x}{\partial x} + \dfrac{\partial \tau_{yx}}{\partial y} + \dfrac{\partial \tau_{zx}}{\partial z} + f_x = 0 \quad (2.4\text{-}5\mathrm{a})$$

同理，可得：

$$\dfrac{\partial \tau_{xy}}{\partial x} + \dfrac{\partial \sigma_y}{\partial y} + \dfrac{\partial \tau_{zy}}{\partial z} + f_y = 0 \quad (2.4\text{-}5\mathrm{b})$$

$$\frac{\partial \tau_{xz}}{\partial x} + \frac{\partial \tau_{yz}}{\partial y} + \frac{\partial \sigma_z}{\partial z} + f_z = 0 \qquad (2.4\text{-}5c)$$

(二) 切应力互等定理

对通过形心，沿 z 方向的轴取矩：

$$\left(\tau_{xy} + \frac{\partial \tau_{xy}}{\partial x}dx\right)dydz \cdot \frac{1}{2}dx - \left(\tau_{yx} + \frac{\partial \tau_{yx}}{\partial y}dy\right)dxdz \cdot \frac{1}{2}dy$$
$$+ \tau_{xy}dydz \cdot \frac{1}{2}dx - \tau_{yx}dxdz \cdot \frac{1}{2}dy = 0 \qquad (2.4\text{-}6)$$

即：

$$\frac{\partial \tau_{xy}}{\partial x}dxdydz \cdot \frac{1}{2}dx - \frac{\partial \tau_{yx}}{\partial y}dydxdz \cdot \frac{1}{2}dy + \tau_{xy}dydzdx - \tau_{yx}dxdzdy = 0$$
$$(2.4\text{-}7)$$

前两项为四阶微量，而后两项为三阶微量，因此可表达为：

$$\tau_{xy}dydzdx - \tau_{yx}dxdzdy = 0 \qquad (2.4\text{-}8)$$

即：

$$\tau_{xy} = \tau_{yx} \qquad (2.4\text{-}9a)$$

同样，

$$\tau_{yz} = \tau_{zy} \qquad (2.4\text{-}9b)$$
$$\tau_{zx} = \tau_{xz} \qquad (2.4\text{-}9c)$$

即切应力是成对存在的，称之为切应力互等定理，因此应力张量是对称的。

§2.5 应力分量转换公式

(一) 应力分量转换公式

应力分量转换公式用于表示不同坐标系下应力张量分量之间关系。P 点应力状态在坐标系 $Oxyz$ 中，可用以下应力张量 (σ_{ij}) 表示：

$$(\sigma_{ij}) = \begin{bmatrix} \sigma_x & \tau_{xy} & \tau_{yz} \\ \tau_{yx} & \sigma_y & \tau_{yz} \\ \tau_{zy} & \sigma_{zy} & \tau_z \end{bmatrix} \qquad (2.5\text{-}1)$$

在坐标系 $Ox'y'z'$ 中，可用应力张量 (σ') 表示：

$$(\sigma'_{ij}) = \begin{bmatrix} \sigma'_x & \tau'_{xy} & \tau'_{xz} \\ \tau'_{yx} & \sigma'_y & \tau'_{yz} \\ \tau'_{zx} & \tau'_{zy} & \sigma'_z \end{bmatrix} \qquad (2.5\text{-}2)$$

设从 $Oxyz$ 到 $Ox'y'z'$ 的转换矩阵设为 $[L]$，其表达式为：

$$[L] = \begin{bmatrix} l_{x'x} & l_{x'y} & l_{x'z} \\ l_{y'x} & l_{y'y} & l_{y'z} \\ l_{z'x} & l_{z'y} & l_{z'z} \end{bmatrix} = \begin{bmatrix} \cos(x',x) & \cos(x',y) & \cos(x',z) \\ \cos(y',x) & \cos(y',y) & \cos(y',z) \\ \cos(z',x) & \cos(z',y) & \cos(z',z) \end{bmatrix} \qquad (2.5\text{-}3)$$

根据斜截面应力公式，在以 Ox' 为法向矢量的平面上，应力矢量分量分

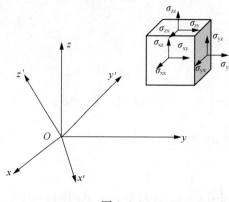

图 2.5-1

别为：

$$p_x = \sigma_x l_{x'x} + \tau_{yx} l_{x'y} + \tau_{zx} l_{x'z} \\ p_y = \tau_{xy} l_{x'x} + \sigma_y l_{x'y} + \tau_{zy} l_{x'z} \\ p_z = \tau_{xz} l_{x'x} + \tau_{yz} l_{x'y} + \sigma_z l_{x'z}$$
(2.5-4)

如图 2.5-1 所示，将上述应力矢量向新坐标系各坐标轴分解：

(1) 沿 Ox' 分量 $\sigma'_x = p_x l_{x'x} + p_y l_{x'y} + p_z l_{x'z}$ (2.5-5)

$$\sigma'_x = \sigma_x l^2_{x'x} + \sigma_y l^2_{x'y} + \sigma_z l^2_{x'z} + 2(\tau_{xy} l_{x'x} l_{x'y} + \tau_{yz} l_{x'y} l_{x'z} + \tau_{zx} l_{x'z} l_{x'x})$$ (2.5-6)

(2) 沿 Oy' 分量 $\tau'_{xy} = p_x l_{y'x} + p_y l_{y'y} + p_z l_{y'z}$ (2.5-7)

$$\tau'_{xy} = \sigma_x l_{x'x} l_{y'x} + \tau_{yx} l_{x'y} l_{y'x} + \tau_{zx} l_{x'z} l_{y'x} + \tau_{xy} l_{x'x} l_{y'y} + \sigma_y l_{x'y} l_{y'y} + \tau_{zy} l_{x'z} l_{y'y} \\ + \tau_{xz} l_{x'x} l_{y'z} + \tau_{yz} l_{x'y} l_{y'z} + \sigma_z l_{x'z} l_{y'z}$$
(2.5-8)

(3) 沿 Oz' 分量 $\tau'_{yz} = p_x l_{z'x} + p_y l_{z'y} + p_z l_{z'z}$ (2.5-9)

$$\tau'_{xz} = \sigma_x l_{x'x} l_{z'x} + \tau_{yx} l_{x'y} l_{z'x} + \tau_{zx} l_{x'z} l_{z'x} + \tau_{xy} l_{x'x} l_{z'y} + \sigma_y l_{x'y} l_{z'y} + \tau_{zy} l_{x'z} l_{z'y} \\ + \tau_{xz} l_{x'x} l_{z'z} + \tau_{yz} l_{x'y} l_{z'z} + \sigma_z l_{x'z} l_{z'z}$$
(2.5-10)

同理，可以获得以 Oy' 和 Oz' 为法向量的平面上应力矢量分量表达式。

根据上述表达式，两个坐标系下，应力分量关系可由下式表示：

$$[\sigma'] = [L][\sigma][L]^T$$ (2.5-11)

式中　$[L]$——转换矩阵，转换矩阵中每行或每列元素平方和为 1；而任意两行或两列对应元素乘积之和为 0。

注意，坐标转换后，各应力分量改变，但 9 个分量作为一个整体所描述的一点的应力状态是不会改变的。

(二) 示例

(1) 在坐标系 $Oxyz$ 下，P 点应力状态可由张量表示：

$$(\sigma_{ij}) = \begin{bmatrix} 1 & 3 & 2 \\ 3 & 1 & 0 \\ 2 & 0 & -2 \end{bmatrix}$$

单位：MPa。

若将坐标系绕 $\overline{Ox_3}$ 轴逆时针旋转 $45°$，求新坐标系下应力分量。

解：

$$[L] = \begin{bmatrix} \cos\theta & \sin\theta & 0 \\ -\sin\theta & \cos\theta & 0 \\ 0 & 0 & 1 \end{bmatrix} = \begin{bmatrix} 1/\sqrt{2} & 1/\sqrt{2} & 0 \\ -1/\sqrt{2} & 1/\sqrt{2} & 0 \\ 0 & 0 & 1 \end{bmatrix}$$

$$[\sigma'] = [L][\sigma][L]^T$$

$$= \begin{bmatrix} 1/\sqrt{2} & 1/\sqrt{2} & 0 \\ -1/\sqrt{2} & 1/\sqrt{2} & 0 \\ 0 & 0 & 1 \end{bmatrix} \begin{bmatrix} 1 & 3 & 2 \\ 3 & 1 & 0 \\ 2 & 0 & -2 \end{bmatrix} \begin{bmatrix} 1/\sqrt{2} & -1/\sqrt{2} & 0 \\ 1/\sqrt{2} & 1/\sqrt{2} & 0 \\ 0 & 0 & 1 \end{bmatrix} = \begin{bmatrix} 4 & 0 & \sqrt{2} \\ 0 & -2 & -\sqrt{2} \\ \sqrt{2} & -\sqrt{2} & -2 \end{bmatrix}$$

（2）在坐标系 $Oxyz$ 下，如图 2.5-2 所示，P 点应力状态可由张量表示：

$$(\sigma_{ij}) = \begin{bmatrix} 1 & 3 & 2 \\ 3 & 1 & 0 \\ 2 & 0 & -2 \end{bmatrix}$$

单位：MPa。

若 $\overline{Ox'}$ 轴与旧坐标系三个轴夹角相同，$\overline{Oy'}$ 位于 $Ox'z$ 平面内，求新坐标系下应力张量分量。

解：

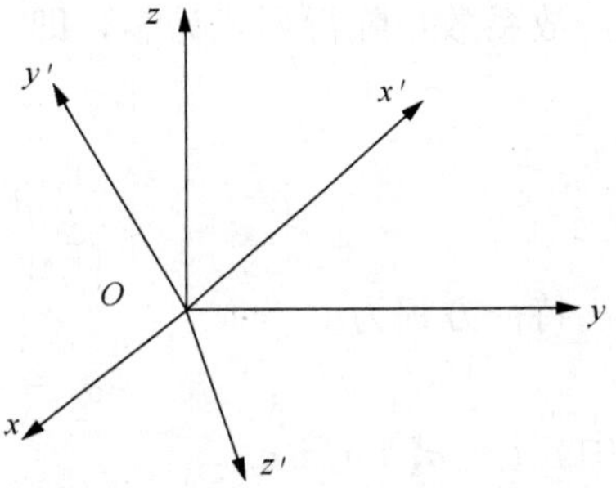

设 β 为 $\overline{Ox'}$ 与旧坐标系三个轴夹角，则：

$$l_{x'x} = l_{x'y} = l_{x'z} = \cos\beta$$

且 $\quad l_{x'x}^2 + l_{x'y}^2 + l_{x'z}^2 = 1$

故，$l_{x'x} = l_{x'y} = l_{x'z} = 1/\sqrt{3}$

继续假设 ϕ 为 Oy' 与 Oz 之间夹角。

$$l_{y'z} = \cos\phi = \sin\beta = 2/\sqrt{6}$$

由于 Oy' 位于 $Ox'z$ 平面内，Ox 和 Oy 关于该平面对称，则：$l_{y'x} = l_{y'y}$

又因为，$l_{y'x}^2 + l_{y'y}^2 + l_{y'z}^2 = 1$

故 $l_{y'x} = l_{y'y} = -1/\sqrt{6}$

由于 $\overline{Ox'}$、$\overline{Oy'}$、$\overline{Oz'}$ 组成正交坐标系，故：$\overline{Oz'} = \overline{Ox'} \times \overline{Oy'}$

由此，$\quad l_{z'x} = 1/\sqrt{2},\ l_{z'y} = -1/\sqrt{2},\ l_{z'z} = 0$

$[\sigma'] = [L][\sigma][L]^\mathrm{T}$

$$= \begin{bmatrix} 1/\sqrt{3} & 1/\sqrt{3} & 1/\sqrt{3} \\ -1/\sqrt{6} & -1/\sqrt{6} & 2/\sqrt{6} \\ 1/\sqrt{2} & -1/\sqrt{2} & 0 \end{bmatrix} \begin{bmatrix} 1 & 3 & 2 \\ 3 & 1 & 0 \\ 2 & 0 & -2 \end{bmatrix} \begin{bmatrix} 1/\sqrt{3} & -1/\sqrt{6} & 1/\sqrt{2} \\ 1/\sqrt{3} & -1/\sqrt{6} & -1/\sqrt{2} \\ 1/\sqrt{3} & 2/\sqrt{6} & 0 \end{bmatrix}$$

$$= \begin{bmatrix} 10/3 & -10/3\sqrt{2} & 2/\sqrt{6} \\ -10/3\sqrt{2} & -4/3 & 2/\sqrt{3} \\ 2/\sqrt{6} & 2/\sqrt{3} & -2 \end{bmatrix}$$

图 2.5-2

§2.6 主应力与主方向

上一节讨论了一点应力状态在不同坐标系下分量转换关系。对于某一点而言,是否存在一个坐标系,使得该点应力状态只有正应力分量,而切应力分量为零;也就是说,通过该点,能否找到这样 3 个相互垂直的微分面,其上只有正应力而无切应力。回答是肯定的。这样的微分面称为主平面,其法线方向称为应力主方向,而其上的应力称为主应力。

(一) 主应力与主方向

根据斜截面应力公式,若斜截面为主平面,其外法线单位向量为 $\boldsymbol{n} = (l, m, n)^T$,主应力 σ 为常数,则:

$$[p] = [\sigma][n] = \sigma[n] \tag{2.6-1}$$

式 (2.6-1) 展开为:

$$\left. \begin{array}{l} \sigma_x l + \tau_{yx} m + \tau_{zx} n = \sigma l \\ \tau_{xy} l + \sigma_y m + \tau_{zy} n = \sigma m \\ \tau_{xz} l + \tau_{yz} m + \sigma_z n = \sigma n \end{array} \right\} \tag{2.6-2}$$

以 l、m、n 为未知量,并注意到 $l^2 + m^2 + n^2 = 1$,则,上述方程组存在非零解,故系数矩阵行列式为零,即:

$$\begin{vmatrix} \sigma_x - \sigma & \tau_{xy} & \tau_{xz} \\ \tau_{yx} & \sigma_y - \sigma & \tau_{yz} \\ \tau_{zx} & \tau_{yz} & \sigma_z - \sigma \end{vmatrix} = 0 \tag{2.6-3}$$

特征方程为:

$$\sigma^3 - I_1 \sigma^2 + I_2 \sigma - I_3 = 0 \tag{2.6-4}$$

式中,$I_1 = \sigma_x + \sigma_y + \sigma_z$

$$I_2 = \begin{vmatrix} \sigma_y & \tau_{yz} \\ \tau_{zy} & \sigma_z \end{vmatrix} + \begin{vmatrix} \sigma_x & \tau_{xz} \\ \tau_{zx} & \sigma_z \end{vmatrix} + \begin{vmatrix} \sigma_x & \tau_{xy} \\ \tau_{yx} & \sigma_y \end{vmatrix}$$

$$I_3 = \begin{vmatrix} \sigma_x & \tau_{xy} & \tau_{xz} \\ \tau_{yx} & \sigma_y & \tau_{yz} \\ \tau_{zx} & \tau_{zy} & \sigma_z \end{vmatrix}$$

I_1、I_2、I_3 为应力张量的第一、二、三不变量。对某一点,其应力张量不变量不随坐标变化而变化,为常数。

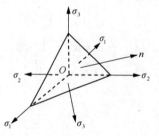

图 2.6-1 主应力空间的四面体

特征方程的三个解为主应力,通常记为 σ_1、σ_2、σ_3。将主应力代回方程 (2.6-2),与主方向余弦之和为 1 联立,可得主方向。

(二) 基本性质

(1) 主应力性质

① 极值性

以主应力 σ_1、σ_2、σ_3 轴为坐标轴的几何空间称为主应力空间 (图 2.6-1)。在主应力空间,根据斜截面的正向应力分量,如式 (2.6-5) 所示:

$$\sigma_n = \boldsymbol{f} \cdot \boldsymbol{l} = \sigma_x l^2 + \sigma_y m^2 + \sigma_z n^2 + 2\tau_{xy} lm + 2\tau_{yz} mn + 2\tau_{xz} nl \tag{2.6-5}$$

斜截面上的正应力用主应力表示为:

第 2 章 应 力 理 论

$$\sigma_n = \sigma_1 l^2 + \sigma_2 m^2 + \sigma_3 n^2 \tag{2.6-6}$$

因为主方向余弦之和为 1，即 $l^2 + m^2 + n^2 = 1$，所以式（2.6-6）可以化为：

$$\sigma_n = \sigma_1 + (\sigma_1 - \sigma_2)m^2 - (\sigma_1 - \sigma_3)n^2 \tag{2.6-7a}$$

或

$$\sigma_n = (\sigma_1 - \sigma_3)l^2 + (\sigma_2 - \sigma_3)m^2 + \sigma_3 \tag{2.6-7b}$$

如果 $\sigma_1 \geqslant \sigma_2 \geqslant \sigma_3$，则从式（2.6-7a）知 $\sigma \leqslant \sigma_1$；从式（2.6-7b）知 $\sigma \geqslant \sigma_3$。可见主应力分别为正应力的最大值和最小值。

② 实数性

应力张量为实对称张量，其特征值为实数，即 3 个主应力都是实数。

③ 不变性

主应力大小与坐标系无关。

(2) 主方向性质：正交性。

3 个主应力方向必定相互正交。

(3) 在主应力空间，应力不变量表达如下：

$$I_1 = \sigma_1 + \sigma_2 + \sigma_3$$
$$I_2 = \sigma_2\sigma_3 + \sigma_1\sigma_3 + \sigma_1\sigma_2$$
$$I_3 = \sigma_1\sigma_2\sigma_3$$

(三) 示例

求应力张量 $(\sigma_{ij}) = \begin{bmatrix} 57 & 0 & 24 \\ 0 & 50 & 0 \\ 24 & 0 & 43 \end{bmatrix}$ 的主应力与主方向。

解：特征方程为：

$$\begin{vmatrix} 57-\sigma & 0 & 24 \\ 0 & 50-\sigma & 0 \\ 24 & 0 & 43-\sigma \end{vmatrix} = 0$$

即：$(50-\sigma)(\sigma-25)(\sigma-75) = 0$

解之得：$\sigma_1 = 25, \sigma_2 = 50, \sigma_3 = 75$

(1) $\sigma_1 = 25$ 时，设 $(l_1, m_1, n_1)^T$ 为该主应力对应的主方向的方向余弦，则：

$$\begin{bmatrix} 32 & 0 & 24 \\ 0 & 25 & 0 \\ 24 & 0 & 18 \end{bmatrix} \begin{bmatrix} l_1 \\ m_1 \\ n_1 \end{bmatrix} = 0$$

且，$l_1^2 + m_1^2 + n_1^2 = 1$

联立得该主应力对应的主方向的方向余弦为：

$$l_1 = \pm \frac{3}{5}, \ m_1 = 0, \ n_1 = \pm \frac{4}{5}$$

(2) $\sigma_2 = 50$ 时，设 $(l_2, m_2, n_2)^T$ 为该主应力对应的主方向的方向余弦，则：

$$\begin{bmatrix} 7 & 0 & 24 \\ 0 & 0 & 0 \\ 24 & 0 & -7 \end{bmatrix} \begin{bmatrix} l_2 \\ m_2 \\ n_2 \end{bmatrix} = 0$$

且，$l_2^2 + m_2^2 + n_2^2 = 1$

联立得该主应力对应的主方向的方向余弦为：
$$l_2 = 0, \quad m_2 = \pm 1, \quad n_2 = 0$$

(3) $\sigma_3 = 75$ 时，设 $(l_3, m_3, n_3)^T$ 为该主应力对应的主方向的方向余弦，则：

$$\begin{bmatrix} -18 & 0 & 24 \\ 0 & -25 & 0 \\ 24 & 0 & -32 \end{bmatrix} \begin{bmatrix} l_3 \\ m_3 \\ n_3 \end{bmatrix} = 0$$

且，$l_3^2 + m_3^2 + n_3^2 = 1$

联立得该主应力对应的主方向的方向余弦为：
$$l_3 = 0, \quad m_3 = \pm \frac{4}{5}, \quad n_3 = \pm \frac{3}{5}$$

§2.7 最大切应力与八面体切应力

弹性理论适用于材料屈服之前。而大量实验证实，某些材料强度与切应力密切相关。例如，材料力学中第三强度理论以最大切应力为判据判断材料屈服，而第四强度理论屈服判据与八面体切应力有关。

(一) 最大切应力

选取主方向为坐标轴方向，设主应力 σ_1、σ_2、σ_3 已知，则法线为 $\boldsymbol{n} = (l, m, n)^T$ 的斜截面上应力矢量大小为：

$$p = \sqrt{\sigma_1^2 l^2 + \sigma_2^2 m^2 + \sigma_3^2 n^2} \tag{2.7-1}$$

正应力为：

$$\sigma_n = \sigma_1 l^2 + \sigma_2 m^2 + \sigma_3 n^2 \tag{2.7-2}$$

则切应力为：

$$\sigma_s^2 = \sigma^2 - \sigma_n^2 \tag{2.7-3}$$

当法向变化时，切应力随之变化。

最大切应力是在约束 $f_0 = l^2 + m^2 + n^2 - 1 = 0$ 下的条件极值。引进拉格朗日乘子 λ，求泛函 $F = \sigma_s^2 + \lambda f_0$ 极值。

相应极值条件为：

$$\left. \begin{aligned} \frac{\partial F}{\partial l} &= \frac{\partial \sigma_s^2}{\partial l} + \lambda \frac{\partial f_0}{\partial l} = 0 \\ \frac{\partial F}{\partial m} &= \frac{\partial \sigma_s^2}{\partial m} + \lambda \frac{\partial f_0}{\partial m} = 0 \\ \frac{\partial F}{\partial n} &= \frac{\partial \sigma_s^2}{\partial n} + \lambda \frac{\partial f_0}{\partial n} = 0 \\ \frac{\partial F}{\partial \lambda} &= f_0 = 0 \end{aligned} \right\} \tag{2.7-4a}$$

即：

第 2 章 应力理论

$$\left.\begin{array}{r}l[\sigma_1^2-2\sigma_1(\sigma_2 l^2+\sigma_2 m^2+\sigma_3 n^2)+\lambda]=0\\ m[\sigma_2^2-2\sigma_2(\sigma_1 l^2+\sigma_2 m^2+\sigma_3 n^2)+\lambda]=0\\ n[\sigma_3^2-2\sigma_3(\sigma_1 l^2+\sigma_2 m^2+\sigma_3 n^2)+\lambda]=0\\ l^2+m^2+n^2-1=0\end{array}\right\} \quad (2.7\text{-}4b)$$

分情况讨论上述方程组的解：

① $l=m=n=0$

方程组第四式不成立。

② $l=m=0$，或 $m=n=0$，或 $l=n=0$

此时为主平面情况，$\sigma_s=0$，取得极小值。

③ $l=0$，或 $m=0$，或 $n=0$

以 $m=0$ 为例，$l^2+n^2=1$，代入方程组前三式得：

$$(\sigma_1-\sigma_3)^2(1-2l^2)=0 \quad (2.7\text{-}5)$$

设 σ_1、σ_2、σ_3 互不相等，则：

$$l=\pm\frac{\sqrt{2}}{2},\ m=0,\ n=\pm\frac{\sqrt{2}}{2} \quad (2.7\text{-}6)$$

$$\sigma_s=\frac{1}{2}(\sigma_1-\sigma_3),\ \sigma_n=\frac{1}{2}(\sigma_1+\sigma_3) \quad (2.7\text{-}7)$$

同理，

$$l=0 \text{ 时}, \sigma_s=\frac{1}{2}(\sigma_2-\sigma_3),\ \sigma_n=\frac{1}{2}(\sigma_2+\sigma_3) \quad (2.7\text{-}8)$$

$$n=0 \text{ 时}, \sigma_s=\frac{1}{2}(\sigma_1-\sigma_2),\ \sigma_n=\frac{1}{2}(\sigma_1+\sigma_3) \quad (2.7\text{-}9)$$

④ l、m、n 均不为零

$$\left.\begin{array}{r}\sigma_1^2-2\sigma_1(\sigma_1 l^2+\sigma_2 m^2+\sigma_3 n^2)+\lambda=0\\ \sigma_2^2-2\sigma_2(\sigma_1 l^2+\sigma_2 m^2+\sigma_3 n^2)+\lambda=0\\ \sigma_3^2-2\sigma_3(\sigma_1 l^2+\sigma_2 m^2 \sigma_3 n^2)+\lambda=0\\ l^2+m^2+n^2-1=0\end{array}\right\} \quad (2.7\text{-}10)$$

第一式与第二式相减得：

$$(\sigma_1-\sigma_2)[(\sigma_1+\sigma_2)-2(\sigma_1 l^2+\sigma_2 m^2+\sigma_3 n^2)]=0 \quad (2.7\text{-}11)$$

第二式与第三式相减得：

$$(\sigma_2-\sigma_3)[(\sigma_2+\sigma_3)-2(\sigma_1 l^2+\sigma_2 m^2+\sigma_3 n^2)]=0 \quad (2.7\text{-}12)$$

第三式与第一式相减得：

$$(\sigma_3-\sigma_1)[(\sigma_3+\sigma_1)-2(\sigma_1 l^2+\sigma_2 m^2+\sigma_3 n^2)]=0 \quad (2.7\text{-}13)$$

上述第一式乘以 $(\sigma_2-\sigma_3)(\sigma_3-\sigma_1)$ 加上第二式乘以 $(\sigma_1-\sigma_2)(\sigma_3-\sigma_1)$，再与第三式乘以 $(\sigma_1-\sigma_2)(\sigma_2-\sigma_3)$ 相加得：

$$(\sigma_1-\sigma_2)(\sigma_2-\sigma_3)(\sigma_3-\sigma_1)[2(\sigma_1+\sigma_2+\sigma_3)-6(\sigma_1 l^2+\sigma_2 m^2+\sigma_3 n^2)]=0$$
$$(2.7\text{-}14)$$

故：

$$(\sigma_1-\sigma_3)(\sigma_2-\sigma_3)(\sigma_1-\sigma_2)=0 \quad (2.7\text{-}15)$$

此时，若 $\sigma_1 = \sigma_2 \neq \sigma_3$，则 $(\sigma_2 - \sigma_3)^2(1 - 2n^2) = 0$ \hfill (2.7-16a)

即，$n = \pm \dfrac{\sqrt{2}}{2}$，$\sigma_s = \dfrac{1}{2}(\sigma_2 - \sigma_3) = \dfrac{1}{2}(\sigma_1 - \sigma_3)$ \hfill (2.7-16b)

综上所述，最大切应力为 $\dfrac{1}{2}(\sigma_1 - \sigma_2)$ 或 $\dfrac{1}{2}(\sigma_1 - \sigma_3)$ 或 $\dfrac{1}{2}(\sigma_2 - \sigma_3)$。

(二) 八面体切应力

八面体是由法线与主轴等夹角的八个面组成的体，八面体上各个面的方向余弦为：

$$l = m = n = \pm \frac{\sqrt{3}}{3} \tag{2.7-17}$$

由斜截面应力公式可得八面体正应力为：

$$\sigma_8 = \frac{\sigma_1 + \sigma_2 + \sigma_3}{3} = \frac{1}{3} I_1 \tag{2.7-18}$$

八面体切应力为：

$$\sigma_8 = \frac{1}{3}\sqrt{(\sigma_1 - \sigma_2)^2 + (\sigma_2 - \sigma_3)^2 + (\sigma_3 - \sigma_1)^2} = \frac{\sqrt{2}}{3}\bar{\sigma} \tag{2.7-19}$$

$\bar{\sigma}$ 为第四强度理论中计算应力。

§2.8 应力球张量与应力偏张量

(一) 应力张量分解

定义一点处的平均应力为：

$$\sigma_m = \frac{(\sigma_x + \sigma_y + \sigma_z)}{3} \tag{2.8-1}$$

则任意一个应力张量可分解为一个球张量和一个偏张量，即：

$$(\sigma_{ij}) = \begin{bmatrix} \sigma_x & \tau_{xy} & \tau_{xz} \\ \tau_{yx} & \sigma_y & \tau_{yz} \\ \tau_{zx} & \tau_{zy} & \sigma_z \end{bmatrix} = (M_{ij}) + (S_{ij})$$

$$= \begin{bmatrix} \sigma_m & 0 & 0 \\ 0 & \sigma_m & 0 \\ 0 & 0 & \sigma_m \end{bmatrix} + \begin{bmatrix} \sigma_x - \sigma_m & \tau_{xy} & \tau_{xz} \\ \tau_{yx} & \sigma_y - \sigma_m & \tau_{yz} \\ \tau_{zx} & \tau_{zy} & \sigma_z - \sigma_m \end{bmatrix} \tag{2.8-2}$$

张量 (M_{ij}) 各个方向主应力大小相同，故称之为球张量。而张量 (S_{ij}) 称之为偏张量。一般而言，应力球张量使得物体体积大小发生变化。而应力偏张量使得物体形状发生变化。

(二) 应力偏张量不变量

按照求解主应力和主方向的方法，可以求得偏应力张量的主应力、主方向以及不变量。

根据斜截面应力公式：

$$[p] = [S][n] = S[n] \tag{2.8-3}$$

第 2 章 应 力 理 论

式中，S 为一常数。

$$\left.\begin{array}{l}(\sigma_x-\sigma_m)l+\tau_{yx}m+\tau_{zx}n=Sl\\ \tau_{xy}l+(\sigma_y-\sigma_m)m+\tau_{zy}n=Sm\\ \tau_{xz}l+\tau_{yz}m+(\sigma_z-\sigma_m)n=Sn\end{array}\right\} \quad (2.8\text{-}4)$$

上述方程组存在非零解，故系数矩阵行列式为零，即：

$$\begin{vmatrix} \sigma_x-\sigma_m-S & \tau_{xy} & \tau_{xz} \\ \tau_{yx} & \sigma_y-\sigma_m-S & \tau_{yz} \\ \tau_{zx} & \tau_{yz} & \sigma_z-\sigma_m-S \end{vmatrix}=0 \quad (2.8\text{-}5)$$

特征方程为：

$$S^3+J_2 S-J_3=0 \quad (2.8\text{-}6)$$

式中，

$$J_2=\begin{vmatrix}\sigma_y-\sigma_m & \tau_{yz}\\ \tau_{zy} & \sigma_z-\sigma_m\end{vmatrix}+\begin{vmatrix}\sigma_x-\sigma_m & \tau_{xz}\\ \tau_{zx} & \sigma_z-\sigma_m\end{vmatrix}+\begin{vmatrix}\sigma_x-\sigma_m & \tau_{xz}\\ \tau_{yx} & \sigma_y-\sigma_m\end{vmatrix}$$

$$J_3=\begin{bmatrix}\sigma_x-\sigma_m & \tau_{xy} & \tau_{xz}\\ \tau_{yx} & \sigma_y-\sigma_m & \tau_{yz}\\ \tau_{zx} & \tau_{zy} & \sigma_z-\sigma_m\end{bmatrix}$$

特征方程的三个解为主偏应力，主偏应力代回方程 (2.8-4)，与方向余弦之和为 1 联立，可得主方向。

(三) 主偏应力与主方向性质

应力张量与偏应力张量的主应力大小之差为平均应力。应力张量与偏应力张量主方向一致。

证明：

设 σ 为应力张量 (σ_{ij}) 的任一主应力，$\boldsymbol{n}$ 为对应主方向，根据主应力定义：

$$[\sigma][n]=\sigma[n] \quad (2.8\text{-}7a)$$

即：

$$[[\sigma]-\sigma[I]][n]=0 \quad (2.8\text{-}7b)$$

将应力张量分解为球张量和偏张量，得：

$$[[S]+\sigma_m[I]-\sigma[I]][n]=0 \quad (2.8\text{-}8a)$$

整理得：

$$[[S]-(\sigma-\sigma_m)[I]][n]=0 \quad (2.8\text{-}8b)$$

也即：

$$[S][n]=(\sigma-\sigma_m)[n] \quad (2.8\text{-}8c)$$

因此，对于张量 (σ_{ij})，其偏应力张量 (S_{ij}) 的主偏应力为 $(\sigma_v-\sigma_m)$，主方向仍为 $\boldsymbol{n}$。

(四) 示例

试将应力张量 $(\sigma_{ij})=\begin{bmatrix}57 & 0 & 24\\ 0 & 50 & 0\\ 24 & 0 & 43\end{bmatrix}$，单位：MPa，分解为球张量和偏张量，并求偏张量的主偏应力与主方向。

解：该点的平均应力为：

$$\sigma_m = \frac{(\sigma_x + \sigma_y + \sigma_z)}{3} = 50$$

其应力张量分解如下：

$$\begin{bmatrix} 57 & 0 & 24 \\ 0 & 50 & 0 \\ 24 & 0 & 43 \end{bmatrix} = \begin{bmatrix} 50 & 0 & 0 \\ 0 & 50 & 0 \\ 0 & 0 & 50 \end{bmatrix} + \begin{bmatrix} 7 & 0 & 24 \\ 0 & 0 & 0 \\ 24 & 0 & -7 \end{bmatrix}$$

偏应力张量特征方程：

$$\begin{vmatrix} 7-S & 0 & 24 \\ 0 & 0-S & 0 \\ 24 & 0 & -7-S \end{vmatrix} = 0$$

即：$-S(S-25)(S+25) = 0$

解之得：$S_1 = 25, S_2 = 0, S_3 = 25$。

(1) $S_1 = -25$ 时，设 $(l_1, m_1, n_1)^T$ 为该主偏应力对应的主方向的方向余弦，则：

$$\begin{bmatrix} 32 & 0 & 24 \\ 0 & 25 & 0 \\ 24 & 0 & 18 \end{bmatrix} \begin{bmatrix} l_1 \\ m_1 \\ n_1 \end{bmatrix} = 0$$

且，$l_1^2 + m_1^2 + n_1^2 = 1$

联立得该主偏应力对应的主方向的方向余弦为：

$$l_1 = \pm \frac{3}{5}, \quad m_1 = 0, \quad n_1 = \pm \frac{4}{5}$$

(2) $S_2 = 0$ 时，设 $(l_2, m_2, n_2)^T$ 为该主偏应力对应的主方向的方向余弦，则：

$$\begin{bmatrix} 7 & 0 & 24 \\ 0 & 0 & 0 \\ 24 & 0 & -7 \end{bmatrix} \begin{bmatrix} l_2 \\ m_2 \\ n_2 \end{bmatrix} = 0$$

且，$l_2^2 + m_2^2 + n_2^2 = 1$

联立得该主偏应力对应的主方向的方向余弦为：

$$l_2 = 0, \quad m_2 = \pm 1, \quad n_2 = 0$$

(3) $S_3 = 25$ 时，设 $(l_3, m_3, n_3)^T$ 为该主偏应力对应的主方向的方向余弦，则：

$$\begin{bmatrix} -18 & 0 & 24 \\ 0 & -25 & 0 \\ 24 & 0 & -32 \end{bmatrix} \begin{bmatrix} l_3 \\ m_3 \\ n_3 \end{bmatrix} = 0$$

且，$l_3^2 + m_3^2 + n_3^2 = 1$

联立得该主偏应力对应的主方向的方向余弦为：

$$l_3 = 0, \quad m_3 = \pm \frac{4}{5}, \quad n_3 = \pm \frac{3}{5}$$

与2.6节求解结果对比，验证了上述主偏应力和主方向性质。

§2.9 平面应力

(一) 定义

平面应力是指面力只作用于薄板边缘且平行于板平面,体力也平行于薄板且沿厚度方向不变时薄板的受力状态。在此条件下,薄板厚度方向上应力分量全部为零。设板厚方向为 z,则应力张量可表示为:

$$(\sigma_{ij}) = \begin{bmatrix} \sigma_x & \tau_{xy} & 0 \\ \tau_{yx} & \sigma_y & 0 \\ 0 & 0 & 0 \end{bmatrix}$$

(二) 应力分量转换公式

如图 2.9-1 所示,应力张量为 σ_{ij},若坐标轴逆时针旋转 θ,求旋转后应力 (σ_{ij}') 分量表达式。

转换矩阵为:

$$[L] = \begin{bmatrix} \cos\theta & \sin\theta & 0 \\ -\sin\theta & \cos\theta & 0 \\ 0 & 0 & 1 \end{bmatrix}$$

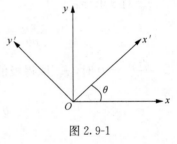

图 2.9-1

根据应力分量转换公式:

$$[\sigma'] = [L][\sigma][L]^T = \begin{bmatrix} \cos\theta & \sin\theta & 0 \\ -\sin\theta & \cos\theta & 0 \\ 0 & 0 & 1 \end{bmatrix} \begin{bmatrix} \sigma_x & \tau_{xy} & 0 \\ \tau_{yx} & \sigma_y & 0 \\ 0 & 0 & 0 \end{bmatrix} \begin{bmatrix} \cos\theta & -\sin\theta & 0 \\ \sin\theta & \cos\theta & 0 \\ 0 & 0 & 1 \end{bmatrix}$$

$$\sigma_x' = \frac{1}{2}(\sigma_x + \sigma_y) + \frac{1}{2}(\sigma_x - \sigma_y)\cos 2\theta + \tau_{xy}\sin 2\theta \tag{2.9-1a}$$

$$\sigma_y' = \frac{1}{2}(\sigma_x + \sigma_y) - \frac{1}{2}(\sigma_x - \sigma_y)\cos 2\theta - \tau_{xy}\sin 2\theta \tag{2.9-1b}$$

$$\tau_{xy}' = -\frac{1}{2}(\sigma_x - \sigma_y)\sin 2\theta + \tau_{xy}\cos 2\theta \tag{2.9-1c}$$

(三) 主应力与主方向

根据上文应力分量与转换公式可得任意斜截面上切应力为:

$$\sigma_{xy}' = -\frac{1}{2}(\sigma_x - \sigma_y)\sin 2\theta + \tau_{xy}\cos 2\theta \tag{2.9-2}$$

主方向上切应力为零,即:

$$\sigma_{xy}' = -\frac{1}{2}(\sigma_x - \sigma_y)\sin 2\theta + \tau_{xy}\cos 2\theta = 0 \tag{2.9-3}$$

$$\tan 2\theta = \frac{2\tau_{xy}}{\sigma_x - \sigma_y} \tag{2.9-4}$$

于是:

$$\theta_1 = \frac{1}{2}\arctan\left(\frac{2\tau_{xy}}{\sigma_x - \sigma_y}\right) \tag{2.9-5}$$

$$\theta_2 = \frac{\pi}{2} + \frac{1}{2}\arctan\left(\frac{2\tau_{xy}}{\sigma_x - \sigma_y}\right) \tag{2.9-6}$$

将 $\theta = \frac{1}{2}\arctan\left(\frac{2\tau_{xy}}{\sigma_x - \sigma_y}\right)$ 代入正应力分量，得到主应力大小为：

$$\left.\begin{array}{l}\sigma_1 = \dfrac{\sigma_x + \sigma_y}{2} + \sqrt{\left(\dfrac{\sigma_x - \sigma_y}{2}\right)^2 + \tau_{xy}^2} \\ \sigma_2 = \dfrac{\sigma_x + \sigma_y}{2} + \sqrt{\left(\dfrac{\sigma_x - \sigma_y}{2}\right)^2 + \tau_{xy}^2}\end{array}\right\} \quad (2.9\text{-}7)$$

（四）最大切应力

任意斜截面上切应力为：

$$\tau'_{xy} = -\frac{1}{2}(\sigma_x - \sigma_y)\sin 2\theta + \tau_{xy}\cos 2\theta \quad (2.9\text{-}8)$$

τ'_{xy} 对 θ 求导：

$$\frac{\partial \tau'_{xy}}{\partial \theta} = -(\sigma_x - \sigma_y)\cos 2\theta - 2\tau_{xy}\sin 2\theta \quad (2.9\text{-}9)$$

$\frac{\partial \tau'_{xy}}{\partial \theta} = 0$ 时，τ'_{xy} 取得极值，即：

$$\theta = \frac{1}{2}\arctan\left(\frac{\sigma_x - \sigma_y}{-2\tau_{xy}}\right) \quad (2.9\text{-}10)$$

因此，最大切应力为 $\tau'_{xy} = \pm\sqrt{\left(\dfrac{\sigma_x - \sigma_y}{2}\right)^2 + \tau_{xy}^2}$

（五）例题

某一试件受等值拉应力和切应力作用，平面应力可表示为：

$$(\sigma_{ij}) = \begin{bmatrix} \sigma_0 & \sigma_0 & 0 \\ \sigma_0 & \sigma_0 & 0 \\ 0 & 0 & 0 \end{bmatrix}$$

式中 σ_0 为应力的大小，求主应力和主方向。

解：特征方程为：

$$\begin{vmatrix} \sigma_0 - \sigma & \sigma_0 & 0 \\ \sigma_0 & \sigma_0 - \sigma & 0 \\ 0 & 0 & -\sigma \end{vmatrix} = 0$$

解之得：$\sigma_1 = 2\sigma_0$，$\sigma_2 = 0$，$\sigma_3 = 0$。

① $\sigma_1 = 2\sigma_0$ 时，设 $(l_1, m_1, n_1)^T$ 为该主应力对应的主方向的方向余弦，则：

$$\begin{bmatrix} -\sigma_0 & \sigma_0 & 0 \\ \sigma_0 & -\sigma_0 & 0 \\ 0 & 0 & -2\sigma_0 \end{bmatrix} \begin{bmatrix} l_1 \\ m_1 \\ n_1 \end{bmatrix} = 0$$

且，$l_1^2 + m_1^2 + n_1^2 = 1$

联立得该主应力对应的主方向的方向余弦为：

$$l_1 = \pm\frac{\sqrt{2}}{2},\ m_1 = \pm\frac{\sqrt{2}}{2},\ n_1 = 0$$

② $\sigma_2 = 0$ 时，设 $(l_2, m_2, n_2)^T$ 为该主应力对应的主方向的方向余弦，则：

$$\begin{bmatrix} \sigma_0 & \sigma_0 & 0 \\ \sigma_0 & \sigma_0 & 0 \\ 0 & 0 & 0 \end{bmatrix} \begin{bmatrix} l_2 \\ m_2 \\ n_2 \end{bmatrix} = 0$$

且，$l_2^2 + m_2^2 + n_2^2 = 1$

联立得该主偏应力对应的主方向的方向余弦为：

$$l_2 = \pm \frac{\sqrt{2}}{2}, \quad m_2 = \pm \frac{\sqrt{2}}{2}, \quad n_2 = 0$$

或 $\quad l_2 = 0, \quad m_2 = 0, \quad n_2 = \pm 1$

即，此试件主应力空间内为单轴受拉状态，如图 2.9-2 所示。

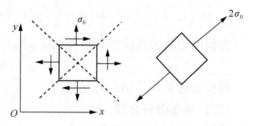

图 2.9-2

§2.10 极坐标系下应力张量对称性与平衡微分方程

对圆形、圆环形、楔形和扇形等物体受力作用产生的应力和位移，宜采用极坐标求解。极坐标的采用使得其物体边界线表示较为简便，从而使得边界条件和方程求解得到极大简化。

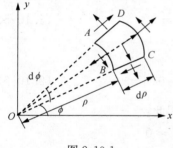

图 2.10-1

在极坐标系下，平面内任一点 P 的位置，用径向坐标 ρ 和环向坐标 ϕ 表示。极坐标系与直角坐标系均为正交坐标系。但直角坐标系坐标轴均为直线，有固定方向，量纲都为长度；而极坐标系环向坐标轴为曲线，坐标轴在不同点有不同方向，径向坐标量纲为长度，环向坐标无量纲。

考虑单位厚度的微小单元 $ABCD$，如图 2.10-1 所示。在 $\rho、\phi$ 方向体力分量分别为 f_ρ 和 f_ϕ，按照 2.2 节中正负面规定及应力方向规定，图中：

ρ 轴的负面（AB）应力分量：$\sigma_\rho, \tau_{\rho\phi}$；

ϕ 轴的负面（BC）应力分量：$\sigma_\phi, \tau_{\phi\rho}$；

ρ 轴的正面（CD）应力分量：$\sigma_\rho + \dfrac{\partial \sigma_\rho}{\partial \rho} d\rho, \sigma_{\rho\phi} + \dfrac{\partial \tau_{\rho\phi}}{\partial \rho} d\rho$；

ϕ 轴的正面（DA）应力分量：$\sigma_\phi + \dfrac{\partial \sigma_\phi}{\partial \phi} d\phi, \sigma_{\phi\rho} + \dfrac{\partial \tau_{\phi\rho}}{\partial \phi} d\phi$。

（一）切应力互等定理

对形心取矩，根据力矩平衡：

$$\left(\tau_{\rho\phi} + \frac{\partial \tau_{\rho\phi}}{\partial \rho} d\rho \right)(\rho + d\rho) d\phi \cdot \frac{1}{2} d\rho + \tau_{\rho\phi} \rho d\phi \cdot \frac{1}{2} d\rho$$
$$= \left(\tau_{\phi\rho} + \frac{\partial \tau_{\phi\rho}}{\partial \phi} d\phi \right) d\rho \cos \frac{d\phi}{2} \left(\rho + \frac{1}{2} d\rho \right) \cdot \frac{1}{2} d\phi + \tau_{\phi\rho} d\rho \cos \frac{d\phi}{2} \left(\rho + \frac{1}{2} d\rho \right) \cdot \frac{1}{2} d\phi$$

(2.10-1)

由于 $\mathrm{d}\phi$ 是小量，故 $\cos\dfrac{\mathrm{d}\phi}{2}$ 可用 1 代替，于是：

$$\left(\tau_{\rho\phi}+\frac{\partial\tau_{\rho\phi}}{\partial\rho}\mathrm{d}\rho\right)(\rho+\mathrm{d}\rho)\mathrm{d}\phi\cdot\frac{1}{2}\mathrm{d}\rho+\tau_{\phi\rho}\rho\mathrm{d}\phi\cdot\frac{1}{2}\mathrm{d}\rho$$

$$=\left(\tau_{\phi\rho}+\frac{\partial\tau_{\phi\rho}}{\partial\phi}\mathrm{d}\phi\right)\mathrm{d}\rho\left(\rho+\frac{1}{2}\mathrm{d}\rho\right)\cdot\frac{1}{2}\mathrm{d}\phi+\tau_{\rho\phi}\mathrm{d}\rho\left(\rho+\frac{1}{2}\mathrm{d}\rho\right)\cdot\frac{1}{2}\mathrm{d}\phi \quad (2.10\text{-}2)$$

方程两边略去高阶小量，并同除 $\rho\mathrm{d}\rho\mathrm{d}\phi$，得：

$$\tau_{\rho\phi}=\tau_{\phi\rho} \quad (2.10\text{-}3)$$

即极坐标系下，切应力互等。

（二）平衡微分方程

根据 ρ 方向力的平衡得：

$$\left(\sigma_{\rho}+\frac{\partial\sigma_{\rho}}{\partial\rho}\mathrm{d}\rho\right)(\rho+\mathrm{d}\rho)\mathrm{d}\phi-\sigma_{\rho}\rho\mathrm{d}\phi-\left(\sigma_{\phi}+\frac{\partial\sigma_{\phi}}{\partial\phi}\mathrm{d}\phi\right)\mathrm{d}\rho\sin\frac{\mathrm{d}\phi}{2}-\sigma_{\phi}\mathrm{d}\rho\sin\frac{\mathrm{d}\phi}{2}$$

$$+\left(\tau_{\rho\phi}+\frac{\partial\tau_{\rho\phi}}{\partial\phi}\mathrm{d}\phi\right)\mathrm{d}\rho\cos\frac{\mathrm{d}\phi}{2}-\tau_{\rho\phi}\mathrm{d}\rho\cos\frac{\mathrm{d}\phi}{2}+f_{\rho}\rho\mathrm{d}\phi\mathrm{d}\rho=0 \quad (2.10\text{-}4)$$

由于 $\mathrm{d}\phi$ 是小量，故 $\sin\dfrac{\mathrm{d}\phi}{2}$ 可用 $\dfrac{\mathrm{d}\phi}{2}$ 代替、$\cos\dfrac{\mathrm{d}\phi}{2}$ 可用 1 代替，于是略去高阶小量后，方程两边同除 $\rho\mathrm{d}\rho\mathrm{d}\phi$，得：

$$\frac{\partial\sigma_{\rho}}{\partial\rho}+\frac{\partial\tau_{\rho\phi}}{\rho\partial\phi}+\frac{\sigma_{\rho}-\sigma_{\phi}}{\rho}+f_{\rho}=0 \quad (2.10\text{-}5)$$

同理，ϕ 方向平衡微分方程：

$$\frac{\partial\sigma_{\phi}}{\rho\partial\phi}+\frac{\partial\tau_{\rho\phi}}{\partial\rho}+\frac{2\tau_{\rho\phi}}{\rho}+f_{\phi}=0 \quad (2.10\text{-}6)$$

在轴对称条件下，物体内应力分量与 ϕ 无关，因此：

$$\sigma_{\rho}=\sigma_{\rho}(\rho),\ \sigma_{\phi}=\sigma_{\phi}(\rho),\ \tau_{\rho\phi}=0$$

忽略体力，平衡微分方程化为：

$$\frac{\mathrm{d}\sigma_{\rho}}{\mathrm{d}\rho}+\frac{\sigma_{\rho}-\sigma_{\phi}}{\rho}=0 \quad (2.10\text{-}7)$$

习　　题

2-1　什么叫做一点的应力状态？如何表示一点的应力状态？

2-2　什么叫做应力张量的不变量？其不变的含义是什么？为什么不变？

2-3　如何理解"转轴后同一点的各应力分量都改变了，但它们作为一个整体所描绘的一点的应力状态是不变的"？

2-4　已知物体中某点的应力分量是 $\sigma_x=50\times10^3\mathrm{Pa}$，$\sigma_y=0$，$\sigma_z=-30\times10^3\mathrm{Pa}$，$\tau_{xy}=50\times10^3\mathrm{Pa}$，$\tau_{yz}=-75\times10^3\mathrm{Pa}$，$\tau_{zx}=80\times10^3\mathrm{Pa}$，试求方向余弦值为 $l=\dfrac{1}{2}$、$m=\dfrac{1}{2}$、$n=\dfrac{1}{\sqrt{2}}$ 的斜面上的总应力、正应力和切应力分量。

2-5　一点应力状态为：

$$\begin{bmatrix} 0 & 1 & 2 \\ 1 & \sigma_{22} & 1 \\ 2 & 1 & 0 \end{bmatrix} \times 10^3 \text{Pa}$$

已知在经过该点的某一平面上应力矢量为零,求 σ_{22} 及该平面的单位法向量。

2-6 三维直角坐标系 $oxyz$ 下,应力场由下式表示:

$$(\sigma_{ij}) = \begin{bmatrix} (1-x^2)y + \frac{2}{3}y^3 & -(4-y^2)x & 0 \\ -(4-y^2)x & -\frac{1}{3}(y^3-12y) & 0 \\ 0 & 0 & (3-x^2)y \end{bmatrix}$$

① 证明无体力条件下,上述应力场满足平衡微分方程;
② 确定方程为 $3x+6y+2z=12$ 平面上点 $(2,-1,6)$ 处应力矢量;
③ 计算上述应力矢量的法向分量与切向分量大小和方向。

2-7 已知旧坐标系 $oxyz$ 中应力张量为 (σ_{ij}),将该坐标系绕 x 轴逆时针旋转 θ 角得到新坐标系 $o'x'y'z'$,求新坐标系下应力张量分量。

2-8 在复合材料中,如果层面是倾斜的且与水平成 θ 角,如图习题 2-1 所示,有两个坐标系,一个是 $ox'y'z'$,其 $x'z'$ 面为倾斜面,在另一个坐标系 $oxyz$ 中的 x 及 y 轴分别为水平及垂直方向。坐标系 $ox'y'z'$ 是由坐标系 $oxyz$ 绕 z 轴转动 θ 角而得到的,若已知坐标系 $oxyz$ 中的应力分量 σ_x、σ_y、σ_z、τ_{xy}、τ_{yz}、τ_{zx},利用应力分量的坐标转换公式计算坐标系 $ox'y'z'$ 中的应力分量 $\sigma_{x'}$、$\sigma_{y'}$、$\sigma_{z'}$、$\tau_{x'y'}$、$\tau_{y'z'}$、$\tau_{z'x'}$。

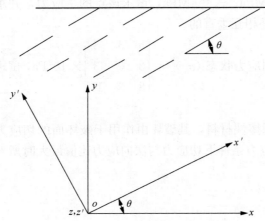

图习题 2-1 坐标绕 z 轴转动 θ 角

2-9 设物体内某点的主应力 σ_1、σ_2、σ_3 及其方向为已知,将坐标轴与应力主方向取得一致。试求 $l=m=n=\dfrac{1}{\sqrt{3}}$ 的斜截面上的应力矢量。

2-10 已知一点处的应力状态为 $\begin{bmatrix} 12 & 6 & 0 \\ 6 & 10 & 0 \\ 0 & 0 & 0 \end{bmatrix} \times 10^3 \text{Pa}$,试求该点处的最大主

应力及主方向。

2-11 已知一点的应力状态为 $(\sigma_{ij}) = \begin{bmatrix} 57 & 0 & 24 \\ 0 & 50 & 0 \\ 24 & 0 & 43 \end{bmatrix} \times 10^3 \text{Pa}$，试求该点处的主应力及主方向。

2-12 已知下列两种情况下一点的应力状态分别为 $(\sigma_{ij}) = \begin{bmatrix} 6 & 4 & 0 \\ 4 & 6 & 0 \\ 0 & 0 & -2 \end{bmatrix} \times 10^3 \text{Pa}$ 和 $(\sigma_{ij}) = \begin{bmatrix} 2 & 1 & 1 \\ 1 & 2 & 1 \\ 1 & 1 & 2 \end{bmatrix} \times 10^3 \text{Pa}$，分别求这两种情况下的主应力及主应力方向。

2-13 试证在坐标变换时，I_1 为第一应力不变量。

2-14 已知物体内一点的 6 个应力分量为：
$\sigma_x = 1000 \times 10^5 \text{Pa}$，$\sigma_y = 500 \times 10^5 \text{Pa}$，$\sigma_z = -100 \times 10^5 \text{Pa}$，
$\tau_{yz} = 300 \times 10^5 \text{Pa}$，$\tau_{xz} = -200 \times 10^5 \text{Pa}$，$\tau_{xy} = 400 \times 10^5 \text{Pa}$

试求该点的主应力和应力主方向，并求出主切应力。

2-15 已知 6 个应力分量 σ_x、σ_y、σ_z、τ_{xy}、τ_{yz}、τ_{xz} 中，$\sigma_z = \tau_{yz} = \tau_{xz} = 0$，试求应力张量不变量并导出主应力公式。

2-16 在物体中某一点，所有的正应力分量都等于零，其余的三个切应力分量为 $\tau_{xy} = 0$、$\tau_{yz} = 3\text{MPa}$、$\tau_{zx} = 4\text{MPa}$，试求该点的主应力，并求出三个主应力的方向，并证明它们是相互垂直的。

2-17 已知下列应力状态 $(\sigma_{ij}) = \begin{bmatrix} 5 & 3 & 8 \\ 3 & 0 & 3 \\ 8 & 3 & 11 \end{bmatrix} \times 10^5 \text{Pa}$，试求八面体正应力与切应力。

2-18 对于纯摩擦性材料，其破坏由作用于破坏面的切应力与法向应力之比决定。试求解平面应力条件下切应力与法向应力比值最大时所对应截面的单位法向量。

第3章 应变理论

在外力作用下,物体内部各部分之间要产生相对运动。物体的这种运动形态,称为形变。"应变理论"和"应力理论"一样,都是弹性力学的基本组成部分之一。它的任务有两个:一是分析一点的应变状态;二是建立几何方程和应变协调方程。由于这里只是从几何学观点出发分析研究物体的变形本身,而并不涉及产生变形的原因和物体的物理性能,所以本章所得到的结果对一切连续介质也都是适用的。本章中,3.1 节介绍物体运动时两点之间的相对位移张量;3.2 节介绍应变张量、几何方程与刚体转动张量;3.3 节介绍几种特殊的应变状态;3.4~3.7 节介绍三维应变张量性质;3.8 节介绍物体变形时应变分量间应满足的条件——应变协调方程;3.9 节介绍协调方程与位移单值连续关系;3.10 节介绍平面应变相关内容;3.11 节介绍极坐标系下应变理论基本方程。

§3.1 相对位移张量

(一) 位移与变形

(1) 位移

在外力作用下,物体各点位置发生变化,即发生了位移。

若物体各点发生位移后仍保持各点初始状态的相对位置,则物体只发生了刚体平动和转动,这种位移称之为刚体位移。

(2) 变形

若物体各点发生位移后改变了各点间初始状态的相对位置,则物体同时产生了形状和大小的变化,称物体产生了变形。

(二) 相对位移张量

如图 3.1-1 所示,考察 Oxy 平面内物体内相邻两点 $P(x_p, y_p)$ 和 $Q(x_q, y_q)$,变位后移动至 $P'(x_{p'}, y_{p'})$ 和 $Q'(x_{q'}, y_{q'})$。由点 P 指向点 Q 的矢量表示为 S,由 P' 指向 Q' 的矢量表示为 S'。

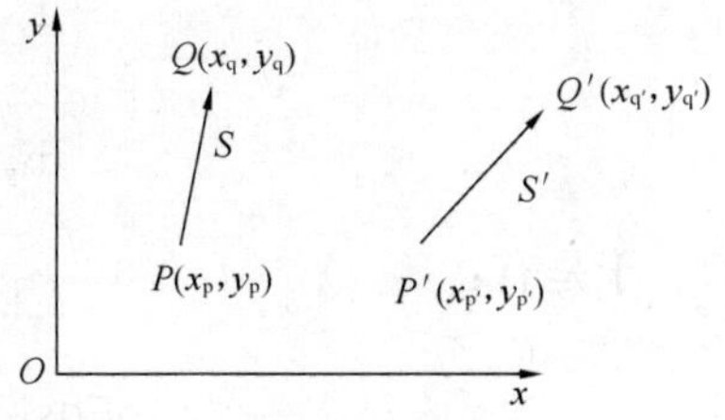

图 3.1-1

在移动过程中 P 点位移分量为:

$$\left.\begin{aligned} u_p &= x_{p'} - x_p \\ v_p &= y_{p'} - y_p \end{aligned}\right\} \quad (3.1\text{-}1)$$

Q 点位移分量为:

$$\left.\begin{aligned} u_q &= x_{q'} - x_q \\ v_p &= y_{q'} - y_q \end{aligned}\right\} \quad (3.1\text{-}2)$$

矢量 S 沿坐标轴分量为:

$$\left.\begin{aligned} s_x &= x_q - x_p \\ s_y &= y_q - y_p \end{aligned}\right\} \tag{3.1-3}$$

矢量 S' 沿坐标轴分量为：

$$\left.\begin{aligned} s'_x &= x_{q'} - x_{p'} \\ s'_y &= y_{q'} - y_{p'} \end{aligned}\right\} \tag{3.1-4}$$

分析点 P 和点 Q 位移以及矢量 S 和 S' 之间关系。

将 Q 点位移分量对 P 点按泰勒级数展开：

$$\left.\begin{aligned} u_q &= u_p + \frac{\partial u}{\partial x}s_x + \frac{\partial u}{\partial y}s_y + O(s_x^2, s_y^2) \\ v_q &= v_p + \frac{\partial v}{\partial x}s_x + \frac{\partial v}{\partial y}s_y + O(s_x^2, s_y^2) \end{aligned}\right\} \tag{3.1-5}$$

即：

$$\left.\begin{aligned} u_q - u_p &= \frac{\partial u}{\partial x}s_x + \frac{\partial u}{\partial y}s_y \\ v_q - v_p &= \frac{\partial v}{\partial x}s_x + \frac{\partial v}{\partial y}s_y \end{aligned}\right\} \tag{3.1-6}$$

而根据点 P 和点 Q 位移分量表达式：

$$\left.\begin{aligned} u_q - u_p &= (x_{q'} - x_q) - (x_{p'} - x_p) = (x_{q'} - x_{p'}) - (x_q - x_p) = s'_x - s_x \\ v_q - v_p &= (y_{q'} - y_q) - (y_{p'} - y_p) = (y_{q'} - y_{p'}) - (y_q - y_p) = s'_y - s_y \end{aligned}\right\} \tag{3.1-7}$$

记矢量 S' 和 S 变位前后变化量为 $\mathrm{d}S = \mathrm{d}s_x x + \mathrm{d}s_y y$，则：

$$\left.\begin{aligned} \mathrm{d}s_x &= s'_x - s_x \\ \mathrm{d}s_y &= s'_y - s_y \end{aligned}\right\} \tag{3.1-8}$$

因此矢量 S' 在变位前后，其位移分量变化量为：

$$\left.\begin{aligned} \mathrm{d}s_x &= \frac{\partial u}{\partial x}s_x + \frac{\partial u}{\partial y}s_y \\ \mathrm{d}s_y &= \frac{\partial v}{\partial x}s_x + \frac{\partial v}{\partial y}s_y \end{aligned}\right\} \tag{3.1-9}$$

于是有：

$$\begin{bmatrix} \mathrm{d}s_x \\ \mathrm{d}s_y \end{bmatrix} = \begin{bmatrix} \dfrac{\partial u}{\partial x} & \dfrac{\partial u}{\partial y} \\ \dfrac{\partial v}{\partial x} & \dfrac{\partial v}{\partial y} \end{bmatrix} \begin{bmatrix} s_x \\ s_y \end{bmatrix} \tag{3.1-10}$$

即：点 Q 与点 P 之间相对位移分量可用上式表达。

其系数矩阵组成的张量称为相对位移张量。二维情况下：

$$(u_{i,j}) = \begin{bmatrix} \dfrac{\partial u}{\partial x} & \dfrac{\partial u}{\partial y} \\ \dfrac{\partial v}{\partial x} & \dfrac{\partial v}{\partial y} \end{bmatrix} \quad (i,j = x, y) \tag{3.1-11}$$

$u_{i,j}$ 表示由当 i、j 为 x 和 y 时 u_i 对 x_j 的偏导数组成的张量。
三维情况下：

$$(u_{i,j}) = \begin{bmatrix} \dfrac{\partial u}{\partial x} & \dfrac{\partial u}{\partial y} & \dfrac{\partial u}{\partial z} \\ \dfrac{\partial v}{\partial x} & \dfrac{\partial v}{\partial y} & \dfrac{\partial v}{\partial z} \\ \dfrac{\partial w}{\partial x} & \dfrac{\partial w}{\partial y} & \dfrac{\partial w}{\partial z} \end{bmatrix} \quad (i,j = x, y, z) \tag{3.1-12}$$

$u_{i,j}$ 表示由当 i、j 为 x、y 和 z 时 u_i 对 x_j 的偏导数组成的张量。

§3.2 应变张量、几何方程与刚体转动张量

（一）数学定义

上节推导了物体变位过程中的相对位移张量。根据线性代数知识，任意一个矩阵可以拆分为一个对称矩阵和一个反对称矩阵，类似地，任一二阶张量可分解为一对称张量和一反对称张量，因此可以将二维相对位移张量做如下分解：

$$\begin{bmatrix} \dfrac{\partial u}{\partial x} & \dfrac{\partial u}{\partial y} \\ \dfrac{\partial v}{\partial x} & \dfrac{\partial v}{\partial y} \end{bmatrix} = \begin{bmatrix} \dfrac{\partial u}{\partial x} & \dfrac{1}{2}\left(\dfrac{\partial u}{\partial y} + \dfrac{\partial v}{\partial x}\right) \\ \dfrac{1}{2}\left(\dfrac{\partial u}{\partial y} + \dfrac{\partial v}{\partial x}\right) & \dfrac{\partial v}{\partial y} \end{bmatrix} + \begin{bmatrix} 0 & \dfrac{1}{2}\left(\dfrac{\partial u}{\partial y} - \dfrac{\partial v}{\partial x}\right) \\ \dfrac{1}{2}\left(\dfrac{\partial v}{\partial x} - \dfrac{\partial u}{\partial y}\right) & 0 \end{bmatrix} \tag{3.2-1}$$

即对称张量（ε_{ij}）表达式为：

$$(\varepsilon_{ij}) = \begin{bmatrix} \varepsilon_x & \varepsilon_{xy} \\ \varepsilon_{yx} & \varepsilon_y \end{bmatrix} = \begin{bmatrix} \dfrac{\partial u}{\partial x} & \dfrac{1}{2}\left(\dfrac{\partial u}{\partial y} + \dfrac{\partial v}{\partial x}\right) \\ \dfrac{1}{2}\left(\dfrac{\partial v}{\partial x} + \dfrac{\partial u}{\partial y}\right) & \dfrac{\partial v}{\partial y} \end{bmatrix} \tag{3.2-2}$$

反对称张量（ω_{ij}）表达式为：

$$(\omega_{ij}) = \begin{bmatrix} \omega_x & \omega_{xy} \\ \omega_{yx} & \omega_y \end{bmatrix} = \begin{bmatrix} 0 & \dfrac{1}{2}\left[\dfrac{\partial u}{\partial y} - \dfrac{\partial v}{\partial x}\right] \\ \dfrac{1}{2}\left(\dfrac{\partial v}{\partial x} - \dfrac{\partial u}{\partial y}\right) & 0 \end{bmatrix} \tag{3.2-3}$$

据此，可以将相对位移分量表示为：

$$\begin{bmatrix} \mathrm{d}s_x \\ \mathrm{d}s_y \end{bmatrix} = \begin{bmatrix} \mathrm{d}s_x^{(1)} \\ \mathrm{d}s_y^{(1)} \end{bmatrix} + \begin{bmatrix} \mathrm{d}s_x^{(2)} \\ \mathrm{d}s_y^{(2)} \end{bmatrix} \tag{3.2-4}$$

其中：

$$\begin{bmatrix} \mathrm{d}s_x^{(1)} \\ \mathrm{d}s_y^{(1)} \end{bmatrix} = \begin{bmatrix} \dfrac{\partial u}{\partial x} & \dfrac{1}{2}\left(\dfrac{\partial u}{\partial y} + \dfrac{\partial v}{\partial x}\right) \\ \dfrac{1}{2}\left(\dfrac{\partial v}{\partial x} + \dfrac{\partial u}{\partial y}\right) & \dfrac{\partial v}{\partial y} \end{bmatrix} \begin{bmatrix} s_x \\ s_y \end{bmatrix} \tag{3.2-5}$$

$$\begin{bmatrix} \mathrm{d}s_\mathrm{x}^{(2)} \\ \mathrm{d}s_\mathrm{y}^{(2)} \end{bmatrix} = \begin{bmatrix} 0 & \frac{1}{2}\left(\frac{\partial u}{\partial y} - \frac{\partial v}{\partial x}\right) \\ \frac{1}{2}\left(\frac{\partial v}{\partial x} - \frac{\partial u}{\partial y}\right) & 0 \end{bmatrix} \begin{bmatrix} s_\mathrm{x} \\ s_\mathrm{y} \end{bmatrix} \quad (3.2\text{-}6)$$

三维情况下：

$$(\varepsilon_{ij}) = \begin{bmatrix} \varepsilon_\mathrm{y} & \varepsilon_\mathrm{xy} & \varepsilon_\mathrm{xz} \\ \varepsilon_\mathrm{yx} & \varepsilon_\mathrm{y} & \varepsilon_\mathrm{yz} \\ \varepsilon_\mathrm{zx} & \varepsilon_\mathrm{zy} & \varepsilon_\mathrm{z} \end{bmatrix} = \begin{bmatrix} \frac{\partial u}{\partial x} & \frac{1}{2}\left(\frac{\partial u}{\partial y} + \frac{\partial v}{\partial x}\right) & \frac{1}{2}\left(\frac{\partial u}{\partial z} + \frac{\partial w}{\partial x}\right) \\ \frac{1}{2}\left(\frac{\partial v}{\partial x} + \frac{\partial u}{\partial y}\right) & \frac{\partial v}{\partial y} & \frac{1}{2}\left(\frac{\partial v}{\partial z} + \frac{\partial w}{\partial y}\right) \\ \frac{1}{2}\left(\frac{\partial w}{\partial x} + \frac{\partial u}{\partial z}\right) & \frac{1}{2}\left(\frac{\partial w}{\partial y} + \frac{\partial v}{\partial z}\right) & \frac{\partial w}{\partial z} \end{bmatrix}$$
$$(3.2\text{-}7)$$

$$(\omega_{ij}) = \begin{bmatrix} \omega_\mathrm{xx} & \omega_\mathrm{xy} & \omega_\mathrm{xz} \\ \omega_\mathrm{yx} & \omega_\mathrm{yy} & \omega_\mathrm{yz} \\ \omega_\mathrm{zx} & \omega_\mathrm{zy} & \omega_\mathrm{zz} \end{bmatrix} = \begin{bmatrix} 0 & \frac{1}{2}\left(\frac{\partial u}{\partial y} - \frac{\partial v}{\partial x}\right) & \frac{1}{2}\left(\frac{\partial u}{\partial z} - \frac{\partial w}{\partial x}\right) \\ \frac{1}{2}\left(\frac{\partial v}{\partial x} - \frac{\partial u}{\partial y}\right) & 0 & \frac{1}{2}\left(\frac{\partial v}{\partial z} - \frac{\partial w}{\partial y}\right) \\ \frac{1}{2}\left(\frac{\partial w}{\partial x} - \frac{\partial u}{\partial z}\right) & \frac{1}{2}\left(\frac{\partial w}{\partial y} - \frac{\partial v}{\partial z}\right) & 0 \end{bmatrix}$$
$$(3.2\text{-}8)$$

(ε_{ij}) 为描述物体变位过程中发生变形的应变张量。由定义可以直接得到应变张量是对称的。而 (ω_{ij}) 为描述物体刚体转动位移的刚体转动张量。应变张量表达了变形过程中物体应变与位移之间关系，称之为几何方程。

(二) 物理意义

(1) 应变张量

1) 正应变

若矢量 S 平行于坐标轴 x，变位后 S' 仍平行于坐标轴 x，则：

$$\frac{\partial u}{\partial y} = 0, \frac{\partial v}{\partial x} = 0, \frac{\partial v}{\partial y} = 0 \quad (3.2\text{-}9)$$

因此，应变张量可表示为：

$$(\varepsilon_{ij}) = \begin{bmatrix} \frac{\partial u}{\partial x} & 0 \\ 0 & 0 \end{bmatrix} \quad (3.2\text{-}10)$$

矢量 S 的相对位移可表达为：

$$\begin{bmatrix} \mathrm{d}s_\mathrm{x}^{(1)} \\ \mathrm{d}s_\mathrm{y}^{(1)} \end{bmatrix} = \begin{bmatrix} \frac{\partial u}{\partial x} & 0 \\ 0 & 0 \end{bmatrix} \begin{bmatrix} s_\mathrm{x} \\ 0 \end{bmatrix} \quad (3.2\text{-}11\mathrm{a})$$

即：$\mathrm{d}s_\mathrm{x}^{(1)} = \frac{\partial u}{\partial x} s_\mathrm{x}$ \quad (3.2-11b)

因此，正应变表示平行于坐标轴方向矢量的单位长度伸长量。

2) 切应变

如图 3.2-1 所示，取两个与坐标轴平行的矢量：

第3章 应变理论

$$\left.\begin{array}{l}\boldsymbol{S}=sx+0y\\\boldsymbol{T}=0x+ty\end{array}\right\} \quad (3.2\text{-}12)$$

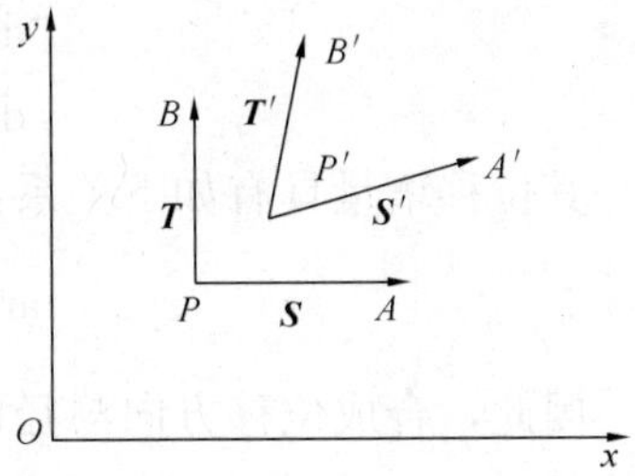

变形后矢量为：

$$\left.\begin{array}{l}\boldsymbol{S}=(s+\mathrm{d}s_x^{(1)})\,x+\mathrm{d}s_y^{(1)}y\\\boldsymbol{T}=\mathrm{d}t_x^{(1)}x+(t+\mathrm{d}t_y^{(1)})\,y\end{array}\right\} \quad (3.2\text{-}13)$$

根据应变张量定义：

$$\begin{bmatrix}\mathrm{d}s_x^{(1)}\\ \mathrm{d}s_y^{(1)}\end{bmatrix}=\begin{bmatrix}\varepsilon_x & \varepsilon_{xy}\\ \varepsilon_{yx} & \varepsilon_y\end{bmatrix}\begin{bmatrix}s\\0\end{bmatrix} \quad (3.2\text{-}14a)$$

图 3.2-1

$$\begin{bmatrix}\mathrm{d}t_x^{(1)}\\ \mathrm{d}t_y^{(1)}\end{bmatrix}=\begin{bmatrix}\varepsilon_x & \varepsilon_{xy}\\ \varepsilon_{yx} & \varepsilon_y\end{bmatrix}\begin{bmatrix}0\\t\end{bmatrix} \quad (3.2\text{-}14b)$$

故：

$$\mathrm{d}s_y^{(1)}=\varepsilon_{yx}s \quad (3.2\text{-}15a)$$

$$\mathrm{d}t_x^{(1)}=\varepsilon_{xy}t \quad (3.2\text{-}15b)$$

令矢量 $\boldsymbol{S}'$ 与 $\boldsymbol{T}'$ 夹角为 ϕ，则由两矢量的内积定义，有：

$$\boldsymbol{S}'\cdot\boldsymbol{T}'=s't'\cos\phi \quad (3.2\text{-}16)$$

式中，

$$\boldsymbol{S}'\cdot\boldsymbol{T}'=(s+\mathrm{d}s_x^{(1)})\mathrm{d}t_x^{(1)}+\mathrm{d}s_y^{(1)}(t+\mathrm{d}_y^{(1)})$$

$$s'=|\boldsymbol{S}'|=\sqrt{(s+\mathrm{d}s_x^{(1)})^2+(\mathrm{d}s_y^{(1)})^2}$$

$$t'=|\boldsymbol{T}'|=\sqrt{(\mathrm{d}t_x^{(1)})^2+(t+\mathrm{d}t_y^{(1)})^2}$$

所以，

$$\cos\phi=\frac{\boldsymbol{S}'\cdot\boldsymbol{T}'}{s't'}=\frac{(s+\mathrm{d}s_x^{(1)})\mathrm{d}t_x^{(1)}+\mathrm{d}s_y^{(1)}(t+\mathrm{d}t_y^{(1)})}{\sqrt{(\mathrm{d}t_x^{(1)})^2+(t+\mathrm{d}t_y^{(1)})^2}\sqrt{(s+\mathrm{d}s_x^{(1)})^2+(\mathrm{d}s_y^{(1)})^2}}$$

$$(3.2\text{-}17a)$$

略去高阶小量后：

$$\cos\phi=\frac{\boldsymbol{S}'\cdot\boldsymbol{T}'}{s't'}\approx\frac{s\mathrm{d}t_x^{(1)}+t\mathrm{d}s_y^{(1)}}{ts}=\frac{\mathrm{d}t_x^{(1)}}{t}+\frac{\mathrm{d}s_y^{(1)}}{s}=2\varepsilon_{xy} \quad (3.2\text{-}17b)$$

若令变形前后两个矢量 $\boldsymbol{S}'$ 与 $\boldsymbol{T}'$ 夹角的改变为 α，并注意到 α 趋于无穷小，则：

$$\cos\phi=\sin\left(\frac{\pi}{2}-\phi\right)=\sin\alpha\approx\alpha=2\varepsilon_{xy}=\gamma_{xy} \quad (3.2\text{-}17c)$$

因此，几何切应变为分别平行于两个坐标轴的矢量变形前后夹角变化量的一半，夹角变化量又称为工程切应变。

(2) 刚体转动张量

考察只有刚体转动张量作用下矢量 $\boldsymbol{S}$ 变位前后增量，如图 3.2-2 所示，$\boldsymbol{S}$ 为考察矢量，$\mathrm{d}\boldsymbol{S}$ 为变位后的增量。

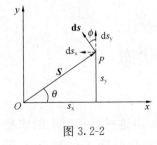

图 3.2-2

根据刚体转动张量定义，变位后位移增量分量可表示为：

$$\begin{bmatrix} ds_x^{(2)} \\ ds_y^{(2)} \end{bmatrix} = \begin{bmatrix} 0 & \omega_{xy} \\ \omega_{yx} & 0 \end{bmatrix} \begin{bmatrix} s_x \\ s_y \end{bmatrix} \quad (3.2\text{-}18)$$

其位移增量具有如下关系：

$$\tan\phi = \frac{ds_x^{(2)}}{ds_y^{(2)}} = \frac{s_y}{s_x} = \tan\theta \quad (3.2\text{-}19)$$

因此，合成位移方向与径向线垂直，也就是沿切线。(ω_{ij}) 描述物体刚体转动位移。

(3) 位移分解

如图 3.2-3 所示，与 P 点无限邻近的一点 Q 的位移由三部分组成：

① 随同 P 点的平移位移，如图中 QQ' 所示；

② 绕 P 点刚性转动在 Q 点产生的位移，如图中 $Q'Q'''$ 所示；

③ 由 P 点邻近的微元体的变形在 Q 点引起的位移，如图中 $Q'''Q'$ 所示。

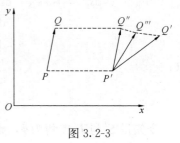

图 3.2-3

(三) 例题

假设某物体内位移场如下式：

$$u = Ayz, \quad v = Az^2, \quad w = Ax^2$$

式中，A 为常数。

试确定：应变张量和刚体转动张量。

解：根据定义

$$(\varepsilon_{ij}) = \begin{bmatrix} \varepsilon_x & \varepsilon_{xy} & \varepsilon_{xz} \\ \varepsilon_{yx} & \varepsilon_y & \varepsilon_{yz} \\ \varepsilon_{zx} & \varepsilon_{zy} & \varepsilon_z \end{bmatrix} = \begin{bmatrix} 0 & \frac{1}{2}Az & \frac{1}{2}Ay + Ax \\ \frac{1}{2}Az & 0 & Az \\ \frac{1}{2}Ay + Ax & Az & 0 \end{bmatrix}$$

$$(\omega_{ij}) = \begin{bmatrix} \omega_{xx} & \omega_{xy} & \omega_{xz} \\ \omega_{yx} & \omega_{yy} & \omega_{yz} \\ \omega_{zx} & \omega_{zy} & \omega_{zz} \end{bmatrix} = \begin{bmatrix} 0 & \frac{1}{2}Az & \frac{1}{2}Ay - Ax \\ -\frac{1}{2}Az & 0 & Az \\ -\frac{1}{2}Ay + Ax & -Az & 0 \end{bmatrix}$$

§3.3 几种特殊的应变状态

(一) 均匀应变

若位移分量 u、v、w 是坐标 x、y、z 的线性函数，由这种位移对应的应变称为均匀应变。根据均匀应变的定义，可把均匀应变的位移分量 (u、v、w) 用矩阵形式表示为：

$$\begin{Bmatrix} u \\ v \\ w \end{Bmatrix} = \begin{Bmatrix} u_0 \\ v_0 \\ w_0 \end{Bmatrix} + \begin{bmatrix} C_{11} & C_{12} & C_{13} \\ C_{21} & C_{22} & C_{23} \\ C_{31} & C_{32} & C_{33} \end{bmatrix} \begin{Bmatrix} x \\ y \\ z \end{Bmatrix} \quad (3.3\text{-}1)$$

式中，u_0、v_0、w_0、C_{11}、C_{12}、C_{13}、C_{21}……C_{33} 均为常数。

均匀应变有下列性质：

（1）各应变分量在物体内为常数，此即均匀应变。

（2）变形后，物体内的平面仍为平面。

（3）变形后，物体内任一直线仍为直线。

（4）原平行直线变形后仍为平行直线。

两平行直线可视为两平行平面与另一平面的交线，由前述结论可知，两平行平面在变形后仍为两平行平面。它们与变形后的另一平面的交线自然仍为平行直线。

（5）正平行六面体变为斜平行六面体。

变形前的正平行六面体，经变形后，平行面仍保持平行，由性质（1）可知，切应变一般不全为零，即变形前互相垂直的平面，经过变形后不再垂直而变成斜平行六面体。

（6）圆球面变成椭球面，证明如下。

以等截面弹性体的压缩为例，见图 3.3-1，试件的下端面与不动的光滑刚体平面相接触，试件内坐标为 (x, y, z) 点的位移分量为：

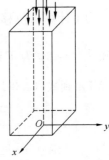

图 3.3-1 单向压缩试件

$$\left.\begin{matrix} u = \nu \varepsilon_z x \\ v = \nu \varepsilon_z y \\ w = -\varepsilon_z z \end{matrix}\right\} \quad (3.3\text{-}2)$$

式中，ε_z 和 ν 均为常数，ν 为泊松比。在变形后，该点的坐标 (x_1, y_1, z_1) 为：

$$\left.\begin{matrix} x_1 = x + u = x(1 + \nu \varepsilon_z) \\ y_1 = y + v = y(1 + \nu \varepsilon_z) \\ z_1 = z + w = x(1 - \varepsilon_z) \end{matrix}\right\} \quad (3.3\text{-}3)$$

如图 3.3-1 所示，变形前，弹性体内一圆球面方程为：

$$x^2 + y^2 + (z - R)^2 = R^2 \quad (3.3\text{-}4)$$

变形后，由式（3.3-3）解 x、y、z 并代入式（3.3-4），得：

$$\frac{x_1^2}{(1 + \nu \varepsilon_z)^2} + \frac{y_1^2}{(1 + \nu \varepsilon_z)^2} + \frac{(z_1 - R)^2}{(1 - \varepsilon_z)^2} = R^2 \quad (3.3\text{-}5)$$

式（3.3-5）为一椭圆球面的方程。可见，变形前的圆球面式（3.3-4），经过变形后为椭球面式（3.3-5），即圆球面变成椭球面。

（二）刚体位移

若六个应变分量均为零，则微元体的体积和形状都不变，此时物体所发生的位移称为刚体位移。

由六个应变分量均为零，得：

$$\varepsilon_x = \frac{\partial u}{\partial x} = 0 \tag{3.3-6}$$

$$\varepsilon_y = \frac{\partial v}{\partial y} = 0 \tag{3.3-7}$$

$$\varepsilon_z = \frac{\partial w}{\partial z} = 0 \tag{3.3-8}$$

$$\gamma_{xy} = \frac{\partial v}{\partial x} + \frac{\partial u}{\partial y} = 0 \tag{3.3-9}$$

$$\gamma_{yz} = \frac{\partial w}{\partial y} + \frac{\partial v}{\partial z} = 0 \tag{3.3-10}$$

$$\gamma_{zx} = \frac{\partial u}{\partial z} + \frac{\partial w}{\partial x} = 0 \tag{3.3-11}$$

由上面六式可以计算出物体发生刚体位移时的位移分量表达式形式。

为了计算出位移分量 u，应根据上面六式求出 $\frac{\partial u}{\partial x}$、$\frac{\partial u}{\partial y}$、$\frac{\partial u}{\partial z}$。由式（3.3-6）已知 $\frac{\partial u}{\partial x} = 0$，为了计算出 $\frac{\partial u}{\partial y}$，应求出 $\frac{\partial}{\partial x}\left(\frac{\partial u}{\partial y}\right)$、$\frac{\partial}{\partial y}\left(\frac{\partial u}{\partial y}\right)$、$\frac{\partial}{\partial z}\left(\frac{\partial u}{\partial y}\right)$，由式（3.3-7）到式（3.3-11）可得：

$$\frac{\partial}{\partial x}\left(\frac{\partial u}{\partial y}\right) = \frac{\partial}{\partial y}\left(\frac{\partial u}{\partial x}\right) = 0 \tag{3.3-12}$$

$$\frac{\partial}{\partial y}\left(\frac{\partial u}{\partial y}\right) = -\frac{\partial}{\partial y}\left(\frac{\partial v}{\partial x}\right) = -\frac{\partial}{\partial x}\left(\frac{\partial v}{\partial y}\right) = 0 \tag{3.3-13}$$

$$\frac{\partial}{\partial z}\left(\frac{\partial u}{\partial y}\right) = \frac{1}{2}\left(\frac{\partial \gamma_{xy}}{\partial z} + \frac{\partial \gamma_{zy}}{\partial y} - \frac{\partial \gamma_{yz}}{\partial x}\right) = 0 \tag{3.3-14}$$

由此三式可得：

$$\frac{\partial u}{\partial y} = C_1 \tag{3.3-15}$$

类似的方法，可求得 $\frac{\partial u}{\partial z} = C_2$。根据 $\frac{\partial u}{\partial x}$、$\frac{\partial u}{\partial y}$、$\frac{\partial u}{\partial z}$ 的表达式可得：

$$u = C_1 y + C_2 z + C_3 \tag{3.3-16}$$

式中，C_1、C_2、C_3 均为常数。

采用与求得位移分量 u 的相似方法且利用已求得的位移分量 u，可以求得位移分量 v 为：

$$v = -C_1 x + C_4 z + C_5 \tag{3.3-17}$$

最后，利用式（3.3-8）和已经求得的 u、v，可以求得 w 为：

$$w = -C_2 x - C_4 y + C_6 \tag{3.3-18}$$

显然，式（3.3-15）、式（3.3-16）、式（3.3-17）中的 C_3、C_5、C_6 分别表示刚体沿 x、y、z 轴的平移，用 u_0、v_0、w_0 表示，由：

$$\nabla \times (u\boldsymbol{i} + v\boldsymbol{j} + w\boldsymbol{k}) = \left(\frac{\partial w}{\partial y} - \frac{\partial v}{\partial z}\right)\boldsymbol{i} + \left(\frac{\partial u}{\partial z} - \frac{\partial w}{\partial x}\right)\boldsymbol{j} + \left(\frac{\partial v}{\partial x} - \frac{\partial u}{\partial y}\right)\boldsymbol{k}$$

$$= 2\omega_{zy}\boldsymbol{i} + 2\omega_{xz}\boldsymbol{j} + 2\omega_{yx}\boldsymbol{k} \tag{3.3-19}$$

可知：

$$\left.\begin{aligned} C_1 &= \frac{1}{2}\left(\frac{\partial u}{\partial y} - \frac{\partial v}{\partial x}\right) = -r = -\omega_{yx} \\ C_2 &= \frac{1}{2}\left(\frac{\partial u}{\partial z} - \frac{\partial w}{\partial x}\right) = q = \omega_{xz} \\ C_4 &= \frac{1}{2}\left(\frac{\partial v}{\partial z} + \frac{\partial w}{\partial y}\right) = -p = -\omega_{zy} \end{aligned}\right\} \quad (3.3\text{-}20)$$

将 C_3、C_5、C_6 用 u_0、v_0、w_0 表示，并利用式（3.3-20），则可把式（3.3-16）、式（3.3-17）、式（3.3-18）三式所示的刚体位移汇总用矩阵形式表示为：

$$\begin{bmatrix} u \\ v \\ w \end{bmatrix} = \begin{bmatrix} u_0 \\ v_0 \\ w_0 \end{bmatrix} + \begin{bmatrix} 0 & -r & q \\ r & 0 & -p \\ -q & p & 0 \end{bmatrix} \begin{bmatrix} x \\ y \\ z \end{bmatrix} = \begin{bmatrix} u_0 \\ v_0 \\ w_0 \end{bmatrix} + \begin{bmatrix} 0 & -\frac{1}{2}\omega_z & \frac{1}{2}\omega_y \\ \frac{1}{2}\omega_z & 0 & -\frac{1}{2}\omega_x \\ -\frac{1}{2}\omega_y & \frac{1}{2}\omega_x & 0 \end{bmatrix} \begin{bmatrix} x \\ y \\ z \end{bmatrix}$$

$$(3.3\text{-}21)$$

该式表示的是物体的刚体位移，u_0、v_0、w_0 是物体沿 x、y、z 轴方向的平移，p、q、r 是物体绕各坐标轴的转角。

(三) 纯应变

若应变分量不等于零，而转动分量 ω_{yz}、ω_{xz}、ω_{yx} 均等于零，这样的应变叫做纯应变。

由 ω_{yz}、ω_{xz}、ω_{yx} 均等于零可得：

$$\frac{\partial w}{\partial y} = \frac{\partial v}{\partial z}, \frac{\partial u}{\partial z} = \frac{\partial w}{\partial x}, \frac{\partial v}{\partial x} = \frac{\partial u}{\partial y} \quad (3.3\text{-}22)$$

此三等式是全微分的条件，这时必存在一个函数 $\varphi(x, y, z)$，使得：

$$u = \frac{\partial \varphi}{\partial x}, v = \frac{\partial \varphi}{\partial y}, w = \frac{\partial \varphi}{\partial z} \quad (3.3\text{-}23)$$

亦即函数 $\varphi(x, y, z)$ 的全微分可写为如下的形式：

$$\mathrm{d}\varphi = u\mathrm{d}x + v\mathrm{d}y + w\mathrm{d}z \quad (3.3\text{-}24)$$

因而函数 $\varphi(x, y, z)$ 称为位移矢量的势函数，式（3.3-23）所示的位移旋度必为零，即：

$$\nabla \times (u\boldsymbol{i} + v\boldsymbol{j} + w\boldsymbol{k}) = \begin{vmatrix} \boldsymbol{i} & \boldsymbol{j} & \boldsymbol{k} \\ \dfrac{\partial}{\partial x} & \dfrac{\partial}{\partial y} & \dfrac{\partial}{\partial z} \\ \dfrac{\partial \varphi}{\partial x} & \dfrac{\partial \varphi}{\partial y} & \dfrac{\partial \varphi}{\partial z} \end{vmatrix} \equiv (0, 0, 0) \quad (3.3\text{-}25)$$

因此，纯应变也称为无旋应变。

§3.4 应变分量转换公式

应变分量转换公式用于描述不同坐标系下应变张量分量之间关系，见图 3.4-1。P 点应变状态若在坐标系 $Oxyz$ 中，可用以下应变张量（ε_{ij}）表示：

$$(\varepsilon_{ij}) = \begin{bmatrix} \varepsilon_x & \varepsilon_{xy} & \varepsilon_{xz} \\ \varepsilon_{yx} & \varepsilon_y & \varepsilon_{yz} \\ \varepsilon_{zx} & \varepsilon_{zy} & \varepsilon_z \end{bmatrix} \tag{3.4-1}$$

若在坐标系 $Ox'y'z'$ 中，可用应变张量 (ε'_{ij}) 表示：

$$(\varepsilon'_{ij}) = \begin{bmatrix} \varepsilon'_x & \varepsilon'_{xy} & \varepsilon'_{xz} \\ \varepsilon'_{yx} & \varepsilon'_y & \varepsilon'_{yz} \\ \varepsilon'_{zx} & \varepsilon'_{zy} & \varepsilon'_z \end{bmatrix} \tag{3.4-2}$$

与 §2.5 节应力分量转换公式推导过程一致，可求得坐标系 $Ox'y'z$ 中应变张量 (ε_{ij}) 的分量。

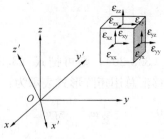

图 3.4-1

若记转换矩阵 $[L]$ 如下式：

$$[L] = \begin{bmatrix} l_{x'x} & l_{x'y} & l_{x'z} \\ l_{y'x} & l_{y'y} & l_{y'z} \\ l_{z'x} & l_{z'y} & l_{z'z} \end{bmatrix} = \begin{bmatrix} \cos(x',x) & \cos(x',y) & \cos(x',z) \\ \cos(y',x) & \cos(y',y) & \cos(y',z) \\ \cos(z',x) & \cos(z',y) & \cos(z',z) \end{bmatrix} \tag{3.4-3}$$

则，应变分量转换公式可写作：

$$[\varepsilon'] = [L][\varepsilon][L]^T \tag{3.4-4}$$

注意，转换矩阵中每行或每列元素平方和为 1。

§3.5 主应变与主方向

(一) 主应变与主方向

上一节讨论了一点应变状态在不同坐标系下分量转换关系。与一点应力状态类似，对于某一点而言，是否存在一个坐标系，使得该点应变状态只有正应变分量，而切应变分量为零。

根据斜截面应变公式：

$$[p'] = [\varepsilon][n] = \varepsilon[n] \tag{3.5-1}$$

式中，ε 为一常数。

$$\left. \begin{aligned} \varepsilon_x l + \varepsilon_{yx} m + \varepsilon_{zx} n &= \varepsilon l \\ \varepsilon_{xy} l + \sigma_y m + \varepsilon_{zy} n &= \varepsilon m \\ \varepsilon_{xz} l + \varepsilon_{yz} m + \varepsilon_z n &= \varepsilon n \end{aligned} \right\} \tag{3.5-2}$$

上述方程组存在非零解，故系数矩阵行列式为零。

$$\begin{vmatrix} \varepsilon_x - \varepsilon & \varepsilon_{xy} & \varepsilon_{xz} \\ \varepsilon_{yx} & \varepsilon_y - \varepsilon & \varepsilon_{yz} \\ \varepsilon_{zx} & \varepsilon_{zy} & \varepsilon_z - \varepsilon \end{vmatrix} = 0 \tag{3.5-3}$$

即特征方程为：

$$\varepsilon^3 - I'_1 \varepsilon^2 + I'_2 \varepsilon - I'_3 = 0 \tag{3.5-4}$$

式中，$I'_1 = \varepsilon_x + \varepsilon_y + \varepsilon_z$

$$I'_2 = \begin{vmatrix} \varepsilon_y & \varepsilon_{yz} \\ \varepsilon_{zy} & \varepsilon_z \end{vmatrix} + \begin{vmatrix} \varepsilon_x & \varepsilon_{xz} \\ \varepsilon_{zx} & \varepsilon_z \end{vmatrix} + \begin{vmatrix} \varepsilon_x & \varepsilon_{xy} \\ \varepsilon_{yx} & \varepsilon_y \end{vmatrix}$$

$$I'_3 = \begin{vmatrix} \varepsilon_x & \varepsilon_{xy} & \varepsilon_{xz} \\ \varepsilon_{yx} & \varepsilon_y & \varepsilon_{yz} \\ \varepsilon_{zx} & \varepsilon_{zy} & \varepsilon_z \end{vmatrix}$$

I'_1、I'_2、I'_3 为应变张量的第一、二、三不变量。对某一点，其应变张量不变量不随坐标变化而变化，为常数。

特征方程的三个解为主应变 ε_1、ε_2、ε_3，主应变代回方程，与方向余弦之和为 1 联立，可得主方向。

（二）基本性质

主应变性质：不变性、实数性、极值性。

主方向性质：正交性。

在主方向空间：

$$I'_1 = \varepsilon_1 + \varepsilon_2 + \varepsilon_3$$
$$I'_2 = \varepsilon_2\varepsilon_3 + \varepsilon_1\varepsilon_3 + \varepsilon_1\varepsilon_2$$
$$I'_3 = \varepsilon_1\varepsilon_2\varepsilon_3$$

（三）例题

假设某物体内位移场如下式：

$$u = Ayz, \quad v = Az^2, \quad w = Ax^2$$

式中，A 为常数。

求：在点 $P(1, 1, 0)$ 处主应变。

解：根据上节示例，得：

$$(\varepsilon_{ij}) = \begin{bmatrix} \varepsilon_x & \varepsilon_{xy} & \varepsilon_{xz} \\ \varepsilon_{yx} & \varepsilon_y & \varepsilon_{yz} \\ \varepsilon_{zx} & \varepsilon_{zy} & \varepsilon_z \end{bmatrix} = \begin{bmatrix} 0 & \frac{1}{2}Az & \frac{1}{2}Ay + Ax \\ \frac{1}{2}Az & 0 & Az \\ \frac{1}{2}Ay + Ax & Az & 0 \end{bmatrix}$$

在点 $P(1, 1, 0)$ 的应变张量为：

$$\begin{bmatrix} 0 & 0 & \frac{3}{2}A \\ 0 & 0 & 0 \\ \frac{3}{2}A & 0 & 0 \end{bmatrix}$$

特征方程为：

$$\begin{vmatrix} 0 - \varepsilon_v & 0 & \frac{3}{2}A \\ 0 & 0 - \varepsilon_v & 0 \\ \frac{3}{2}A & 0 & 0 - \varepsilon_v \end{vmatrix} = 0$$

即：$-\varepsilon_v \left(\sigma_v^2 - \frac{9}{4}A^2 \right) = 0$

解之得：$\varepsilon_1 = \frac{3}{2}A, \varepsilon_2 = 0, \varepsilon_3 = -\frac{3}{2}A$

§3.6 最大切应变与八面体切应变

在材料强度准则研究中，有时采用基于应变的表达式。与§2.7节类似，可以得到最大切应变与八面体切应变。

（一）最大切应变

选取主方向为坐标轴方向，设主应变为 ε_1、ε_2、ε_3 已知，则法线为 $\boldsymbol{n} = (l, m, n)^T$ 的斜截面上应变矢量大小为：

$$\varepsilon = \sqrt{\varepsilon_1^2 l^2 + \varepsilon_2^2 m^2 + \varepsilon_3^2 n^2} \tag{3.6-1}$$

正应变为：

$$\varepsilon_n = \varepsilon_1 l^2 + \varepsilon_2 m^2 + \varepsilon_3 n^2 \tag{3.6-2}$$

则切应变为：

$$\varepsilon_s^2 = \varepsilon^2 - \varepsilon_n^2 \tag{3.6-3}$$

当法线变化时，切应变随之变化。最大切应变是在约束 $f_0 = l^2 + m^2 + n^2 - 1 = 0$ 下的条件极值。

与§2.7节求解最大切应力方法相同，可得最大切应变为：

$$\left.\begin{array}{l} \gamma_1 = (\varepsilon_2 - \varepsilon_3) \\ \gamma_2 = (\varepsilon_3 - \varepsilon_1) \\ \gamma_3 = (\varepsilon_1 - \varepsilon_2) \end{array}\right\} \tag{3.6-4}$$

（二）八面体切应变

八面体是由法线与主轴等夹角的八个面组成的体。

$$l = m = n = \pm \frac{\sqrt{3}}{3} \tag{3.6-5}$$

由斜截面应变公式可得：

八面体正应变为：
$$\varepsilon_8 = \frac{\varepsilon_1 + \varepsilon_2 + \varepsilon_3}{3} = \frac{1}{3} I_1' \tag{3.6-6}$$

八面体切应变为：
$$\gamma_s = \frac{2}{3}\sqrt{(\varepsilon_1 - \varepsilon_2)^2 + (\varepsilon_2 - \varepsilon_3)^2 + (\varepsilon_3 - \varepsilon_1)^2} \tag{3.6-7}$$

§3.7 应变球张量与应变偏张量

（一）应变张量分解

定义平均应变：

$$\varepsilon_m = \frac{(\varepsilon_x + \varepsilon_y + \varepsilon_z)}{3} \tag{3.7-1}$$

则任意一个应变张量可分解为一个球张量和一个偏张量，即：

第 3 章 应变理论

$$(\varepsilon_{ij}) = \begin{bmatrix} \varepsilon_x & \varepsilon_{xy} & \varepsilon_{xz} \\ \varepsilon_{yx} & \varepsilon_y & \varepsilon_{yz} \\ \varepsilon_{zx} & \varepsilon_{zy} & \varepsilon_z \end{bmatrix} = (M'_{ij}) + (S'_{ij})$$

$$= \begin{bmatrix} \varepsilon_m & 0 & 0 \\ 0 & \varepsilon_m & 0 \\ 0 & 0 & \varepsilon_m \end{bmatrix} + \begin{bmatrix} \varepsilon_x - \varepsilon_m & \varepsilon_{xy} & \varepsilon_{xz} \\ \varepsilon_{yx} & \varepsilon_y - \varepsilon_m & \varepsilon_{yz} \\ \varepsilon_{zx} & \varepsilon_{zy} & \varepsilon_z - \varepsilon_m \end{bmatrix} \tag{3.7-2}$$

张量 (M'_{ij}) 各个方向主应变大小相同，故称之为球张量。而张量 (S'_{ij}) 称之为偏张量。应变球张量表示物体体积变化程度；应变偏张量用来表示物体形状变化程度。

（二）应变偏张量不变量

偏应变张量具有对称性，可以求得偏应变张量的主偏应变和主方向。按照求解主偏应力和主方向方法，可以求得偏应变张量的特征方程为：

$$S'^3 + J'_2 S' - J'_3 = 0 \tag{3.7-3}$$

式中，S' 为任一主偏应变

$$J'_2 = \begin{vmatrix} \varepsilon_y - \varepsilon_m & \varepsilon_{yz} \\ \varepsilon_{zy} & \varepsilon_z - \varepsilon_m \end{vmatrix} + \begin{vmatrix} \varepsilon_x - \varepsilon_m & \varepsilon_{xz} \\ \varepsilon_{zx} & \varepsilon_z - \varepsilon_m \end{vmatrix} + \begin{vmatrix} \varepsilon_x - \varepsilon_m & \varepsilon_{xy} \\ \varepsilon_{yx} & \varepsilon_y - \varepsilon_m \end{vmatrix}$$

$$J'_3 = \begin{vmatrix} \varepsilon_x - \varepsilon_m & \varepsilon_{xy} & \varepsilon_{xz} \\ \varepsilon_{yx} & \varepsilon_y - \varepsilon_m & \varepsilon_{yz} \\ \varepsilon_{zx} & \varepsilon_{zy} & \varepsilon_z - \varepsilon_m \end{vmatrix}$$

特征方程的三个解为主偏应变，主偏应变带回方程，与方向余弦之和为 1 联立，可得主方向。

（三）主偏应变与主方向性质

应变张量与偏应变张量的主值大小之差为平均应变。应变张量与偏应变张量主方向一致。

§ 3.8 应变协调方程

（一）应变协调含义

应变协调是指物体变形后仍保持其整体连续性和整体性。如图 3.8-1 所示，设 ABC 为物体内一三角形，若变形后仍为三角形 $A'B'C'$，则变形为协调变形。但是若变形后发生开裂或套叠现象，则变形为非协调变形。

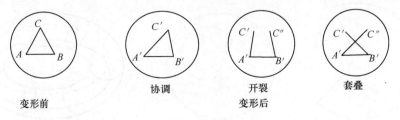

图 3.8-1

(二) 应变协调方程

在二维情况下，有 2 个位移分量 (u, v)，但有 3 个应变分量 $(\varepsilon_x, \varepsilon_y, \varepsilon_{xy})$，因此 3 个应变分量不独立。

根据几何方程：

$$\left. \begin{aligned} \varepsilon_x &= \frac{\partial u}{\partial x} \\ \varepsilon_y &= \frac{\partial v}{\partial y} \\ \varepsilon_{xy} &= \frac{1}{2}\left(\frac{\partial v}{\partial x} + \frac{\partial u}{\partial y}\right) \end{aligned} \right\} \quad (3.8\text{-}1)$$

因此，有：

$$\frac{\partial^2 \varepsilon_x}{\partial y^2} + \frac{\partial^2 \varepsilon_y}{\partial x^2} = \frac{\partial^3 u}{\partial x \partial y^2} + \frac{\partial^3 v}{\partial y \partial x^2} = \frac{\partial^2}{\partial x \partial y}\left(\frac{\partial v}{\partial x} + \frac{\partial u}{\partial y}\right) = 2\frac{\partial^2 \varepsilon_{xy}}{\partial x \partial y} \quad (3.8\text{-}2)$$

类似地，三维情况下：

$$\left. \begin{aligned} \frac{\partial^2 \varepsilon_y}{\partial z^2} + \frac{\partial^2 \varepsilon_z}{\partial y^2} &= 2\frac{\partial^2 \varepsilon_{yz}}{\partial y \partial z} \\ \frac{\partial^2 \varepsilon_z}{\partial x^2} + \frac{\partial^2 \varepsilon_x}{\partial z^2} &= 2\frac{\partial^2 \varepsilon_{zx}}{\partial z \partial x} \\ \frac{\partial^2 \varepsilon_x}{\partial y \partial z} &= \frac{\partial}{\partial x}\left(-\frac{\partial \varepsilon_{yz}}{\partial x} + \frac{\partial \varepsilon_{xz}}{\partial y} + \frac{\partial \varepsilon_{xy}}{\partial z}\right) \\ \frac{\partial^2 \varepsilon_y}{\partial x \partial z} &= \frac{\partial}{\partial y}\left(\frac{\partial \varepsilon_{yz}}{\partial x} - \frac{\partial \varepsilon_{xz}}{\partial y} + \frac{\partial \varepsilon_{xy}}{\partial z}\right) \\ \frac{\partial^2 \varepsilon_z}{\partial x \partial y} &= \frac{\partial}{\partial z}\left(\frac{\partial \varepsilon_{yz}}{\partial x} + \frac{\partial \varepsilon_{xz}}{\partial y} - \frac{\partial \varepsilon_{xy}}{\partial z}\right) \end{aligned} \right\} \quad (3.8\text{-}3)$$

结合应变协调方程与几何方程，可由应变分量得到位移分量。

*§3.9 协调方程与位移单值连续关系

(一) 单连通体 (域) 和多连通体 (域)

如果物体所占的区域只有一个连续边界，就称此物体为单连通体（域）；反之，如果物体所占的区域多于一个连续边界，就称此物体为多连通体（域）。也可以把单连通体定义为没有孔洞的物体，把多连通体定义为开有一些孔洞的物体，图 3.9-1 为平面单连通体，图 3.9-2 为平面多连通体，图 3.9-3 为一个锚环，它是一圆环环绕与其共面但不相交的轴旋转而成的物体。它是空间多连通体的一个例子。

图 3.9-1 单连通体

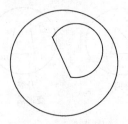
图 3.9-2 平面多连通体

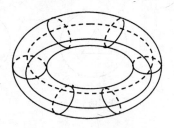
图 3.9-3 空间多连通体

第3章 应变理论

(二) 单连通体（域）协调方程与位移单值连续关系证明

对于单连通体，为什么满足了式（3.9-1）所示的协调方程后位移单值函数就单值连续呢？

$$\left.\begin{aligned}
\frac{\partial^2 \varepsilon_x}{\partial^2 y} + \frac{\partial^2 \varepsilon_y}{\partial^2 x} &= \frac{\partial^2 \gamma_{xy}}{\partial x \partial y} \\
\frac{\partial^2 \varepsilon_y}{\partial^2 z} + \frac{\partial^2 \varepsilon_z}{\partial^2 y} &= \frac{\partial^2 \gamma_{yz}}{\partial y \partial z} \\
\frac{\partial^2 \varepsilon_z}{\partial^2 x} + \frac{\partial^2 \varepsilon_x}{\partial^2 z} &= \frac{\partial^2 \gamma_{zx}}{\partial z \partial x} \\
\frac{\partial}{\partial x}\left(\frac{\partial \gamma_{zy}}{\partial y} + \frac{\partial \gamma_{xy}}{\partial z} - \frac{\partial \gamma_{yz}}{\partial x}\right) &= 2\frac{\partial^2 \varepsilon_x}{\partial y \partial z} \\
\frac{\partial}{\partial y}\left(\frac{\partial \gamma_{zx}}{\partial z} + \frac{\partial \gamma_{yz}}{\partial x} - \frac{\partial \gamma_{zy}}{\partial y}\right) &= 2\frac{\partial^2 \varepsilon_y}{\partial z \partial x} \\
\frac{\partial}{\partial z} &= \left(\frac{\partial \gamma_{yz}}{\partial x} + \frac{\partial \gamma_{zx}}{\partial y} - \frac{\partial \gamma_{xy}}{\partial z}\right) = 2\frac{\partial^2 \varepsilon_z}{\partial x \partial y}
\end{aligned}\right\} \quad (3.9\text{-}1)$$

由式（3.2-1）和式（3.2-2）二式可得：

$$\left.\begin{aligned}
\frac{\partial u}{\partial x} &= \varepsilon_x \\
\frac{\partial u}{\partial y} &= \frac{1}{2}\gamma_{xy} + \omega_{xy} \\
\frac{\partial u}{\partial z} &= \frac{1}{2}\gamma_{xz} + \omega_{xz}
\end{aligned}\right\} \quad (3.9\text{-}2)$$

$$\left.\begin{aligned}
\frac{\partial v}{\partial x} &= \frac{1}{2}\gamma_{yx} + \omega_{yx} \\
\frac{\partial v}{\partial y} &= \varepsilon_y \\
\frac{\partial v}{\partial z} &= \frac{1}{2}\gamma_{yz} + \omega_{yz}
\end{aligned}\right\} \quad (3.9\text{-}3)$$

$$\left.\begin{aligned}
\frac{\partial w}{\partial x} &= \frac{1}{2}\gamma_{zx} + \omega_{zx} \\
\frac{\partial w}{\partial y} &= \frac{1}{2}\gamma_{zy} + \omega_{zy} \\
\frac{\partial w}{\partial z} &= \varepsilon_z
\end{aligned}\right\} \quad (3.9\text{-}4)$$

上面三式分别是位移分量 u、v、w 的微分方程。若应变分量和转动分量已知，求上面三式的积分，就可分别求得位移分量 u、v、w。现在来证明：在求上述积分时，必须满足协调方程（3.9-1）式。

从数学分析上可知，方程：

$$u = \int \mathrm{d}u = \int\left(\frac{\partial u}{\partial x}\mathrm{d}x + \frac{\partial u}{\partial y}\mathrm{d}y + \frac{\partial u}{\partial z}\mathrm{d}z\right) = \int(A\mathrm{d}x + B\mathrm{d}y + C\mathrm{d}z) \quad (3.9\text{-}5)$$

其中 $\frac{\partial u}{\partial x} = A(x, y, z)$、$\frac{\partial u}{\partial y} = B(x, y, z)$、$\frac{\partial u}{\partial z} = C(x, y, z)$ 是可以积分的，只

要函数 A、B、C 之间存在下列关系：

$$\left.\begin{array}{c}\dfrac{\partial A}{\partial y}=\dfrac{\partial B}{\partial x}\\[4pt]\dfrac{\partial B}{\partial z}=\dfrac{\partial C}{\partial y}\\[4pt]\dfrac{\partial C}{\partial x}=\dfrac{\partial A}{\partial z}\end{array}\right\} \tag{3.9-6}$$

这是全微分的条件，也是线性积分与积分路线无关的条件。对单连通域，满足这个条件后，所得积分是单值的。

可积分的条件为：

$$\left.\begin{array}{c}\dfrac{\partial}{\partial y}\left(\dfrac{\partial u}{\partial x}\right)=\dfrac{\partial}{\partial x}\left(\dfrac{\partial u}{\partial y}\right)\\[4pt]\dfrac{\partial}{\partial z}\left(\dfrac{\partial u}{\partial y}\right)=\dfrac{\partial}{\partial y}\left(\dfrac{\partial u}{\partial z}\right)\\[4pt]\dfrac{\partial}{\partial x}\left(\dfrac{\partial u}{\partial z}\right)=\dfrac{\partial}{\partial z}\left(\dfrac{\partial u}{\partial x}\right)\end{array}\right\} \tag{3.9-7}$$

利用式 (3.9-2)，并经整理后，可把上式写为：

$$\left.\begin{array}{c}2\dfrac{\partial \omega_{yx}}{\partial x}=\dfrac{\partial \gamma_{xy}}{\partial x}-2\dfrac{\partial \varepsilon_x}{\partial y}\\[4pt]2\dfrac{\partial \omega_{xz}}{\partial x}=-\dfrac{\partial \gamma_{zx}}{\partial x}+2\dfrac{\partial \varepsilon_x}{\partial z}\\[4pt]2\dfrac{\partial \omega_{xz}}{\partial y}+\dfrac{\partial \omega_{zy}}{\partial z}=\dfrac{\partial \gamma_{xy}}{\partial z}-\dfrac{\partial \gamma_{zx}}{\partial y}\end{array}\right\} \tag{3.9-8}$$

由式 (3.2-7) 不难验证：

$$\dfrac{\partial \omega_{yx}}{\partial x}+\dfrac{\partial \omega_{xz}}{\partial y}+\dfrac{\partial \omega_{zy}}{\partial z}=0 \tag{3.9-9}$$

利用式 (3.9-9)，化简式 (3.9-8) 的第三式，将式 (3.9-8) 重写如下：

$$\left.\begin{array}{c}2\dfrac{\partial \omega_{zy}}{\partial x}=\dfrac{\partial \gamma_{zx}}{\partial y}-\dfrac{\partial \gamma_{xy}}{\partial z}\\[4pt]2\dfrac{\partial \omega_{xz}}{\partial x}=-\dfrac{\partial \gamma_{zx}}{\partial x}+2\dfrac{\partial \varepsilon_x}{\partial z}\\[4pt]2\dfrac{\partial \omega_{yz}}{\partial x}=\dfrac{\partial \gamma_{xy}}{\partial x}-2\dfrac{\partial \varepsilon_x}{\partial y}\end{array}\right\} \tag{3.9-10}$$

类似地，将可积分条件式 (3.9-6) 分别运用于式 (3.9-3) 和式 (3.9-4) 两式，分别可得下面两组可积分条件：

$$\left.\begin{array}{c}2\dfrac{\partial \omega_{zy}}{\partial y}=\dfrac{\partial \gamma_{yz}}{\partial y}-2\dfrac{\partial \varepsilon_y}{\partial z}\\[4pt]2\dfrac{\partial \omega_{xz}}{\partial y}=\dfrac{\partial \gamma_{xy}}{\partial z}-\dfrac{\partial \gamma_{yz}}{\partial x}\\[4pt]2\dfrac{\partial \omega_{yx}}{\partial y}=2\dfrac{\partial \varepsilon_y}{\partial x}-\dfrac{\partial \gamma_{xy}}{\partial y}\end{array}\right\} \tag{3.9-11}$$

$$\left.\begin{aligned} 2\frac{\partial \omega_{zy}}{\partial z} &= 2\frac{\partial \varepsilon_z}{\partial y} - \frac{\partial \gamma_{xy}}{\partial z} \\ 2\frac{\partial \omega_{xz}}{\partial z} &= \frac{\partial \gamma_{zx}}{\partial z} - 2\frac{\partial \varepsilon_z}{\partial x} \\ 2\frac{\partial \omega_{yz}}{\partial z} &= \frac{\partial \gamma_{yz}}{\partial x} - \frac{\partial \gamma_{zx}}{\partial y} \end{aligned}\right\} \quad (3.9\text{-}12)$$

从式（3.9-10）、式（3.9-11）、式（3.9-12）得三个转动分量 ω_{zy}、ω_{xz}、ω_{yx} 对坐标 x、y、z 的 9 个偏导数，如果应变分量已知，则转动分量可以确定。

现将式（3.9-10）、式（3.9-11）、式（3.9-12）三式所示的偏导数重新排列如下：

$$\left.\begin{aligned} 2\frac{\partial \omega_{zy}}{\partial x} &= \frac{\partial \gamma_{zx}}{\partial y} - \frac{\partial \gamma_{xy}}{\partial z} \\ 2\frac{\partial \omega_{zy}}{\partial y} &= \frac{\partial \gamma_{yz}}{\partial y} - 2\frac{\partial \varepsilon_y}{\partial z} \\ 2\frac{\partial \omega_{zy}}{\partial z} &= 2\frac{\partial \varepsilon_z}{\partial y} - \frac{\partial \gamma_{xy}}{\partial x} \end{aligned}\right\} \quad (3.9\text{-}13)$$

$$\left.\begin{aligned} 2\frac{\partial \omega_{xz}}{\partial x} &= 2\frac{\partial \varepsilon_x}{\partial z} - \frac{\partial \gamma_{zx}}{\partial x} \\ 2\frac{\partial \omega_{xz}}{\partial y} &= \frac{\partial \gamma_{xy}}{\partial z} - \frac{\partial \gamma_{yz}}{\partial x} \\ 2\frac{\partial \omega_{xz}}{\partial z} &= 2\frac{\partial \gamma_{zx}}{\partial z} - 2\frac{\partial \varepsilon_z}{\partial x} \end{aligned}\right\} \quad (3.9\text{-}14)$$

$$\left.\begin{aligned} 2\frac{\partial \omega_{yx}}{\partial x} &= \frac{\partial \gamma_{xy}}{\partial x} - 2\frac{\partial \varepsilon_x}{\partial y} \\ 2\frac{\partial \omega_{yx}}{\partial y} &= 2\frac{\partial \varepsilon_y}{\partial x} - \frac{\partial \gamma_{xy}}{\partial y} \\ 2\frac{\partial \omega_{yx}}{\partial z} &= \frac{\partial \gamma_{yz}}{\partial x} - \frac{\partial \gamma_{zx}}{\partial y} \end{aligned}\right\} \quad (3.9\text{-}15)$$

进一步对式（3.9-13）、式（3.9-14）、式（3.9-15）三式分别运用可积分条件式（3.9-6），并稍加整理，可分别得到如下三式：

$$\left.\begin{aligned} \frac{\partial}{\partial y}\left(\frac{\partial \gamma_{xy}}{\partial z} + \frac{\partial \gamma_{yz}}{\partial x} - \frac{\partial \gamma_{zx}}{\partial y}\right) &= 2\frac{\partial^2 \varepsilon_y}{\partial x \partial z} \\ \frac{\partial}{\partial z}\left(\frac{\partial \gamma_{yz}}{\partial x} + \frac{\partial \gamma_{zx}}{\partial y} - \frac{\partial \gamma_{xy}}{\partial z}\right) &= 2\frac{\partial^2 \varepsilon_z}{\partial x \partial y} \\ \frac{\partial^2 \varepsilon_y}{\partial z^2} + \frac{\partial^2 \varepsilon_z}{\partial y^2} &= \frac{\partial^2 \gamma_{yz}}{\partial y \partial z} \end{aligned}\right\} \quad (3.9\text{-}16)$$

$$\left.\begin{aligned} \frac{\partial}{\partial x}\left(\frac{\partial \gamma_{zx}}{\partial y} + \frac{\partial \gamma_{xy}}{\partial z} - \frac{\partial \gamma_{yz}}{\partial x}\right) &= 2\frac{\partial^2 \varepsilon_x}{\partial y \partial z} \\ \frac{\partial^2 \varepsilon_z}{\partial x^2} + \frac{\partial^2 \varepsilon_x}{\partial z^2} &= \frac{\partial^2 \gamma_{zx}}{\partial x \partial z} \\ \frac{\partial}{\partial z}\left(\frac{\partial \gamma_{yz}}{\partial x} + \frac{\partial \gamma_{zx}}{\partial y} - \frac{\partial \gamma_{xy}}{\partial z}\right) &= 2\frac{\partial^2 \varepsilon_z}{\partial x \partial y} \end{aligned}\right\} \quad (3.9\text{-}17)$$

$$\left.\begin{array}{l}\dfrac{\partial^2 \varepsilon_x}{\partial y^2}+\dfrac{\partial^2 \varepsilon_y}{\partial x^2}=\dfrac{\partial^2 \gamma_{xy}}{\partial x \partial y} \\[2mm] \dfrac{\partial}{\partial x}\left(\dfrac{\partial \gamma_{zx}}{\partial y}+\dfrac{\partial \gamma_{xy}}{\partial z}-\dfrac{\partial \gamma_{yz}}{\partial x}\right)=2\dfrac{\partial^2 \varepsilon_x}{\partial y \partial z} \\[2mm] \dfrac{\partial}{\partial y}\left(\dfrac{\partial \gamma_{xy}}{\partial z}+\dfrac{\partial \gamma_{yz}}{\partial x}-\dfrac{\partial \gamma_{zx}}{\partial y}\right)=2\dfrac{\partial^2 \varepsilon_y}{\partial x \partial z}\end{array}\right\} \quad (3.9\text{-}18)$$

在式（3.9-16）、式（3.9-17）、式（3.9-18）三式所示的关系中，有些关系是相同的，如：式（3.9-17）的第三式与（3.9-16）的第二式相同，式（3.9-18）的第二式与（3.9-17）的第一式相同，式（3.9-18）的第三式与（3.9-16）的第一式相同。

所以仅有六个关系式是不同的，这不同的六个关系式完全与应变协调方程（3.9-1）相同，因此应变协调方程式（3.9-13）、式（3.9-14）、式（3.9-15）的必要和充分的可积分条件，也是式（3.9-2）至式（3.9-4）三式的必要和充分的可积分条件。

因而在单连通域里如六个应变分量已知，并满足应变方程，则保证可以求得正确的位移分量。

§3.10 平面应变

（一）定义

平面应变状态是指在无限长等截面棱柱体上所受到的面力平行于横截面且沿长度方向不变，所受体力也平行于横截面且沿长度方向也不变。因为任一横截面均为对称面，则长度方向应变分量全部为零。如图 3.10-1 所示，设长度方向为 z，则应变张量可表示为：

$$(\varepsilon_{ij})=\begin{bmatrix}\varepsilon_x & \varepsilon_{xy} & 0\\ \varepsilon_{yx} & \varepsilon_y & 0\\ 0 & 0 & 0\end{bmatrix} \quad (3.10\text{-}1)$$

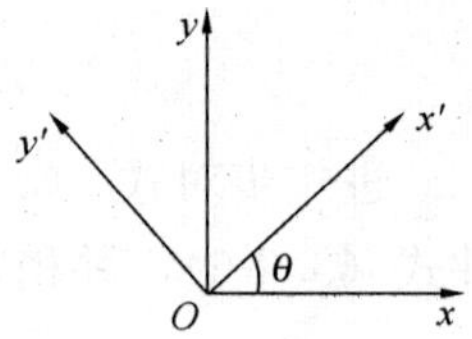

图 3.10-1

（二）应变分量转换公式

若坐标轴逆时针旋转 θ，求旋转后应变分量表达式。

$$[L]=\begin{bmatrix}\cos\theta & \sin\theta & 0\\ -\sin\theta & \cos\theta & 0\\ 0 & 0 & 1\end{bmatrix}$$

$$[\varepsilon']=[L][\varepsilon][L]^T$$
$$=\begin{bmatrix}\cos\theta & \sin\theta & 0\\ -\sin\theta & \cos\theta & 0\\ 0 & 0 & 1\end{bmatrix}\begin{bmatrix}\varepsilon_{xx} & \varepsilon_{xy} & 0\\ \varepsilon_{yx} & \varepsilon_{yy} & 0\\ 0 & 0 & 0\end{bmatrix}\begin{bmatrix}\cos\theta & -\sin\theta & 0\\ \sin\theta & \cos\theta & 0\\ 0 & 0 & 1\end{bmatrix}$$

$$\left.\begin{aligned}\varepsilon'_x &= \frac{1}{2}(\varepsilon_x+\varepsilon_y)+\frac{1}{2}(\varepsilon_x-\varepsilon_y)\cos2\theta+\varepsilon_{xy}\sin2\theta \\ \varepsilon'_y &= \frac{1}{2}(\varepsilon_x+\varepsilon_y)-\frac{1}{2}(\varepsilon_x-\varepsilon_y)\cos2\theta-\varepsilon_{xy}\sin2\theta \\ \varepsilon'_{xy} &= -\frac{1}{2}(\varepsilon_x-\varepsilon_y)\sin2\theta+\varepsilon_{xy}\cos2\theta\end{aligned}\right\} \quad (3.10\text{-}2)$$

（三）主应变与主方向

任意斜截面上切应变为：

$$\varepsilon'_{xy} = -\frac{1}{2}(\varepsilon_x-\varepsilon_y)\sin2\theta+\varepsilon_{xy}\cos2\theta \quad (3.10\text{-}3)$$

主方向上切应变为零，即：

$$\varepsilon'_{xy} = 0 \quad (3.10\text{-}4)$$

$$\tan2\theta = \frac{2\varepsilon_{xy}}{\varepsilon_x-\varepsilon_y} \quad (3.10\text{-}5)$$

于是：

$$\theta_1 = \frac{1}{2}\arctan\left(\frac{2\varepsilon_{xy}}{\varepsilon_x-\varepsilon_y}\right) \quad (3.10\text{-}6a)$$

$$\theta_2 = \frac{\pi}{2}+\frac{1}{2}\arctan\left(\frac{2\varepsilon_{xy}}{\varepsilon_x-\varepsilon_y}\right) \quad (3.10\text{-}6b)$$

将 $\theta=\frac{1}{2}\arctan\left(\frac{2\varepsilon_{xy}}{\varepsilon_x-\varepsilon_y}\right)$ 代入正应变分量，得到主应变大小为：

$$\varepsilon_1 = \frac{\varepsilon_x+\varepsilon_y}{2}+\sqrt{\left(\frac{\varepsilon_x-\varepsilon_y}{2}\right)^2+\varepsilon_{xy}^2} \quad (3.10\text{-}7a)$$

$$\varepsilon_2 = \frac{\varepsilon_x+\varepsilon_y}{2}-\sqrt{\left(\frac{\varepsilon_x-\varepsilon_y}{2}\right)^2+\varepsilon_{xy}^2} \quad (3.10\text{-}7b)$$

（四）最大切应变

任意斜截面上切应变为：

$$\varepsilon'_{xy} = -\frac{1}{2}(\varepsilon_x-\varepsilon_y)\sin2\theta+\varepsilon_{xy}\cos2\theta \quad (3.10\text{-}8)$$

ε'_{xy} 对 θ 求导：

$$\frac{\partial \varepsilon'_{xy}}{\partial \theta} = -(\varepsilon_x-\varepsilon_y)\cos2\theta-2\varepsilon_{xy}\sin2\theta \quad (3.10\text{-}9)$$

$\frac{\partial \varepsilon'_{xy}}{\partial \theta}=0$ 时，ε'_{xy} 取得极值，即：

$$\theta = \frac{1}{2}\arctan\left(\frac{\varepsilon_x-\varepsilon_y}{-2\varepsilon_{xy}}\right) \quad (3.10\text{-}10)$$

代入得：

$$\varepsilon'_{xy} = \pm\frac{1}{2}\sqrt{\left(\frac{\varepsilon_x-\varepsilon_y}{2}\right)^2+\varepsilon_{xy}^2} \quad (3.10\text{-}11)$$

因此，最大切应变为 $\quad \varepsilon'_{xy} = \frac{1}{2}\sqrt{\left(\frac{\varepsilon_x-\varepsilon_y}{2}\right)^2+\varepsilon_{xy}^2} \quad (3.10\text{-}12)$

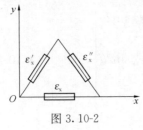

图 3.10-2

(五) 例题

如图 3.10-2 所示,三个应变片位于等边三角形三个边上,三个应变片测得轴向方向上的应变,其值分别为:$\varepsilon_x = -3 \times 10^{-4}$、$\varepsilon'_x = 4 \times 10^{-4}$、$\varepsilon''_x = 2 \times 10^{-4}$。求:$\varepsilon_y$、$\varepsilon_{xy}$ 和 ε'_y。

解:ε'_x 与 x 轴夹角为 $60°$:

$$\varepsilon'_x = \frac{1}{2}(\varepsilon_x + \varepsilon_y) + \frac{1}{2}(\varepsilon_x - \varepsilon_y)\cos 120° + \varepsilon_{xy}\sin 120° = 4 \times 10^{-4}$$

ε''_x 与 x_1 轴夹角为 $120°$:

$$\varepsilon''_x = \frac{1}{2}(\varepsilon_x + \varepsilon_y) + \frac{1}{2}(\varepsilon_x - \varepsilon_y)\cos 240° + \varepsilon_{xy} 240° = 2 \times 10^{-4}$$

联立上述两式:

$$\varepsilon_y = 5 \times 10^{-4}$$

$$\varepsilon_{xy} = \frac{2}{\sqrt{3}} \times 10^{-4}$$

ε'_y 可由 x 旋转 $150°$ 确定:

$$\varepsilon'_y = \frac{1}{2}(\varepsilon_x + \varepsilon_y) + \frac{1}{2}(\varepsilon_x - \varepsilon_y)\cos 300° + \varepsilon_{xy}\sin 300° = -2 \times 10^{-4}$$

§3.11 极坐标系下几何方程与应变协调方程

(一) 几何方程

如图 3.11-1 所示,考虑极坐标系下微元 $ABCD$ 变形,求解极坐标系下几何方程。

设变形前微元为 $ABCD$,变形后为 $A'B'C'D'$。各点位移分别向径向和切向分解:

$$AA' = AA'' + A''A'$$
$$BB' = BB'' + B''B'$$
$$CC' = CC'' + C''C'$$
$$DD' = DD'' + D''D'$$

设 A 点位移为 (u, v),则 B 沿 ρ 方向位移为 $u + \frac{\partial u}{\partial \rho}d\rho$,沿 ϕ 方向位移为 $v + \frac{\partial v}{\partial \rho}d\rho$;$D$ 沿 ρ 方向位移为 $u + \frac{\partial u}{\partial \phi}d\phi$,沿 ϕ 方向位移为 $v + \frac{\partial v}{\partial \phi}d\phi$。

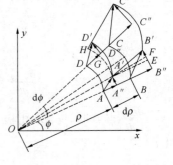

图 3.11-1

于是,径向应变可表示为:

$$\varepsilon_\rho = \frac{A'B' - AB}{AB} \approx \frac{BB'' - AA''}{AB} = \frac{\partial u / \partial \rho \, d\rho}{d\rho} = \frac{\partial u}{\partial \rho} \quad (3.11\text{-}1)$$

切向应变可表示为:

$$\varepsilon_\phi = \frac{A'D' - AD}{AD} \approx \frac{D'D'' + GA'' - A'A'' - AD}{AD} \quad (3.11\text{-}2)$$

以 OA' 为半径作圆弧交 OD'' 于 G 点，交 $C'D'$ 于 H 点。

$$\varepsilon_\phi = \frac{v + \partial v/\partial \phi d\phi + (\rho+u)d\phi - v - \rho d\phi}{\rho d\phi} = \frac{\partial v}{\rho \partial \phi} + \frac{u}{\rho} \quad (3.11\text{-}3)$$

延长 OA' 交 $B'B''$ 于 F，过 A' 做 $A''B''$ 平行线交 $B'B''$ 于 E，则有：

$$\gamma_{\rho\phi} = \angle B'A'F' + \angle D'A'H \approx \frac{B'E - EF}{A''B''} + \frac{D'H}{A'H} = \frac{B'E - EF}{A''B''} + \frac{DD'' - AA''}{A'H} \quad (3.11\text{-}4)$$

$\Delta A'EF$ 与 $\Delta OA''A'$ 相似，因此：

$$\frac{EF}{A''B''} = \frac{A''A'}{OA''} \quad (3.11\text{-}5)$$

故有，

$$\frac{B'E - EF}{A''B''} + \frac{D'H}{A'H} = \frac{B'E}{A''B''} - \frac{A''A'}{OA''} + \frac{DD'' - AA''}{A'H} \quad (3.11\text{-}6)$$

因此，

$$\gamma_{\rho\phi} = \frac{B'E}{A''B''} - \frac{A''A'}{OA''} + \frac{DD'' - AA''}{A'H} = \frac{\partial v/\partial \rho d\rho}{d\rho + \partial u/\partial \rho d\rho} - \frac{v}{\rho + u} + \frac{u + \partial u/\partial \phi d\phi - u}{\rho d\phi + \partial v/\partial \phi d\phi} \quad (3.11\text{-}7)$$

化简得：

$$\gamma_{\rho\phi} = \frac{\partial v}{\partial \rho} - \frac{v}{\rho} + \frac{\partial u}{\rho \partial \phi} \quad (3.11\text{-}8)$$

在轴对称条件下，$u=u(\rho)$、$v=0$，几何方程化为：

$$\left. \begin{array}{l} \varepsilon_\rho = \dfrac{du}{d\rho} \\[6pt] \varepsilon_\phi = \dfrac{u}{\rho} \\[6pt] \gamma_{\rho\phi} = 0 \end{array} \right\} \quad (3.11\text{-}9)$$

（二）应变协调方程

类似于直角坐标系下应变协调方程推导过程，可得极坐标系下应变协调方程：

$$\frac{\partial^2 \varepsilon_\phi}{\partial \rho^2} + \frac{1}{\rho^2}\frac{\partial^2 \varepsilon_\rho}{\partial \phi^2} + \frac{2}{\rho}\frac{\partial \varepsilon_\phi}{\partial \rho} - \frac{1}{\rho}\frac{\partial \varepsilon_\rho}{\partial \rho} = \frac{1}{\rho}\frac{\partial^2 \gamma_{\rho\phi}}{\partial \rho \partial \phi} - \frac{1}{\rho^2}\frac{\partial \gamma_{\rho\phi}}{\partial \phi} \quad (3.11\text{-}10)$$

轴对称时，应变分量与 ϕ 无关，故可简化为：

$$\frac{d^2 \varepsilon_\phi}{d\rho^2} + \frac{2}{\rho}\frac{d\varepsilon_\phi}{d\rho} - \frac{1}{\rho}\frac{d\varepsilon_\rho}{d\rho} = 0 \quad (3.11\text{-}11)$$

习 题

3-1 已知下列位移，试求指定点的应变状态。
(1) $u = (3x^2 + 20) \times 10^{-2}$，$v = (4xy) \times 10^{-2}$，在 $(0,2)$ 点处；
(2) $u = (6x^2 + 15) \times 10^{-2}$，$v = (8zy) \times 10^{-2}$，$w = (3z^2 - 2xy) \times 10^{-2}$，在 $(1,$

3,4)点处。

3-2 已知某物体变形后的位移分量为：
$$u = u_0 + C_{11}x + C_{12}y + C_{13}z$$
$$v = v_0 + C_{21}x + C_{22}y + C_{23}z$$
$$w = w_0 + C_{31}x + C_{32}y + C_{33}z$$

试求应变分量和转动分量，并说明此物体变形的特点。

3-3 已知应变张量：
$$(\varepsilon_{ij}) = \begin{bmatrix} -0.006 & -0.002 & 0 \\ -0.002 & -0.004 & 0 \\ 0 & 0 & 0 \end{bmatrix}$$

试求：（1）主应变；（2）主应变方向；（3）八面体切应变；（4）应变不变量。

3-4 物体中一点具有下列应变分量：
$$\varepsilon_x = 0.001, \quad \varepsilon_y = 0.0005, \quad \varepsilon_z = -0.0001,$$
$$\gamma_{yz} = -0.0003, \quad \gamma_{xz} = -0.0001, \quad \gamma_{xy} = 0.0002$$

试求主应变和应变主方向。

3-5 设物体中任意一点的位移分量为：
$$u = 10 \times 10^{-3} + 0.1 \times 10^{-3} xy + 0.05 \times 10^{-3} z$$
$$v = 5 \times 10^{-3} - 0.05 \times 10^{-3} x + 0.1 \times 10^{-3} yz$$
$$w = 10 \times 10^{-3} - 0.1 \times 10^{-3} xyz$$

试求：

(1) 各应变分量；

(2) 点 A（1，1，1）与点 B（0.5，−1，0）的应变不变量和主应变值；

(3) 点 A（1，1，1）的主应变方向；

(4) 八面体应变。

3-6 试证明 $\varepsilon = a[(\varepsilon_1 - \varepsilon_2)^2 + (\varepsilon_2 - \varepsilon_3)^2 + (\varepsilon_3 - \varepsilon_1)^2]^{1/2}$（$a$ 为常数）是不变量。

3-7 如图习题 3-1 所示，试求下列正方形单元在纯剪切应变状态时，切应变 γ_{xy} 与对角线应变 ε_{OB} 之间的关系。

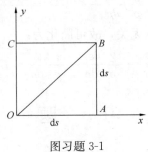

图习题 3-1

3-8 试说明下列应变状态是否可能：

(1) $(\varepsilon_{ij}) = \begin{bmatrix} C(x^2+y^2) & Cxy & 0 \\ Cxy & Cy^2 & 0 \\ 0 & 0 & 0 \end{bmatrix}$

(2) $(\varepsilon_{ij}) = \begin{bmatrix} C(x^2+y^2)z & Cxyz & 0 \\ Cxyz & Cy^2z & 0 \\ 0 & 0 & 0 \end{bmatrix}$

3-9 在单连通体中，试确定以下的各应变分量能否存在。

(1) $\varepsilon_x = k(x^2+y^2)z$，$\varepsilon_y = ky^2 z$，$\gamma_{xy} = 2kxyz$，$\varepsilon_z = \gamma_{xy} = \gamma_{yz} = 0$，式中 k 为常数。

(2) $\varepsilon_x = k(x^2+y^2)$，$\varepsilon_y = ky^2$，$\gamma_{xy} = 2kxy$，$\varepsilon_z = \gamma_{xy} = \gamma_{yz} = 0$，式中 k 为常数。

(3) $\varepsilon_x = axy^2$，$\varepsilon_y = ax^2 y$，$\varepsilon_z = axy$，$\gamma_{xy} = 0$，$\gamma_{yz} = az^2 + by^2$，$\gamma_{zx} = ax^2 + by^2$，式中 a、b 为常数。

3-10 试说明下列的应变分量是否可能发生：
$$\varepsilon_x = Axy^2, \varepsilon_y = Ax^2 y, \varepsilon_z = Axy$$
$$\gamma_{yz} = Az^2 + By, \gamma_{xz} = Ax^2 + By^2, \gamma_{xy} = 0$$

式中的 A 和 B 为常数。

3-11 要使应变分量：
$$\varepsilon_x = A_0 + A_1(x^2+y^2) + (x^4+y^4)$$
$$\varepsilon_y = B_0 + B_1(x^2+y^2) + (x^4+y^4)$$
$$\gamma_{xy} = C_0 + C_1 xy(x^2+y^2+C_2)$$
$$\varepsilon_z = \gamma_{yz} = \gamma_{xz} = 0$$

成为一种可能的应变状态，试确定常数 A_0、A_1、B_0、B_1、C_0、C_1、C_2 之间的关系。

3-12 已知：
$$\varepsilon_x = \frac{1}{E}\left(\frac{\partial^2 \varphi}{\partial y^2} - \nu \frac{\partial^2 \varphi}{\partial x^2}\right), \varepsilon_x = \frac{1}{E}\left(\frac{\partial^2 \varphi}{\partial x^2} - \nu \frac{\partial^2 \varphi}{\partial y^2}\right),$$
$$\gamma_{xy} = -\frac{2(1+\nu)}{E}\frac{\partial^2 \varphi}{\partial x \partial y}, \varepsilon_z = \gamma_{yz} = \gamma_{zx} = 0$$

式中 E、ν 均为常数，试确定 $\varphi(x, y)$ 应满足什么方程？

第4章　广义胡克定律与弹性常数

前面两章介绍了应力理论和应变理论，分别提出了求解弹性力学问题所必需的静力学和几何学条件，本章将介绍求解弹性力学问题所需的物理学条件。本章的主要任务有三个：(1) 推导广义胡克定律；(2) 介绍拉梅常数及工程弹性常数；(3) 介绍弹性应变能密度函数和横观各向同性。本章中，4.1 节介绍一般条件下描述弹性体应力与应变关系的广义胡克定律；4.2 节介绍弹性常数；4.3 节介绍弹性应变能密度函数；4.4 节介绍横观各向同性及弹性常数测定方法相关内容。

§4.1　广义胡克定律

(一) 单向应力状态下胡克定律

单向应力状态下，处于线弹性阶段的材料，其应力与应变关系可由下式表示：

$$\sigma_x = E\varepsilon_x \tag{4.1-1}$$

式中　E——材料的弹性模量。

(二) 三维广义胡克定律

三维条件下，物体应力状态可由 6 个分量表示，而应变状态也由 6 个分量表示。假设应力与应变的各个分量之间线性相关，一般地：

$$\left.\begin{aligned}
\sigma_x &= c_{11}\varepsilon_x + c_{12}\varepsilon_y + c_{13}\varepsilon_z + c_{14}\varepsilon_{xy} + c_{15}\varepsilon_{yz} + c_{16}\varepsilon_{zx} \\
\sigma_y &= c_{21}\varepsilon_x + c_{22}\varepsilon_y + c_{23}\varepsilon_z + c_{24}\varepsilon_{xy} + c_{25}\varepsilon_{yz} + c_{26}\varepsilon_{zx} \\
\sigma_z &= c_{31}\varepsilon_x + c_{32}\varepsilon_y + c_{33}\varepsilon_z + c_{34}\varepsilon_{xy} + c_{35}\varepsilon_{yz} + c_{36}\varepsilon_{zx} \\
\sigma_{xy} &= c_{41}\varepsilon_x + c_{42}\varepsilon_y + c_{43}\varepsilon_z + c_{44}\varepsilon_{xy} + c_{45}\varepsilon_{yz} + c_{46}\varepsilon_{zx} \\
\sigma_{yz} &= c_{51}\varepsilon_x + c_{52}\varepsilon_y + c_{53}\varepsilon_z + c_{54}\varepsilon_{xy} + c_{55}\varepsilon_{yz} + c_{56}\varepsilon_{zx} \\
\sigma_{zx} &= c_{61}\varepsilon_x + c_{62}\varepsilon_y + c_{63}\varepsilon_z + c_{64}\varepsilon_{xy} + c_{65}\varepsilon_{yz} + c_{66}\varepsilon_{zx}
\end{aligned}\right\} \tag{4.1-2}$$

或写作：

$$\begin{bmatrix} \sigma_x \\ \sigma_y \\ \sigma_z \\ \sigma_{xy} \\ \sigma_{yz} \\ \sigma_{zx} \end{bmatrix} = \begin{bmatrix} c_{11} & c_{12} & c_{13} & c_{14} & c_{15} & c_{16} \\ c_{21} & c_{22} & c_{23} & c_{24} & c_{25} & c_{26} \\ c_{31} & c_{32} & c_{33} & c_{34} & c_{35} & c_{36} \\ c_{41} & c_{42} & c_{43} & c_{44} & c_{45} & c_{46} \\ c_{51} & c_{52} & c_{53} & c_{54} & c_{55} & c_{56} \\ c_{61} & c_{62} & c_{63} & c_{64} & c_{65} & c_{66} \end{bmatrix} \begin{bmatrix} \varepsilon_x \\ \varepsilon_y \\ \varepsilon_z \\ \varepsilon_{xy} \\ \varepsilon_{yz} \\ \varepsilon_{zx} \end{bmatrix} \tag{4.1-3}$$

式中　c_{mn}——弹性常数（$m,n = 1,2,\cdots\cdots,6$），共计 36 个常数。

上式建立了应力与应变之间的一般关系，称之为广义胡克定律。

（三）弹性常数矩阵的对称性

上述 36 个常数并不都是独立的，4.3 节将从能量角度考虑，证明弹性常数矩阵是对称的，即极端各向异性的弹性体其独立的弹性常数只有 21 个。根据材料本身性质的对称性，独立的弹性常数个数将发生变化。若材料具有一个对称面，则弹性常数减少至 13 个；若材料具有三个相互正交的对称面，则材料具有正交各向异性，弹性常数减少至 9 个；若材料具有一个对称轴，则材料是横观各向同性的，弹性常数减少至 5 个；最后，若材料是各向同性的，则弹性常数只有 2 个。

（四）弹性常数矩阵对称性证明

假设材料具有一个对称面 Oxy，证明弹性常数可由 21 个减少至 13 个。材料在坐标系 $Oxyz$ 下，其应力张量为：

$$(\sigma_{ij}) = \begin{bmatrix} \sigma_x & \tau_{xy} & \tau_{xz} \\ \tau_{yx} & \sigma_y & \tau_{yz} \\ \tau_{zx} & \tau_{zy} & \sigma_z \end{bmatrix} \quad (4.1\text{-}4)$$

其应变张量为：

$$(\varepsilon_{ij}) = \begin{bmatrix} \varepsilon_x & \varepsilon_{xy} & \varepsilon_{xz} \\ \varepsilon_{yx} & \varepsilon_y & \varepsilon_{yz} \\ \varepsilon_{zx} & \varepsilon_{zy} & \varepsilon_z \end{bmatrix} \quad (4.1\text{-}5)$$

则根据广义胡克定律，其本构方程可表达为：

$$\begin{bmatrix} \sigma_x \\ \sigma_y \\ \sigma_z \\ \tau_{xy} \\ \tau_{yz} \\ \tau_{zx} \end{bmatrix} = \begin{bmatrix} c_{11} & c_{12} & c_{13} & c_{14} & c_{15} & c_{16} \\ c_{21} & c_{22} & c_{23} & c_{24} & c_{25} & c_{26} \\ c_{31} & c_{32} & c_{33} & c_{34} & c_{35} & c_{36} \\ c_{41} & c_{42} & c_{43} & c_{44} & c_{45} & c_{46} \\ c_{51} & c_{52} & c_{53} & c_{54} & c_{55} & c_{56} \\ c_{61} & c_{62} & c_{63} & c_{64} & c_{65} & c_{66} \end{bmatrix} \begin{bmatrix} \varepsilon_x \\ \varepsilon_y \\ \varepsilon_z \\ \varepsilon_{xy} \\ \varepsilon_{yz} \\ \varepsilon_{zy} \end{bmatrix} \quad (4.1\text{-}6)$$

现在如图 4.1-1 所示旋转坐标系，旋转后应力张量为：

$$(\sigma'_{ij}) = \begin{bmatrix} \sigma'_x & \tau'_{xy} & \tau'_{xz} \\ \tau'_{yx} & \sigma'_y & \tau'_{yz} \\ \tau'_{zx} & \tau'_{zy} & \sigma'_z \end{bmatrix} \quad (4.1\text{-}7)$$

应变张量为：

$$(\varepsilon'_{ij}) = \begin{bmatrix} \varepsilon'_x & \varepsilon'_{xy} & \varepsilon'_{xz} \\ \varepsilon'_{yx} & \varepsilon'_y & \varepsilon'_{yz} \\ \varepsilon'_{zx} & \varepsilon'_{zy} & \varepsilon'_z \end{bmatrix} \quad (4.1\text{-}8)$$

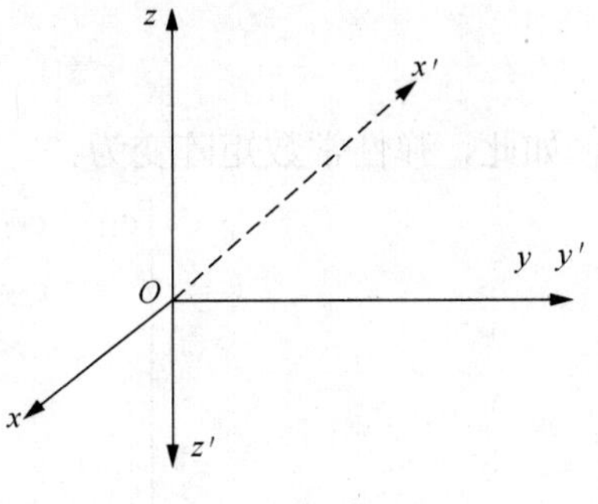

图 4.1-1 旋转坐标系

新坐标系下应力与应变分量关系仍可用广义胡克定律表示：

$$\begin{bmatrix} \sigma'_x \\ \sigma'_y \\ \sigma'_z \\ \tau'_{xy} \\ \tau'_{yz} \\ \tau'_{zx} \end{bmatrix} = \begin{bmatrix} c_{11} & c_{12} & c_{13} & c_{14} & c_{15} & c_{16} \\ c_{21} & c_{22} & c_{23} & c_{24} & c_{25} & c_{26} \\ c_{31} & c_{32} & c_{33} & c_{34} & c_{35} & c_{36} \\ c_{41} & c_{42} & c_{43} & c_{44} & c_{45} & c_{46} \\ c_{51} & c_{52} & c_{53} & c_{54} & c_{55} & c_{56} \\ c_{61} & c_{62} & c_{63} & c_{64} & c_{65} & c_{66} \end{bmatrix} \begin{bmatrix} \varepsilon'_x \\ \varepsilon'_y \\ \varepsilon'_z \\ \varepsilon'_{xy} \\ \varepsilon'_{yz} \\ \varepsilon'_{zx} \end{bmatrix} \quad (4.1\text{-}9)$$

坐标系旋转前后应力与应变分量关系可用转换公式获得。新旧坐标系之间的转换矩阵为：

$$[L] = \begin{bmatrix} -1 & 0 & 0 \\ 0 & 1 & 0 \\ 0 & 0 & -1 \end{bmatrix} \quad (4.1\text{-}10)$$

且有：

$$[\sigma'] = [L][\sigma][L]^T \quad (4.1\text{-}11)$$

$$[\varepsilon'] = [L][\varepsilon][L]^T \quad (4.1\text{-}12)$$

根据上述两式得：

$$\sigma'_x = \sigma_x, \sigma'_y = \sigma_y, \sigma'_z = \sigma_z, \tau'_{xy} = -\tau_{xy}, \tau'_{yz} = -\tau_{yz}, \tau'_{zx} = \tau_{zx}$$

$$\varepsilon'_x = \varepsilon_x, \varepsilon'_y = \varepsilon_y, \varepsilon'_z = \varepsilon_z, \varepsilon'_{xy} = -\varepsilon_{xy}, \varepsilon'_{yz} = -\varepsilon_{yz}, \varepsilon'_{zx} = \varepsilon_{zx} \quad (4.1\text{-}13)$$

将上述关系带入转轴后广义胡克定律得：

$$\tau'_{xy} = c_{41}\varepsilon'_x + c_{42}\varepsilon'_y + c_{43}\varepsilon'_z + c_{44}\varepsilon'_{xy} + c_{45}\varepsilon'_{yz} + c_{46}\varepsilon'_{zx}$$

$$= c_{41}\varepsilon_x + c_{42}\varepsilon_y + c_{43}\varepsilon_z - c_{44}\varepsilon_{xy} - c_{45}\varepsilon_{yz} + c_{46}\varepsilon_{zx}$$

$$= -\tau_{xy} = -c_{41}\varepsilon_x - c_{42}\varepsilon_y - c_{43}\varepsilon_z - c_{44}\varepsilon_{xy} - c_{45}\varepsilon_{yz} - c_{46}\varepsilon_{zx} \quad (4.1\text{-}14)$$

因此，

$$c_{41} = c_{42} = c_{43} = c_{46} \quad (4.1\text{-}15)$$

同理，

$$c_{51} = c_{52} = c_{53} = c_{56} \quad (4.1\text{-}16)$$

如此，弹性常数矩阵变为：

$$\begin{bmatrix} c_{11} & c_{12} & c_{13} & 0 & 0 & c_{16} \\ & c_{22} & c_{23} & 0 & 0 & c_{26} \\ & & c_{33} & 0 & 0 & c_{26} \\ & & & c_{44} & c_{45} & 0 \\ & & & & c_{55} & 0 \\ & & & & & c_{66} \end{bmatrix} \quad (4.1\text{-}17)$$

而弹性常数减少至 13 个。

特别地，在正交各向异性条件下，弹性常数矩阵为：

$$\begin{bmatrix} c_{11} & c_{12} & c_{13} & 0 & 0 & 0 \\ & c_{22} & c_{23} & 0 & 0 & 0 \\ & & c_{33} & 0 & 0 & 0 \\ & & & c_{44} & 0 & 0 \\ & & & & c_{55} & 0 \\ & & & & & c_{66} \end{bmatrix} \qquad (4.1\text{-}18)$$

§4.2 弹性常数

(一) 拉梅常数

在主应力空间坐标系内考虑各向同性材料，应力与应变关系表示为：

$$\left.\begin{array}{l} \sigma_1 = c_{11}\varepsilon_1 + c_{12}\varepsilon_2 + c_{13}\varepsilon_3 \\ \sigma_2 = c_{21}\varepsilon_1 + c_{22}\varepsilon_2 + c_{23}\varepsilon_3 \\ \sigma_3 = c_{31}\varepsilon_1 + c_{32}\varepsilon_2 + c_{33}\varepsilon_3 \end{array}\right\} \qquad (4.2\text{-}1)$$

由于，ε_1 对 σ_1 影响与 ε_2 对 σ_2 和 ε_3 对 σ_3 影响相同，因此有：

$$c_{11} = c_{22} = c_{33} = a \qquad (4.2\text{-}2)$$

同理，ε_2 对 σ_1 和 ε_1 对 σ_2 影响、ε_3 对 σ_1 和 ε_1 对 σ_3 影响、ε_2 对 σ_3 和 ε_3 对 σ_2 影响相同，则有：

$$c_{12} = c_{13} = c_{23} = c_{21} = c_{31} = c_{32} = b \qquad (4.2\text{-}3)$$

因此，各向同性材料只有两个常数 a 和 b。

若令 $a-b=2\mu$，$b=\lambda$，$\varepsilon_v=\varepsilon_1+\varepsilon_2+\varepsilon_3$，主应力可以表示为：

$$\left.\begin{array}{l} \sigma_1 = \lambda\varepsilon_v + 2\mu\varepsilon_1 \\ \sigma_2 = \lambda\varepsilon_v + 2\mu\varepsilon_2 \\ \sigma_3 = \lambda\varepsilon_v + 2\mu\varepsilon_3 \end{array}\right\} \qquad (4.2\text{-}4)$$

式中 λ、μ——拉梅常数。

通过坐标变换，可得任意坐标系下表达式：

$$\left.\begin{array}{l} \sigma_x = \lambda\varepsilon_v + 2\mu\varepsilon_x \\ \sigma_y = \lambda\varepsilon_v + 2\mu\varepsilon_y \\ \sigma_z = \lambda\varepsilon_v + 2\mu\varepsilon_z \\ \tau_{xy} = \mu\gamma_{xy} \\ \tau_{yz} = \mu\gamma_{yz} \\ \tau_{zx} = \mu\gamma_{zx} \end{array}\right\} \qquad (4.2\text{-}5)$$

式中，$\gamma_{xy}=2\varepsilon_{xy}$，$\gamma_{yz}=2\varepsilon_{yz}$，$\gamma_{zx}=2\varepsilon_{zx}$。

（二）工程弹性常数

工程中，各向同性材料常采用弹性模量和泊松比表示，即：

$$\left.\begin{aligned}
\varepsilon_x &= \frac{1}{E}[\sigma_x - \nu(\sigma_y + \sigma_z)] \\
\varepsilon_y &= \frac{1}{E}[\sigma_y - \nu(\sigma_z + \sigma_x)] \\
\varepsilon_z &= \frac{1}{E}[\sigma_z - \nu(\sigma_x + \sigma_y)] \\
\gamma_{xy} &= \frac{\tau_{xy}}{G} \\
\gamma_{yz} &= \frac{\tau_{yz}}{G} \\
\gamma_{zx} &= \frac{\tau_{zx}}{G}
\end{aligned}\right\} \quad (4.2\text{-}6)$$

式中 G——剪切模量 $G = \dfrac{E}{2(1+\nu)}$。

根据上式，三个正应变相加得：

$$\varepsilon_m = \frac{1}{3K}\sigma_m \quad (4.2\text{-}7)$$

式中 ε_m——平均主应变；
  σ_m——平均主应力；
  K——体积弹性模量。

至此，各向同性弹性材料可由三对常数任意一对表示：(λ, μ)、(E, ν)、(K, G)。

用 E 和 ν 表示其他常数如下：

$$\lambda = \frac{\nu E}{(1+\nu)(1-2\nu)}, \mu = \frac{E}{2(1+\nu)}$$

$$K = \frac{E}{3(1-2\nu)}, G = \frac{E}{2(1+\nu)}$$

（三）工程弹性常数关系证明

考虑纯剪状态下弹性体受力与变形，如图 4.2-1 所示，应力张量与应变张量可表示为：

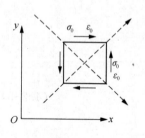

图 4.2-1

$$(\sigma_{ij}) = \begin{bmatrix} 0 & \sigma_0 & 0 \\ \sigma_0 & 0 & 0 \\ 0 & 0 & 0 \end{bmatrix} \quad (\varepsilon_{ij}) = \begin{bmatrix} 0 & \varepsilon_0 & 0 \\ \varepsilon_0 & 0 & 0 \\ 0 & 0 & 0 \end{bmatrix} \quad (4.2\text{-}8)$$

根据广义胡克定律，纯剪应变为：

$$\varepsilon_0 = \frac{1}{2}\gamma_0 = \frac{1}{2}\frac{\sigma_0}{G} \qquad (4.2\text{-}9)$$

转换坐标系到主坐标系,如图 4.2-2 所示,有:

$$\sigma_1 = \sigma_0, \sigma_2 = -\sigma_0$$

$$\varepsilon_1 = \varepsilon_0, \varepsilon_2 = -\varepsilon_0$$

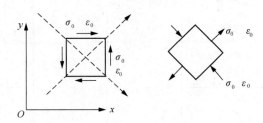

图 4.2-2

根据广义胡克定律:

$$\varepsilon_0 = \varepsilon_1 = \frac{1}{E}(\sigma_1 - \nu\sigma_2) = \frac{1+\nu}{E}\sigma_0 \qquad (4.2\text{-}10)$$

对比式 (4.2-9) 与式 (4.2-10),不难得到:

$$G = \frac{E}{2(1+\nu)} \qquad (4.2\text{-}11)$$

(四) 常见材料弹性常数

常见材料弹性常数如表 4.2-1 所示。

一些材料的 E、ν 值   表 4.2-1

材料名称	E (GPa)	ν	材料名称	E (GPa)	ν
碳钢	196~206	0.24~0.28	花岗岩	49~58.8	0.14~0.27
合金钢	194~206	0.25~0.30	砂岩	9.8~39.2	0.10~0.30
灰口铸铁	113~157	0.23~0.27	灰岩	49~78.4	0.20~0.31
白口铸铁	113~157	0.27~0.31	大理岩	39.2~49	0.19~0.30
纯铜	108~127	0.31~0.34	玄武岩	39.2~96	0.22~0.30
青铜	113	0.32~0.34	页岩	20~50	0.20~0.39
冷拔黄铜	88.2~97	0.32~0.42	混凝土	15.2~31.8	0.16~0.18
铝合金	69.6	—	木材(顺纹)	9.8~11.8	0.054
轧制品	67.6	0.32~0.36	木材(横纹)	0.49~0.98	—
橡胶	0.00785	0.461			

(五) 弹性常数之间的关系

常见材料弹性常数换算关系如表 4.2-2 所示。

弹性常数换算表　　　　　　　　表 4.2-2

常数组合	量纲 弹性常数	E	ν	λ	G	K
		[力]/[长度]^2	无量纲	[力]/[长度]^2	[力]/[长度]^2	[力]/[长度]^2
λ	G	$\dfrac{G(3\lambda+2G)}{\lambda+G}$	$\dfrac{\lambda}{(2\lambda+G)}$	—	—	$\dfrac{3\lambda+2G}{3}$
	E	—	$\dfrac{2\lambda}{A+E+\lambda}$		$\dfrac{A+E-3\lambda}{4}$	$\dfrac{A+E+3\lambda}{6}$
	ν	$\dfrac{\lambda(1+\nu)(1-2\nu)}{\nu}$	—		$\dfrac{\lambda(1-2\nu)}{2\nu}$	$\dfrac{\lambda(1+\nu)}{3\nu}$
	K	$\dfrac{9K(K-\lambda)}{3K-\lambda}$	$\dfrac{\lambda}{3K-\lambda}$		$\dfrac{3(K-\lambda)}{2}$	—
G	E	—	$\dfrac{E-2G}{2G}$	$\dfrac{G(2G-E)}{E-3G}$	—	$\dfrac{GE}{3(3G-E)}$
	ν	$2(1+\nu)G$	—	$\dfrac{2G\nu}{1-2\nu}$	—	$\dfrac{2G(1+\nu)}{3(1-2\nu)}$
	K	$\dfrac{9KG}{3K+G}$	$\dfrac{3K-2G}{2(3K+G)}$	$\dfrac{3K-2G}{2(3K+G)}$	—	—
E	ν	—	—	$\dfrac{\nu E}{(1+\nu)(1-2\nu)}$	$\dfrac{E}{2(1+\nu)}$	$\dfrac{E}{3(1-2\nu)}$
	K	—	$\dfrac{3K-E}{6K}$	$\dfrac{3K(3K-E)}{9K-E}$	$\dfrac{9EK}{9K-E}$	—
ν	K	$3K(1-2\nu)$	—	$\dfrac{3K\nu}{1+\nu}$	$\dfrac{3K(1-2\nu)}{2(1+\nu)}$	

(六) 例题

例 4.2-1　试求体积弹性模量 K、拉压弹性模量 E、泊松比 ν 与弹性常数 λ、G 之间的关系。

解：(1) K 与 λ、G 的关系

在求解体积弹性模量 K 时，利用图 4.2-3 所示的三向均匀压缩状态，令：

$$\varepsilon_v = \varepsilon_x + \varepsilon_y + \varepsilon_z = -a$$

式中　a——常数。

由于 $\varepsilon_x = \varepsilon_y = \varepsilon_z$，故得：

$$\varepsilon_x = \varepsilon_y = \varepsilon_z = -\frac{a}{3} \qquad (4.2\text{-}12)$$

由式：

第 4 章 广义胡克定律与弹性常数

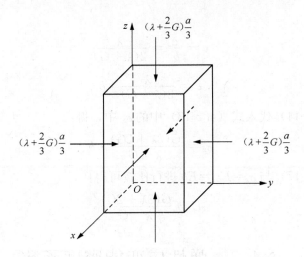

图 4.2-3 三向均匀压缩状态

$$\left.\begin{array}{l}\sigma_x = \lambda\varepsilon_v + 2G\varepsilon_x, \tau_{xy} = G\gamma_{xy}\\ \sigma_y = \lambda\varepsilon_v + 2G\varepsilon_y, \tau_{yz} = G\gamma_{yz}\\ \sigma_z = \lambda\varepsilon_v + 2G\varepsilon_z, \tau_{zx} = G\gamma_{zx}\end{array}\right\} \qquad (4.2\text{-}13)$$

可得：

$$\sigma_x = \sigma_y = \sigma_z = -\left(\lambda + \frac{2}{3}G\right)a, \tau_{xy} = \tau_{yz} = \tau_{zx} = 0$$

另外，由 K 为体积弹性模量的定义，在三向均匀压缩时，有：

$$\sigma = K\varepsilon_v$$

即：

$$-\left(\lambda + \frac{2}{3}G\right)a = +K\varepsilon_v = -Ka$$

所以：

$$K = \lambda + \frac{2}{3}G$$

(2) 弹性模量 E、泊松比 ν 与 λ、G 之间的关系

利用如图 4.2-4 所示的单向拉伸圆截面杆，则可令：

$$\varepsilon_x = \varepsilon_y = -c, \varepsilon_z = b \qquad (4.2\text{-}14)$$

式中，b、c 为常数，则有：

$$\varepsilon_v = \varepsilon_x + \varepsilon_y + \varepsilon_z = -2c + b \qquad (4.2\text{-}15)$$

将式 (4.2-15) 代入式 (4.2-13)，得：

$$\sigma_x = \sigma_y = \lambda(-2c + b) - 2Gc = -2(\lambda + G)c + \lambda b$$

由于图 4.2-2 为单向拉伸受力状态，则有：

$$\sigma_x = \sigma_y = 0$$

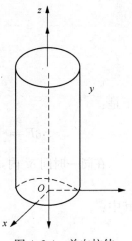

图 4.2-4 单向拉伸圆截面杆

所以，得：

$$\nu = \frac{c}{b} = \frac{\lambda}{2(\lambda+G)}$$

$$c = \frac{\lambda}{2(\lambda+G)} \cdot b \tag{4.2-16}$$

将式（4.2-14）代入式（4.2-13）中的 σ_z 中，得：

$$\sigma_z = \frac{G(3\lambda+2G)}{\lambda+G} \cdot b \tag{4.2-17}$$

将式（4.2-17）与 $\sigma_z = E\varepsilon_z = Eb$ 进行比较可得：

$$E = \frac{G(3\lambda+2G)}{\lambda+G}$$

§4.3 弹性应变能密度函数

在弹性体的变形过程中，外力（体力和面力）做功，转化为物体中储存的能量。假设物体的变形是绝热的，在时间 δt 内，一物体总能量的增加，等于外力所做的功 δW。

当物体运动时，设物体有动能 E，内能为 V_ε，在时间 δt 内，总能量的改变为 $\delta E + \delta V_\varepsilon$。按能量守恒定律（热力学第一定律），得：

$$\delta E + \delta V_\varepsilon = \delta W \tag{4.3-1}$$

现在计算动能 δE。质量为 $\rho \mathrm{d}V$ 的微元，其速度在坐标轴上的投影为 $\left(\frac{\partial u}{\partial t}, \frac{\partial v}{\partial t}, \frac{\partial w}{\partial t}\right)$，则动能为 δt：

$$E = \frac{1}{2}\iiint \rho \mathrm{d}V \left[\left(\frac{\partial u}{\partial t}\right)^2 + \left(\frac{\partial v}{\partial t}\right)^2 + \left(\frac{\partial w}{\partial t}\right)^2\right] \tag{4.3-2}$$

在时间 δt 内，位移分量的增量为：

$$\left.\begin{aligned}\delta u &= \frac{\partial u}{\partial t}\delta t \\ \delta v &= \frac{\partial v}{\partial t}\delta t \\ \delta \nu &= \frac{\partial v}{\partial t}\delta t\end{aligned}\right\} \tag{4.3-3}$$

于是：

$$\delta E = \frac{\partial E}{\partial t}\delta t = \iiint \rho \mathrm{d}V \left[\frac{\partial^2 u}{\partial t^2}\delta u + \frac{\partial^2 v}{\partial t^2}\delta v + \frac{\partial^2 w}{\partial t^2}\delta w\right] \tag{4.3-4}$$

在同一时间 δt 内，作用于弹性体上的外力所作的功为：

$$\delta W = \delta W_1 + \delta W_2 \tag{4.3-5}$$

其中：

$$\delta W_1 = \iiint [f_x \delta u + f_y \delta v + f_z \delta w] \mathrm{d}V \tag{4.3-6}$$

是体力所做的功，而：

$$\delta W_2 = \iint [\overline{f}_x \delta u + \overline{f}_y \delta v + \overline{f}_z \delta w] \mathrm{d}S \tag{4.3-7}$$

是面力所做的功。

如物体表面的方向余弦为 $(l, m, n)^\mathrm{T}$，则面力为：

$$\left. \begin{aligned} \overline{f}_x &= \sigma_x l + \tau_{xy} m + \tau_{xz} n \\ \overline{f}_y &= \tau_{yx} l + \sigma_y m + \tau_{yz} n \\ \overline{f}_z &= \tau_{zx} l + \tau_{zy} m + \sigma_z n \end{aligned} \right\} \tag{4.3-8}$$

将式（4.3-8）代入式（4.3-7），得：

$$\delta W_2 = \iint \Big[(\sigma_x \delta u + \tau_{yx} \delta v + \tau_{zx} \delta w) l + (\tau_{xy} \delta u + \sigma_y \delta v \\ + \tau_{zy} \delta w) m + (\tau_{xz} \delta u + \tau_{yz} \delta v + \sigma_z \delta w) n \Big] \mathrm{d}S \tag{4.3-9}$$

按奥斯特洛-格拉斯基公式 $\iint (Al + Bm + Cn) \mathrm{d}s = \iiint \left(\dfrac{\partial A}{\partial x} + \dfrac{\partial B}{\partial y} + \dfrac{\partial C}{\partial z} \right) \mathrm{d}V$，将上列面积分变换为体积分，得：

$$\begin{aligned} \delta W_2 = \iiint & \Big[\Big(\frac{\partial \sigma_x}{\partial x} + \frac{\partial \tau_{xy}}{\partial y} + \frac{\partial \tau_{xz}}{\partial z} \Big) \delta u + \Big(\frac{\partial \tau_{yx}}{\partial x} + \frac{\partial \sigma_y}{\partial y} + \frac{\partial \tau_{yz}}{\partial z} \Big) \delta v \\ & + \Big(\frac{\partial \tau_{zx}}{\partial x} + \frac{\partial \tau_{zy}}{\partial y} + \frac{\partial \sigma_z}{\partial z} \Big) \delta w \Big] \mathrm{d}V \\ + \iiint & \Big[\sigma_x \frac{\partial \delta u}{\partial x} + \sigma_y \frac{\partial \delta v}{\partial y} + \sigma_z \frac{\partial \delta w}{\partial z} \\ & + \tau_{xy} \Big(\frac{\partial \delta v}{\partial x} + \frac{\partial \delta u}{\partial y} \Big) + \tau_{yz} \Big(\frac{\partial \delta w}{\partial y} + \frac{\partial \delta v}{\partial z} \Big) \\ & + \tau_{zx} \Big(\frac{\partial \delta w}{\partial x} + \frac{\partial \delta u}{\partial z} \Big) \Big] \mathrm{d}V \end{aligned} \tag{4.3-10}$$

考虑物体运动时，平衡微分方程扩展为：

$$\left. \begin{aligned} \frac{\partial \sigma_x}{\partial x} + \frac{\partial \tau_{xy}}{\partial y} + \frac{\partial \tau_{xz}}{\partial z} &= -\Big(f_x - \rho \frac{\partial^2 u}{\partial t^2} \Big) \\ \frac{\partial \tau_{yx}}{\partial x} + \frac{\partial \sigma_y}{\partial y} + \frac{\partial \tau_{yz}}{\partial z} &= -\Big(f_y - \rho \frac{\partial^2 v}{\partial t^2} \Big) \\ \frac{\partial \tau_{zx}}{\partial x} + \frac{\partial \tau_{zy}}{\partial y} + \frac{\partial \sigma_z}{\partial z} &= -\Big(f_z - \rho \frac{\partial^2 w}{\partial t^2} \Big) \end{aligned} \right\} \tag{4.3-11}$$

此外：

$$\left. \begin{aligned} \frac{\partial \delta u}{\partial x} &= \delta \frac{\partial u}{\partial x} = \delta \varepsilon_x \\ \frac{\partial \delta v}{\partial y} &= \delta \frac{\partial v}{\partial y} = \delta \varepsilon_y \\ \frac{\partial \delta w}{\partial z} &= \delta \frac{\partial w}{\partial z} = \delta \varepsilon_z \\ \frac{\partial \delta v}{\partial x} + \frac{\partial \delta u}{\partial y} &= \delta \Big(\frac{\partial v}{\partial x} + \frac{\partial u}{\partial y} \Big) = \delta \gamma_{xy} \\ \frac{\partial \delta w}{\partial y} + \frac{\partial \delta v}{\partial z} &= \delta \Big(\frac{\partial w}{\partial y} + \frac{\partial v}{\partial z} \Big) = \delta \gamma_{yz} \\ \frac{\partial \delta w}{\partial x} + \frac{\partial \delta u}{\partial z} &= \delta \Big(\frac{\partial w}{\partial x} + \frac{\partial u}{\partial z} \Big) = \delta \gamma_{zy} \end{aligned} \right\} \tag{4.3-12}$$

将 (4.3-11) 和 (4.3-12) 代入 (4.3-10)，得：

$$\delta W_2 = -\iiint \left[\left(f_x - \rho \frac{\partial^2 u}{\partial t^2}\right)\delta u + \left(f_y - \rho \frac{\partial^2 v}{\partial t^2}\right)\delta v \right.$$
$$\left. + \left(f_z - \rho \frac{\partial^2 w}{\partial t^2}\right)\delta w \right] dV + \iiint \left[\sigma_x \delta\varepsilon_x + \sigma_y \delta\varepsilon_y \right.$$
$$\left. + \sigma_z \delta\varepsilon_z + \tau_{xy}\delta\gamma_{xy} + \tau_{yz}\delta\gamma_{yz} + \tau_{zx}\delta\gamma_{zx} \right] dV \quad (4.3\text{-}13)$$

将 (4.3-6) 及 (4.3-4) 代入上式，得：

$$\delta W_2 = -\delta W_1 + \delta E + \iiint \delta U \, dV \quad (4.3\text{-}14)$$

上式中引用记号：

$$\delta U = \sigma_x \delta\varepsilon_x + \sigma_y \delta\varepsilon_y + \sigma_z \delta\varepsilon_z + \tau_{xy}\delta\gamma_{xy} + \tau_{yz}\delta\gamma_{yz} + \tau_{zx}\delta\gamma_{zx} \quad (4.3\text{-}15)$$

由式 (4.3-5) 得：

$$\delta W = \delta W_1 + \delta W_2 = \delta E + \iiint \delta U \, dV \quad (4.3\text{-}16)$$

将 (4.3-16) 代入 (4.3-1)，得基本方程：

$$V_\varepsilon = \iiint \delta U \, dV \quad (4.3\text{-}17)$$

能量 V_ε 表示物体的特性，是物体的状态的单值函数，所以 δU 必定是全微分，可写为：

$$\delta U = \sigma_x \delta\varepsilon_x + \sigma_y \delta\varepsilon_y + \sigma_z \delta\varepsilon_z + \tau_{xy}\delta\gamma_{xy} + \tau_{yz}\delta\gamma_{yz} + \tau_{zx}\delta\gamma_{zx} \quad (4.3\text{-}18)$$

W 可以作为六个形变分量的函数，dW 的全微分为：

$$dU = \frac{\partial U}{\partial \varepsilon_x}\delta\varepsilon_x + \frac{\partial U}{\partial \varepsilon_y}\delta\varepsilon_y + \frac{\partial U}{\partial \varepsilon_z}\delta\varepsilon_z + \frac{\partial U}{\partial \gamma_{xy}}\delta\gamma_{xy} + \frac{\partial U}{\partial \gamma_{yz}}\delta\gamma_{yz} + \frac{\partial U}{\partial \gamma_{zx}}\delta\gamma_{zx}$$
$$(4.3\text{-}19)$$

比较式 (4.3-18) 和式 (4.3-19)，得：

$$\sigma_x = \frac{\partial U}{\partial \varepsilon_x}, \sigma_y = \frac{\partial U}{\partial \varepsilon_y}, \sigma_z = \frac{\partial U}{\partial \varepsilon_z}, \tau_{xy} = \frac{\partial U}{\partial \gamma_{xy}}, \tau_{yz} = \frac{\partial U}{\partial \gamma_{yz}}, \tau_{zx} = \frac{\partial U}{\partial \gamma_{zx}}$$
$$(4.3\text{-}20)$$

函数 U 称为应变能密度。

弹性条件下，将本构关系带入式 (4.3-18)，得弹性应变能密度为：

$$U = \int dU$$
$$= \frac{1}{2E}(\sigma_x^2 + \sigma_y^2 + \sigma_z^2) - \frac{\nu}{E}(\sigma_x\sigma_y + \sigma_y\sigma_z + \sigma_x\sigma_z) + \frac{1}{2G}(\tau_{xy}^2 + \tau_{yz}^2 + \tau_{zx}^2)$$
$$= \frac{1}{2}[\lambda e^2 + 2G(\varepsilon_x^2 + \varepsilon_y^2 + \varepsilon_z^2) + G(\gamma_{xy}^2 + \gamma_{yz}^2 + \gamma_{zx}^2)]$$
$$(4.3\text{-}21)$$

应力和应变张量均能分解为球张量和偏张量，因此可将弹性应变能分解为两部分：

$$U = U_v + U_d \quad (4.3\text{-}22)$$

式中 U_v——体积改变能，由球张量计算得到；

U_d ——形状改变能,由偏张量计算得到。

$$U_v = \frac{3}{2}\sigma_m \varepsilon_m = \frac{1}{18K}I_1^2 \quad (4.3\text{-}23)$$

$$U_d = \frac{1}{2}S_{ij}e_{ij} = \frac{(\sigma_1-\sigma_2)^2+(\sigma_2-\sigma_3)^2+(\sigma_3-\sigma_1)^2}{12G} = \frac{1}{2G}I_2 \quad (4.3\text{-}24)$$

$$U = \frac{1}{18K}I_1^2 + \frac{1}{2G}I_2 \quad (4.3\text{-}25)$$

因此总应变能与坐标选择无关,也为一个不变量。

由式(4.3-20)得:

$$\frac{\partial U}{\partial \varepsilon_{ij}} = \sigma_{ij}, \frac{\partial U}{\partial \sigma_{ij}} = \varepsilon_{ij} \quad (4.3\text{-}26)$$

由高等数学知识,对于一个多元函数 f_0,根据微积分交换定律有:

$$\frac{\partial}{\partial x}\left(\frac{\partial f_0}{\partial y}\right) = \frac{\partial}{\partial y}\left(\frac{\partial f_0}{\partial x}\right) \quad (4.3\text{-}27)$$

同理:

$$\frac{\partial}{\partial \varepsilon_{kl}}\left(\frac{\partial U}{\partial \varepsilon_{ij}}\right) = \frac{\partial}{\partial \varepsilon_{ij}}\left(\frac{\partial U}{\partial \varepsilon_{kl}}\right) \quad (4.3\text{-}28)$$

根据势函数定义:

$$\frac{\partial \sigma_{ij}}{\partial \varepsilon_{kl}} = \frac{\partial \sigma_{kl}}{\partial \varepsilon_{ij}} \quad (4.3\text{-}29)$$

即:$c_{mn} = c_{nm}$

因此,弹性常数矩阵为对称矩阵。

*§4.4 横观各向同性弹性

(一) 定义

横观各向同性是指材料在某一平面内性质相同,但与垂直于该平面内材料性质不同。典型横观各向同性材料,如沉积岩、复合路面等。

(二) 横观各向同性弹性方程

假设各向同性平面为水平面,则横观各向同性时,本构方程可表示为:

$$\begin{bmatrix} \varepsilon_x \\ \varepsilon_y \\ \varepsilon_z \\ \gamma_{xy} \\ \gamma_{yz} \\ \gamma_{zx} \end{bmatrix} = \begin{bmatrix} \frac{1}{E_h} & -\frac{\nu_{hh}}{E_h} & -\frac{\nu_{vh}}{E_h} & 0 & 0 & 0 \\ -\frac{\nu_{hh}}{E_h} & \frac{1}{E_h} & -\frac{\nu_{vh}}{E_v} & 0 & 0 & 0 \\ -\frac{\nu_{hv}}{E_h} & -\frac{\nu_{hv}}{E_h} & \frac{1}{E_v} & 0 & 0 & 0 \\ 0 & 0 & 0 & \frac{1}{G_{vh}} & 0 & 0 \\ 0 & 0 & 0 & 0 & \frac{1}{G_{vh}} & 0 \\ 0 & 0 & 0 & 0 & 0 & \frac{1}{G_{hh}} \end{bmatrix} \begin{bmatrix} \sigma_x \\ \sigma_y \\ \sigma_z \\ \tau_{xy} \\ \tau_{yz} \\ \tau_{zx} \end{bmatrix} \quad (4.4\text{-}1)$$

式中 E_v——垂直于各向同性平面的弹性模量；

E_h——平行于各向同性平面的弹性模量；

ν_{vh}——施加垂直应变引起水平应变的泊松比；

ν_{hv}——施加水平应变引起垂直应变的泊松比；

ν_{hh}——各向同性平面内的泊松比；

G_{vh}——垂直于各向同性平面的剪切模量；

G_{hh}——各向同性平面内的剪切模量。

各向同性平面内 G_{hh}、E_h 和 ν_{hh} 满足：

$$G_{hh} = \frac{E_h}{2(1+\nu_{hh})} \tag{4.4-2}$$

弹性材料一定满足热力学条件，由此 ν_{hv}、E_h 和 ν_{vh}、E_v 满足：

$$\frac{\nu_{hv}}{E_h} = \frac{\nu_{vh}}{E_v} \tag{4.4-3}$$

因此，独立的弹性常数只有 5 个，E_v、E_h、ν_{vh}、ν_{hh} 和 G_{vh}，这 5 个弹性常数能够完全地描述横观各向同性材料。即：

$$\begin{bmatrix}\varepsilon_x\\\varepsilon_y\\\varepsilon_z\\\gamma_{yz}\\\gamma_{zx}\\\gamma_{xy}\end{bmatrix} = \begin{bmatrix}\frac{1}{E_h} & -\frac{\nu_{hh}}{E_h} & -\frac{\nu_{vh}}{E_v} & 0 & 0 & 0\\-\frac{\nu_{hh}}{E_h} & \frac{1}{E_h} & -\frac{\nu_{vh}}{E_v} & 0 & 0 & 0\\-\frac{\nu_{vh}}{E_v} & -\frac{\nu_{vh}}{E_h} & \frac{1}{E_v} & 0 & 0 & 0\\0 & 0 & 0 & \frac{1}{G_{vh}} & 0 & 0\\0 & 0 & 0 & 0 & \frac{1}{G_{vh}} & 0\\0 & 0 & 0 & 0 & 0 & \frac{2(1+\nu_{hh})}{E_h}\end{bmatrix}\begin{bmatrix}\sigma_x\\\sigma_y\\\sigma_z\\\tau_{yz}\\\tau_{zx}\\\tau_{xy}\end{bmatrix} \tag{4.4-4}$$

在主空间内可表示为：

$$\begin{bmatrix}\varepsilon_1\\\varepsilon_2\\\varepsilon_3\end{bmatrix} = \begin{bmatrix}\frac{1}{E_h} & -\frac{\nu_{hh}}{E_h} & -\frac{\nu_{vh}}{E_v}\\-\frac{\nu_{hh}}{E_h} & \frac{1}{E_h} & -\frac{\nu_{vh}}{E_v}\\-\frac{\nu_{vh}}{E_v} & -\frac{\nu_{vh}}{E_v} & \frac{1}{E_v}\end{bmatrix}\begin{bmatrix}\sigma_1\\\sigma_2\\\sigma_3\end{bmatrix} \tag{4.4-5}$$

（三）横观各向同性弹性常数测定

（1）弹性常数 E_v 和 ν_{vh} 的测定方法

采用各向同性平面为水平的模型，建立空间直角坐标系，令垂直于各向同性平面的方向为 $Z(v)$ 轴，平行于各向同性平面的方向分别为相互正交的 $X(h_2)$ 轴和 $Y(h_1)$ 轴，如图 4.4-1 所示。

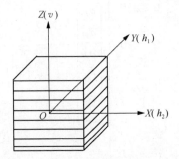

图 4.4-1 各向同性平面为水平的模型

在上述情形下，水平面内力学性质相同，

第4章 广义胡克定律与弹性常数

试验中各向同性平面内 X 轴和 Y 轴方向应力相等，应变也相等，则有 $\sigma_x = \sigma_y = \sigma_h$ 和 $\varepsilon_x = \varepsilon_y = \varepsilon_h$，其中 σ_h 和 ε_h 分别表示水平面内应力和应变，再将 σ_z 用 σ_v 表示，ε_z 用 ε_v 表示，方程进一步简化为：

$$\begin{bmatrix} \varepsilon_v \\ \varepsilon_h \end{bmatrix} = \begin{bmatrix} \dfrac{1}{E_v} & -\dfrac{2\nu_{vh}}{E_v} \\ -\dfrac{\nu_{vh}}{E_h} & \dfrac{(1-\nu_{hh})}{E_h} \end{bmatrix} \begin{bmatrix} \sigma_v \\ \sigma_h \end{bmatrix} \tag{4.4-6}$$

试验时只改变 Z 轴方向应力，保持水平方向应力 $\sigma_h = 0$，利用方程（4.4-6）可以得到：

$$E_v = \frac{\sigma_v}{\varepsilon_v} \tag{4.4-7}$$

$$\frac{E_v}{\nu_{vh}} = -\frac{\sigma_v}{\varepsilon_h} \tag{4.4-8}$$

由此得到 ν_{vh} 的表达式：

$$\nu_{vh} = \frac{\varepsilon_h}{\varepsilon_v} \tag{4.4-9}$$

综上所述，可以利用各向同性平面为水平的试样开展试验测定横观各向同性 2 个弹性常数 E_v 和 ν_{vh}。

（2）弹性常数 E_h 和 ν_{hh} 的测定方法

采用各向同性平面为竖直的模型，建立空间直角坐标系，令竖直方向为 $Z(h_1)$ 轴，垂直于各向同性平面方向为 $X(v)$ 轴，平行于各向同性平面方向的水平轴为 $Y(h_2)$ 轴，如图 4.2-2 所示。

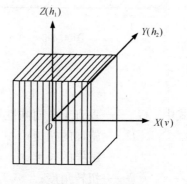

图 4.4-2 各向同性平面为竖直的模型

在上述情形下，横观各向同性本构方程变为：

$$\begin{bmatrix} \varepsilon_x \\ \varepsilon_y \\ \varepsilon_z \end{bmatrix} = \begin{bmatrix} \dfrac{1}{E_v} & -\dfrac{\nu_{h_2 v}}{E_{h_2}} & -\dfrac{\nu_{h_1 v}}{E_{h_1}} \\ -\dfrac{\nu_{vh_2}}{E_v} & \dfrac{1}{E_{h_2}} & -\dfrac{\nu_{h_1 h_2}}{E_{h_1}} \\ -\dfrac{\nu_{vh_1}}{E_v} & -\dfrac{\nu_{h_2 h_1}}{E_{h_2}} & \dfrac{1}{E_{h_1}} \end{bmatrix} \begin{bmatrix} \sigma_x \\ \sigma_y \\ \sigma_z \end{bmatrix} \tag{4.4-10}$$

因为 Y 轴、Z 轴平行于各向同性平面，在各向同性平面内力学参数相同，所以有 $E_{h_1} = E_{h_2} = E_h$，$\nu_{h_1 h_2} = \nu_{h_2 h_1} = \nu_{hh}$，其中 E_h 和 ν_{hh} 分为各向同性平面内的弹性模量和泊松比，类似地 $\nu_{h_1 v} = \nu_{h_2 v} = \nu_{hv}$，$\nu_{vh_1} = \nu_{vh_2} = \nu_{vh}$，则在此坐标系下本构方程变为：

$$\begin{bmatrix}\varepsilon_x\\\varepsilon_y\\\varepsilon_z\end{bmatrix}=\begin{bmatrix}\dfrac{1}{E_v}&-\dfrac{\nu_{hv}}{E_h}&-\dfrac{\nu_{hv}}{E_h}\\-\dfrac{\nu_{vh}}{E_v}&\dfrac{1}{E_h}&-\dfrac{\nu_{hh}}{E_h}\\-\dfrac{\nu_{vh}}{E_v}&-\dfrac{\nu_{hh}}{E_h}&\dfrac{1}{E_h}\end{bmatrix}\begin{bmatrix}\sigma_x\\\sigma_y\\\sigma_z\end{bmatrix} \qquad (4.4\text{-}11)$$

三轴试验时只改变 Z 轴方向的应力，X 轴和 Y 轴方向的应力保持为零，即 $\sigma_v=\sigma_{h_2}=0$，利用上述方程可以得到：

$$E_h=\frac{\sigma_{h_1}}{\varepsilon_{h_1}} \qquad (4.4\text{-}12)$$

$$\nu_{hh}=-\frac{\varepsilon_{h_2}}{\varepsilon_{h_1}} \qquad (4.4\text{-}13)$$

综上所述，可以利用各向同性平面为竖直的试样开展三轴试验测定横观各向同性 2 个弹性常数 E_h 和 ν_{hh}。

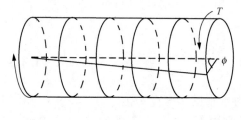

图 4.4-3

（3）弹性常数 G_{vh} 的测定方法

利用材料扭转时的剪切公式 $\phi=\dfrac{TL}{I_pG}$ 可测定剪切模量 G。根据剪切公式，有 $G=\dfrac{TL}{I_p\phi}$，采用各向同性平面为水平的圆柱形试样进行扭转试验，如图 4.4-3 所示，即：

$$G_{vh}=\frac{TL}{I_p\phi} \qquad (4.4\text{-}14)$$

式中 G_{vh}——垂直于各向同性平面的剪切模量；

T——施加的扭矩；

L——试样的长度；

ϕ——扭转角度；

I_p——极惯性矩，对于圆截面，$I_p=\dfrac{\pi d^4}{32}$，其中 d 为直径。

由此可以求解横观各向同性 1 个弹性常数 G_{vh}。至此，横观各向同性 5 个常数全部测定。

习　题

4-1　试根据纯剪的受力状态，推导弹性常数 E、G、ν 之间的关系式 $G=\dfrac{E}{2(1+\nu)}$。

4-2　试求体积弹性模量 K、拉压弹性模量 E、泊松比 ν 与弹性常数 λ、E 之间的关系。

4-3　橡皮立方块放在同样大小的铁盒内，在上面用铁盖封闭，铁盖上受均

第4章 广义胡克定律与弹性常数

布压力 q 作用,如图习题 4-1 所示;设铁盒和铁盖可以作为刚体看待,而且橡皮与铁盒之间无摩擦力。试求铁盒内侧面所受的压力、橡皮块的体应变和橡皮中的最大切应力。

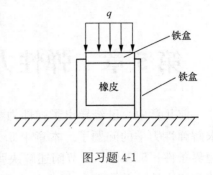

图习题 4-1

4-4 土的室内压缩试验是测试土压缩性质的手段之一。在土的压缩试验中,土处于侧限压缩状态(即侧向应变 ε_r 为零),如图习题 4-2 所示。若定义土在压缩试验中的压缩模量为 $E_s = \dfrac{\Delta p}{\Delta \varepsilon_a}$ ($\varepsilon_a = s/h$),试推导压缩模量 E_s 与土的弹性模量 E 之间的关系。

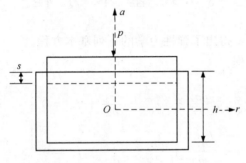

图习题 4-2

4-5 孔底应力解除法是一种常用的地应力测试方法。这种方法先在围岩中钻孔,在钻孔底平面上粘贴应变传感器,然后用套钻使孔底岩芯与母岩分开进行卸载,然后通过观测卸载前后的应变,间接求出岩体中的应力。在某工程地应力测试中,已知某点地应力有一主应力方向为竖直方向,采用竖直孔进行地应力测试,应变花粘结方式如图习题 4-3 所示。三个应变片粘贴风干后初始读数分别为 $\varepsilon_x = 2 \times 10^{-4}$、$\varepsilon'_x = 1 \times 10^{-4}$、$\varepsilon''_x = 1 \times 10^{-4}$,解除后读数为:$\varepsilon_x = 8 \times 10^{-4}$、$\varepsilon'_x = 5 \times 10^{-4}$、$\varepsilon''_x = 9 \times 10^{-4}$。该处岩芯室内试验结果表明,其弹性模量 $E = 2\text{GPa}$,泊松比 $\nu = 0.21$,试求该点在水平面内的地应力大小与方向。

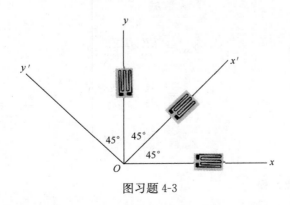

图习题 4-3

第 5 章 弹性力学问题的一般原理

前几章中,已经导出了弹性力学的全部基本方程,现在可以着手讨论如何求解弹性力学的问题了。本章中 5.1 节介绍弹性力学的基本方程;5.2 节介绍边界条件;5.3 和 5.4 节阐述解决弹性力学问题通常采用的两种方法——位移法和应力法,并推演其相应的方程;5.5~5.10 节介绍弹性力学的几个一般原理。

§5.1 基 本 方 程

由前几章的讨论,得出了弹性力学的下列基本方程。
(1) 平衡微分方程

$$\left.\begin{array}{l}\dfrac{\partial \sigma_x}{\partial x}+\dfrac{\partial \tau_{xy}}{\partial y}+\dfrac{\partial \tau_{xz}}{\partial z}+f_x=0 \\[6pt] \dfrac{\partial \tau_{yx}}{\partial x}+\dfrac{\partial \sigma_y}{\partial y}+\dfrac{\partial \tau_{yz}}{\partial z}+f_y=0 \\[6pt] \dfrac{\partial \tau_{zx}}{\partial x}+\dfrac{\partial \tau_{zy}}{\partial y}+\dfrac{\partial \sigma_z}{\partial z}+f_z=0\end{array}\right\} \quad (5.1\text{-}1)$$

(2) 几何方程

$$\left.\begin{array}{l}\varepsilon_x=\dfrac{\partial u}{\partial x} \\[6pt] \varepsilon_y=\dfrac{\partial v}{\partial y} \\[6pt] \varepsilon_z=\dfrac{\partial w}{\partial z} \\[6pt] \gamma_{xy}=\dfrac{\partial u}{\partial y}+\dfrac{\partial v}{\partial x} \\[6pt] \gamma_{yz}=\dfrac{\partial v}{\partial z}+\dfrac{\partial w}{\partial y} \\[6pt] \gamma_{zx}=\dfrac{\partial w}{\partial x}+\dfrac{\partial u}{\partial z}\end{array}\right\} \quad (5.1\text{-}2)$$

(3) 应变协调方程

第5章 弹性力学问题的一般原理

$$\left.\begin{aligned}
\frac{\partial^2 \varepsilon_x}{\partial y^2} + \frac{\partial^2 \varepsilon_y}{\partial x^2} &= 2\frac{\partial^2 \varepsilon_{xy}}{\partial x \partial y} \\
\frac{\partial^2 \varepsilon_y}{\partial z^2} + \frac{\partial^2 \varepsilon_z}{\partial y^2} &= 2\frac{\partial^2 \varepsilon_{yz}}{\partial y \partial z} \\
\frac{\partial^2 \varepsilon_z}{\partial x^2} + \frac{\partial^2 \varepsilon_x}{\partial z^2} &= 2\frac{\partial^2 \varepsilon_{zx}}{\partial z \partial x} \\
\frac{\partial^2 \varepsilon_x}{\partial y \partial z} &= \frac{\partial}{\partial x}\left(-\frac{\partial \varepsilon_{yz}}{\partial x} + \frac{\partial \varepsilon_{zx}}{\partial y} + \frac{\partial \varepsilon_{xy}}{\partial z}\right) \\
\frac{\partial^2 \varepsilon_y}{\partial z \partial x} &= \frac{\partial}{\partial y}\left(\frac{\partial \varepsilon_{yz}}{\partial x} - \frac{\partial \varepsilon_{zx}}{\partial y} + \frac{\partial \varepsilon_{xy}}{\partial z}\right) \\
\frac{\partial^2 \varepsilon_z}{\partial y \partial x} &= \frac{\partial}{\partial z}\left(\frac{\partial \varepsilon_{yz}}{\partial x} + \frac{\partial \varepsilon_{zx}}{\partial y} - \frac{\partial \varepsilon_{xy}}{\partial z}\right)
\end{aligned}\right\} \quad (5.1\text{-}3)$$

（4）本构方程

$$\left.\begin{aligned}
\varepsilon_x &= \frac{1}{E}[\sigma_x - \nu(\sigma_y + \sigma_z)] \\
\varepsilon_y &= \frac{1}{E}[\sigma_y - \nu(\sigma_z + \sigma_x)] \\
\varepsilon_z &= \frac{1}{E}[\sigma_z - \nu(\sigma_x + \sigma_y)] \\
\gamma_{xy} &= \frac{\tau_{xy}}{G} \\
\gamma_{yz} &= \frac{\tau_{yz}}{G} \\
\gamma_{zx} &= \frac{\tau_{zx}}{G}
\end{aligned}\right\} \quad (5.1\text{-}4)$$

$$\left.\begin{aligned}
\sigma_x &= \frac{E}{1+\nu}\varepsilon_x + \frac{E\nu}{(1-2\nu)(1+\nu)}(\varepsilon_x + \varepsilon_y + \varepsilon_z) = 2G\left(\varepsilon_x + \frac{\nu}{1-2\nu}\varepsilon_v\right) \\
\sigma_y &= \frac{E}{1+\nu}\varepsilon_y + \frac{E\nu}{(1-2\nu)(1+\nu)}(\varepsilon_x + \varepsilon_y + \varepsilon_z) = 2G\left(\varepsilon_y + \frac{\nu}{1-2\nu}\varepsilon_v\right) \\
\sigma_z &= \frac{E}{1+\nu}\varepsilon_z + \frac{E\nu}{(1-2\nu)(1+\nu)}(\varepsilon_x + \varepsilon_y + \varepsilon_z) = 2G\left(\varepsilon_z + \frac{\nu}{1-2\nu}\varepsilon_v\right) \\
\tau_{xy} &= G\gamma_{xy} \\
\tau_{yz} &= G\gamma_{yz} \\
\tau_{zx} &= G\gamma_{zx}
\end{aligned}\right\}$$

$$(5.1\text{-}5)$$

式中，$\varepsilon_v = \varepsilon_x + \varepsilon_y + \varepsilon_z$。

上述 4 组方程中，包括 3 个平衡微分方程、6 个几何方程、6 个协调方程和 6 个本构方程，其中独立方程有 15 个。方程中，含有 6 个应力分量、6 个应变分量和 3 个位移分量共 15 个未知量。因此，可通过联立上述方程得到求解弹性力学问题的控制方程。要求解弹性力学问题控制方程，还需要边界条件。

§5.2 边界条件

根据工程实际中可能出现的情况，边界条件可分为以下三类：

(一) 应力边界条件

对于空间问题，在弹性体全部边界条件上已知面力：

$$\overline{f} = \overline{f}_x \boldsymbol{i} + \overline{f}_y \boldsymbol{j} + \overline{f}_z \boldsymbol{k} \tag{5.2-1}$$

若将边界记做 S，其单位法向量为：

$$\boldsymbol{n} = l\boldsymbol{i} + m\boldsymbol{j} + n\boldsymbol{k} \tag{5.2-2}$$

根据斜截面应力公式，则边界条件为：

$$\left.\begin{array}{l} \sigma_x l + \tau_{xy} m + \tau_{xz} n = \overline{f}_x \\ \tau_{yx} l + \sigma_y m + \tau_{yz} n = \overline{f}_y \\ \tau_{zx} l + \tau_{zy} m + \sigma_z n = \overline{f}_z \end{array}\right\} (在 S_\sigma 上) \tag{5.2-3}$$

对于平面问题，$n=0$，$\tau_{zx} = \tau_{yz} = 0$，边界条件可简化为：

$$\left.\begin{array}{l} \sigma_x l + \tau_{xy} m = \overline{f}_x \\ \tau_{yx} l + \sigma_y m = \overline{f}_y \end{array}\right\} \tag{5.2-4}$$

例 5.2-1 两端受拉应力平板，其受力情况如图 5.2-1 所示，写出其边界条件。

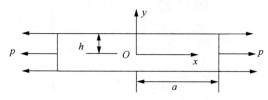

图 5.2-1 两端受拉应力平板

① 上边界：$l_1 = 0$，$m_1 = 1$，$\overline{f}_x = 0$，$\overline{f}_y = 0$
边界条件写作：

$$\left.\begin{array}{l} \sigma_x l_1 + \tau_{xy} m_1 = \overline{f}_x \\ \tau_{yx} l_1 + \sigma_y m_1 = \overline{f}_y \end{array}\right\}$$

即 $\begin{cases} \sigma_y = 0 \\ \tau_{yx} = 0 \end{cases}$ （$y = h$）

② 下边界：$l_2 = 0$，$m_2 = -1$，$f_{sx} = 0$，$f_{sy} = 0$
边界条件写作：

$$\left.\begin{array}{l} \sigma_x l_2 + \tau_{xy} m_2 = \overline{f}_x \\ \tau_{yx} l_2 + \sigma_y m_2 = \overline{f}_y \end{array}\right\}$$

即 $\begin{cases} \sigma_y = 0 \\ \tau_{yx} = 0 \end{cases}$ （$y = -h$）

③ 左边界：$l_3 = -1$，$m_3 = 0$，$f_{sx} = -p$，$f_{sy} = 0$
边界条件写作：

$$\left.\begin{array}{l}\sigma_x l_3 + \tau_{xy} m_3 = \overline{f}_x \\ \tau_{yx} l_3 + \sigma_y m_3 = \overline{f}_y\end{array}\right\}$$

即 $\begin{cases}\sigma_x = p \\ \tau_{yx} = 0\end{cases}$ $(x = -a)$

④ 右边界：$l_4 = 1$, $m_4 = 0$, $f_{sx} = p$, $f_{sy} = 0$

边界条件写作：

$$\left.\begin{array}{l}\sigma_x l_4 + \tau_{xy} m_4 = \overline{f}_x \\ \tau_{yx} l_4 + \sigma_y m_4 = \overline{f}_y\end{array}\right\}$$

即 $\begin{cases}\sigma_x = p \\ \tau_{yx} = 0\end{cases}$ $(x = a)$

（二）位移边界条件

在弹性体全部边界上已知位移：

$$\boldsymbol{u} = u\boldsymbol{i} + v\boldsymbol{j} + w\boldsymbol{k} \tag{5.2-5}$$

若将边界记做 S，边界条件为：

$$\left.\begin{array}{l}u = \overline{u} \\ v = \overline{v} \\ w = \overline{w}\end{array}\right\}(\text{在 } S_u \text{ 上}) \tag{5.2-6}$$

例 5.2-2 位移控制加载侧限压缩试验中土样，其受力情况如图 5.2-2 所示，写出其边界条件。

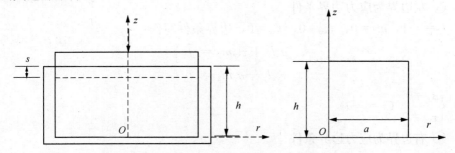

图 5.2-2 位移控制加载侧限压缩试验示意图

上述轴对称问题如图 5.2-2 所示。在周边边界：径向位移为零，即 $u_r = 0$ $(r = a)$。

① 在上边界

竖向位移为 s，即 $u_z = s$ $(z = h)$。

② 在下边界

竖向位移为零，即 $u_z = 0$ $(z = 0)$。

③ 在对称轴上

径向位移为零，即 $u_r = 0$ $(r = 0)$。

（三）复合边界条件

在弹性体部分边界 S_σ 上已知面力，而在另一部分边界 S_u 上已知位移，则边界条件为：

$$\left.\begin{array}{l}\sigma_x l + \tau_{xy} m + \tau_{xz} n = \overline{f}_x \\ \tau_{yx} l + \sigma_y m + \tau_{yz} n = \overline{f}_y \\ \tau_{zx} l + \tau_{zy} m + \sigma_z n = \overline{f}_z\end{array}\right\}(在 S_\sigma 上) \quad (5.2\text{-}7)$$

$$\left.\begin{array}{l}u = \overline{u} \\ v = \overline{v} \\ w = \overline{w}\end{array}\right\}(在 S_u 上) \quad (5.2\text{-}8)$$

例 5.2-3 无限长坝体，其受力情况如图 5.2-3 所示，写出其边界条件。

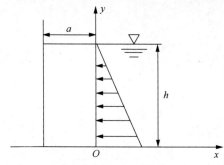

图 5.2-3 无限长坝体

① 上边界为应力边界条件
$l_1=0$，$m_1=1$，$f_{sx}=0$，$f_{sy}=0$，边界条件写作：

$$\left.\begin{array}{l}\sigma_x l_1 + \tau_{xy} m_1 = \overline{f}_x \\ \tau_{yx} l_1 + \sigma_y m_1 = \overline{f}_y\end{array}\right\}$$

即：$\begin{cases}\sigma_x=0 \\ \tau_{yx}=0\end{cases}(y=h)$

② 下边界为位移边界条件
竖向位移为零，即 $v=0$ ($y=0$)。

③ 左边界为应力边界条件
$l_2=-1$，$m_2=0$，$f_{sx}=0$，$f_{sy}=0$，边界条件写作：

$$\left.\begin{array}{l}\sigma_x l_2 + \tau_{xy} m_2 = \overline{f}_x \\ \tau_{yx} l_2 + \sigma_y m_2 = \overline{f}_y\end{array}\right\}$$

即：$\begin{cases}\sigma_x=0 \\ \tau_{yx}=0\end{cases}(x=-a)$

④ 右边界为应力边界条件
$l_3=1$，$m_3=0$，$f_{sx}=-\rho_w g(h-y)$，$f_{sy}=0$，边界条件写作：

$$\left.\begin{array}{l}\sigma_x l_3 + \tau_{xy} m_3 = \overline{f}_x \\ \tau_{yx} l_3 + \sigma_y m_3 = \overline{f}_y\end{array}\right\}$$

即：$\begin{cases}\sigma_x=-\rho_w g(h-y) \\ \tau_{yx}=0\end{cases}(x=0)$

§5.3 位 移 法

(一) 位移法

基本思路：选取位移作为基本求解量，找出用位移表达的基本方程和边界条件，求出位移，代入几何方程求应变，再代入本构方程求应力。

将几何方程代入方程（5.1-5），得：

第 5 章 弹性力学问题的一般原理

$$\left.\begin{aligned}
\sigma_x &= 2G\left[\frac{\partial u}{\partial x} + \frac{\nu}{1-2\nu}\left(\frac{\partial u}{\partial x} + \frac{\partial v}{\partial y} + \frac{\partial w}{\partial z}\right)\right] \\
\sigma_y &= 2G\left[\frac{\partial v}{\partial y} + \frac{\nu}{1-2\nu}\left(\frac{\partial u}{\partial x} + \frac{\partial v}{\partial y} + \frac{\partial w}{\partial z}\right)\right] \\
\sigma_z &= 2G\left[\frac{\partial w}{\partial z} + \frac{\nu}{1-2\nu}\left(\frac{\partial u}{\partial x} + \frac{\partial v}{\partial y} + \frac{\partial w}{\partial z}\right)\right] \\
\tau_{xy} &= G\left(\frac{\partial u}{\partial y} + \frac{\partial v}{\partial x}\right) \\
\tau_{yz} &= G\left(\frac{\partial v}{\partial z} + \frac{\partial w}{\partial y}\right) \\
\tau_{zx} &= G\left(\frac{\partial w}{\partial x} + \frac{\partial u}{\partial z}\right)
\end{aligned}\right\} \quad (5.3\text{-}1)$$

将上述方程代入平衡微分方程，即可得位移法控制方程。以平衡微分方程第一式为例：

$$2G\left[\frac{\partial^2 u}{\partial x^2} + \frac{\nu}{1-2\nu}\left(\frac{\partial^2 u}{\partial x^2} + \frac{\partial^2 v}{\partial x \partial y} + \frac{\partial^2 w}{\partial x \partial z}\right)\right] + G\left(\frac{\partial^2 u}{\partial y^2} + \frac{\partial^2 v}{\partial x \partial y}\right)$$
$$+ G\left(\frac{\partial^2 w}{\partial x \partial z} + \frac{\partial^2 u}{\partial z^2}\right) + f_x = 0 \quad (5.3\text{-}2)$$

化简得：

$$(\lambda + G)\frac{\partial \varepsilon_v}{\partial x} + G\left(\frac{\partial^2 u}{\partial x^2} + \frac{\partial^2 u}{\partial y^2} + \frac{\partial^2 u}{\partial z^2}\right) + f_x = 0 \quad (5.3\text{-}3\text{a})$$

同理，其他方向平衡微分方程可化为：

$$(\lambda + G)\frac{\partial \varepsilon_v}{\partial y} + G\left(\frac{\partial^2 v}{\partial x^2} + \frac{\partial^2 v}{\partial y^2} + \frac{\partial^2 v}{\partial z^2}\right) + f_y = 0 \quad (5.3\text{-}3\text{b})$$

$$(\lambda + G)\frac{\partial \varepsilon_v}{\partial z} + G\left(\frac{\partial^2 w}{\partial x^2} + \frac{\partial^2 w}{\partial y^2} + \frac{\partial^2 w}{\partial z^2}\right) + f_z = 0 \quad (5.3\text{-}3\text{c})$$

上述方程组内有 3 个方程，3 个未知量，因此可以求解。

若忽略体力，可得拉梅-纳维（Lame-Navier）方程：

$$\begin{cases}
(\lambda + G)\dfrac{\partial \varepsilon_v}{\partial x} + G\left(\dfrac{\partial^2 u}{\partial x^2} + \dfrac{\partial^2 u}{\partial y^2} + \dfrac{\partial^2 u}{\partial z^2}\right) = 0 \\
(\lambda + G)\dfrac{\partial \varepsilon_v}{\partial y} + G\left(\dfrac{\partial^2 v}{\partial x^2} + \dfrac{\partial^2 v}{\partial y^2} + \dfrac{\partial^2 v}{\partial z^2}\right) = 0 \\
(\lambda + G)\dfrac{\partial \varepsilon_v}{\partial z} + G\left(\dfrac{\partial^2 w}{\partial x^2} + \dfrac{\partial^2 w}{\partial y^2} + \dfrac{\partial^2 w}{\partial z^2}\right) = 0
\end{cases} \quad (5.3\text{-}4)$$

或写作：

$$\begin{cases}
(\lambda + G)\dfrac{\partial \varepsilon_v}{\partial x} + G\nabla^2 u = 0 \\
(\lambda + G)\dfrac{\partial \varepsilon_v}{\partial y} + G\nabla^2 v = 0 \\
(\lambda + G)\dfrac{\partial \varepsilon_v}{\partial z} + G\nabla^2 w = 0
\end{cases} \quad (5.3\text{-}5)$$

式中，$\nabla^2 = \dfrac{\partial^2}{\partial x^2} + \dfrac{\partial^2}{\partial y^2} + \dfrac{\partial^2}{\partial z^2}$，为拉普拉斯算子。

边界条件为:

$$\left.\begin{array}{l} u = \overline{u} \\ v = \overline{v} \\ w = \overline{w} \end{array}\right\} \quad (5.2\text{-}6)$$

由方程(5.3-5)和式(5.2-6)即可采用位移法求解弹性力学问题。

例 5.3-1 如图 5.3-1 所示杆件,在 y 方向上端固定,下端自由,受自重体力 $f_x=0$, $f_y=\rho g$ 的作用。试用位移法求解此问题。

解: 将问题视为一维问题求解,设 $u=0$, $v=v(y)$,泊松比 $\nu=0$。

将体力和位移分量代入位移法控制方程,其中式(5.3-3a)自然满足,而式(5.3-3b)变为:

$$\frac{\mathrm{d}^2 v}{\mathrm{d} y^2} = -\frac{\rho g}{E}$$

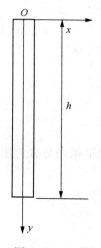

图 5.3-1 上端固定的杆件

积分式上式,得:

$$v = -\frac{\rho g}{2E} y^2 + Ay + B \quad (5.3\text{-}6)$$

由此,y 方向应变为:

$$\varepsilon_y = -\frac{\rho g}{E} y + A \quad (5.3\text{-}7)$$

根据本构方程,应力为:

$$\sigma_y = -\rho g y + EA \quad (5.3\text{-}8)$$

上下边界条件为:

$$(v)_{y=0} = 0, \quad (\sigma_y)_{y=h} = 0$$

由第一个边界条件得:$B=0$

由第二个边界条件得:$A = \dfrac{\rho g h}{E}$

由此:

$$v = -\frac{\rho g}{2E} y^2 + \frac{\rho g h}{E} y \quad (5.3\text{-}9)$$

$$\sigma_y = -\rho g y + \rho g h \quad (5.3\text{-}10)$$

(二) 应力边界条件下求解方法

如果给出的是应力边界条件,即:

$$\left.\begin{array}{l} \sigma_x l + \tau_{xy} m + \tau_{xz} n = \overline{f}_x \\ \tau_{yx} l + \sigma_y m + \tau_{yz} n = \overline{f}_y \\ \tau_{zx} l + \tau_{zy} m + \sigma_z n = \overline{f}_z \end{array}\right\} \quad (5.3\text{-}11)$$

将式(5.3-8)变为用位移分量表示的边界条件:

$$l\left(\lambda\varepsilon_v + 2G\frac{\partial u}{\partial x}\right) + mG\left(\frac{\partial v}{\partial x} + \frac{\partial u}{\partial y}\right) + nG\left(\frac{\partial w}{\partial x} + \frac{\partial u}{\partial z}\right) = \overline{f}_x \left.\begin{array}{l}\\ \\ \\ \end{array}\right\}$$
$$lG\left(\frac{\partial u}{\partial y} + \frac{\partial v}{\partial x}\right) + m\left(\lambda\varepsilon_v + 2G\frac{\partial v}{\partial y}\right) + nG\left(\frac{\partial w}{\partial y} + \frac{\partial v}{\partial x}\right) = \overline{f}_y \quad (5.3\text{-}12)$$
$$lG\left(\frac{\partial u}{\partial z} + \frac{\partial v}{\partial x}\right) + mG\left(\frac{\partial v}{\partial z} + \frac{\partial w}{\partial y}\right) + n\left(\lambda\varepsilon_v + 2G\frac{\partial w}{\partial z}\right) = \overline{f}_z$$

式中，$l = \cos(\boldsymbol{n},\boldsymbol{i})$，$m = \cos(\boldsymbol{n},\boldsymbol{j})$，$n = \cos(\boldsymbol{n},\boldsymbol{k})$，$\boldsymbol{n}$ 为弹性体边界的外法线方向。

由式（5.3-3）求得位移分量 u、v、w 后，利用式（5.3-11）从而使问题得解。

例 5.3-2 如图 5.3-2 所示为一岩土立方体试件放在同样大小的刚性盒上，上面盖有刚性盖，加均匀压力 q，设立方体试件与盒壁间无摩擦力，试求：

（1）盒内侧面所受的压应力 q'；
（2）岩土试件的体积应变 ε_v。

解：建立坐标系如图 5.3-2 所示。根据对称性，可设位移分量为：

$$\left.\begin{array}{l} u = 0 \\ v = 0 \\ w = w(z) \end{array}\right\} \quad (5.3\text{-}13)$$

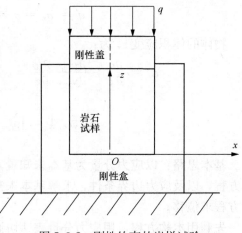

图 5.3-2 刚性约束的岩样试验

于是
$$\frac{\mathrm{d}^2 w(z)}{\mathrm{d}z^2} = 0 \quad (5.3\text{-}14)$$

积分，得：
$$w = c_1 z + c_2 \quad (5.3\text{-}15)$$

式中，c_1、c_2 为积分常数。为了确定 c_1、c_2，应写出边界条件。根据题意可知，在 $z=0$ 时，$w=0$，得 $c_2=0$。

在上表面（$l=m=0$，$n=1$，$f_{sx}=f_{sy}=0$，$f_{sz}=q$）上，$\sigma_z = -q$。

根据下式：
$$\left.\begin{array}{l} \sigma_x = 2G\dfrac{\partial u}{\partial x} + \lambda\varepsilon_v,\ \tau_{xy} = G\left(\dfrac{\partial u}{\partial y} + \dfrac{\partial v}{\partial x}\right) \\ \sigma_y = 2G\dfrac{\partial v}{\partial y} + \lambda\varepsilon_v,\ \tau_{yz} = G\left(\dfrac{\partial v}{\partial z} + \dfrac{\partial w}{\partial y}\right) \\ \sigma_z = 2G\dfrac{\partial w}{\partial z} + \lambda\varepsilon_v,\ \tau_{zx} = G\left(\dfrac{\partial w}{\partial x} + \dfrac{\partial u}{\partial z}\right) \end{array}\right\} \quad (5.3\text{-}16)$$

知：$\quad \sigma_x = 2G\dfrac{\partial w}{\partial z} + \lambda\varepsilon_v = 2G\dfrac{\mathrm{d}w}{\mathrm{d}z} + \lambda\dfrac{\mathrm{d}w}{\mathrm{d}z} = (2G+\lambda)\dfrac{\mathrm{d}w}{\mathrm{d}z}$

由式（5.3-15）得：
$$(2G+\lambda)c_1 = -q \quad (5.3\text{-}17)$$

所以有：$c_1 = \dfrac{-q}{2G+\lambda} = -\dfrac{(1-2\nu)(1+\nu)}{E(1-\nu)} q$

最后得： $$u=0, \quad v=0, \quad w=\frac{(1+\nu)(1-2\nu)}{E(1-\nu)}zq \qquad (5.3\text{-}18)$$

由式（5.3-16）知：

$$\left.\begin{array}{l}\sigma_x = 2G\dfrac{\partial u}{\partial x}+\lambda\varepsilon_v = -\dfrac{\nu}{1-\nu}q, \quad \tau_{xy}=G\left(\dfrac{\partial u}{\partial y}+\dfrac{\partial v}{\partial x}\right)=0 \\[6pt] \sigma_y = 2G\dfrac{\partial v}{\partial y}+\lambda\varepsilon_v = -\dfrac{\nu}{1-\nu}q, \quad \tau_{yz}=G\left(\dfrac{\partial w}{\partial y}+\dfrac{\partial v}{\partial z}\right)=0 \\[6pt] \sigma_z = 2G\dfrac{\partial w}{\partial z}+\lambda\varepsilon_v = -q, \qquad \tau_{zx}=G\left(\dfrac{\partial w}{\partial x}+\dfrac{\partial u}{\partial z}\right)=0 \end{array}\right\} \qquad (5.3\text{-}19)$$

盒内侧壁面所受的压应力：

$$q' = \sigma_x = \sigma_y = -\frac{\nu}{1-\nu}q \qquad (5.3\text{-}20)$$

物体的体积应变 ε_v 为：

$$\varepsilon_v = \frac{\partial u}{\partial x}+\frac{\partial v}{\partial y}+\frac{\partial w}{\partial z} = c_2 = -\frac{(1-2\nu)(1+\nu)}{E(1-\nu)}q \qquad (5.3\text{-}21)$$

§5.4 应 力 法

基本思路：以应力分量为基本未知量，找出用应力表达的基本方程和应变协调方程，以及应力边界条件，求解基本未知量，代入本构方程求应变，再代入几何方程求位移。

先利用本构方程，用应力分量表达协调方程，再将平衡微分方程代入。以协调方程第二式为例：

$$\frac{\partial^2 \varepsilon_y}{\partial z^2}+\frac{\partial^2 \varepsilon_z}{\partial y^2}=\frac{\partial^2 \gamma_{yz}}{\partial y \partial z} \qquad (5.4\text{-}1)$$

将本构方程代入：

$$(1+\nu)\left(\frac{\partial^2 \sigma_y}{\partial z^2}+\frac{\partial^2 \sigma_z}{\partial y^2}\right)-\nu\left(\frac{\partial^2 \sigma_v}{\partial z^2}+\frac{\partial^2 \sigma_v}{\partial y^2}\right)=2(1+\nu)\frac{\partial^2 \tau_{yz}}{\partial y \partial z} \qquad (5.4\text{-}2)$$

式中，$\sigma_v = \sigma_x + \sigma_y + \sigma_z$

利用平衡微分方程第二式、第三式分别得：

$$\frac{\partial^2 \tau_{yz}}{\partial y \partial z}=\frac{\partial}{\partial z}\left(\frac{\partial \tau_{yz}}{\partial y}\right)=\frac{\partial}{\partial z}\left(-\frac{\partial \sigma_z}{\partial z}-\frac{\partial \tau_{zx}}{\partial x}-f_z\right) \qquad (5.4\text{-}3)$$

$$\frac{\partial^2 \tau_{yz}}{\partial y \partial z}=\frac{\partial}{\partial y}\left(\frac{\partial \tau_{yz}}{\partial z}\right)=\frac{\partial}{\partial y}\left(-\frac{\partial \sigma_y}{\partial y}-\frac{\partial \tau_{xy}}{\partial x}-f_y\right) \qquad (5.4\text{-}4)$$

将上述两式代入式（5.4-2），得：

$$(1+\nu)\left(\frac{\partial^2}{\partial z^2}+\frac{\partial^2}{\partial y^2}\right)(\sigma_y+\sigma_z)-\nu\left(\frac{\partial^2 \sigma_v}{\partial z^2}+\frac{\partial^2 \sigma_v}{\partial y^2}\right)$$
$$=-(1+\nu)\left[\frac{\partial}{\partial x}\left(\frac{\partial \tau_{zx}}{\partial z}+\frac{\partial \tau_{xy}}{\partial y}\right)+\frac{\partial f_z}{\partial z}+\frac{\partial f_y}{\partial y}\right] \qquad (5.4\text{-}5)$$

同样，由协调方程第一、三式可得相应表达式，三个方程相加得：

$$\nabla^2 \sigma_v = -\frac{1+\nu}{1-\nu}\left[\frac{\partial f_x}{\partial x}+\frac{\partial f_y}{\partial y}+\frac{\partial f_z}{\partial z}\right] \qquad (5.4\text{-}6)$$

将上述方程再代回三个方程可得应力法控制方程：

$$\begin{aligned}
\nabla^2 \sigma_x + \frac{1}{1+\nu}\frac{\partial^2 \sigma_v}{\partial x^2} &= -\frac{\nu}{1-\nu}\left(\frac{\partial f_x}{\partial x}+\frac{\partial f_y}{\partial y}+\frac{\partial f_z}{\partial z}\right)-2\frac{\partial f_x}{\partial x} \\
\nabla^2 \sigma_y + \frac{1}{1+\nu}\frac{\partial^2 \sigma_v}{\partial y^2} &= -\frac{\nu}{1-\nu}\left(\frac{\partial f_x}{\partial x}+\frac{\partial f_y}{\partial y}+\frac{\partial f_z}{\partial z}\right)-2\frac{\partial f_y}{\partial y} \\
\nabla^2 \sigma_z + \frac{1}{1+\nu}\frac{\partial^2 \sigma_v}{\partial z^2} &= -\frac{\nu}{1-\nu}\left(\frac{\partial f_x}{\partial x}+\frac{\partial f_y}{\partial y}+\frac{\partial f_z}{\partial z}\right)-2\frac{\partial f_z}{\partial z} \\
\nabla^2 \tau_{xy} + \frac{1}{1+\nu}\frac{\partial^2 \sigma_v}{\partial x \partial y} &= -\left(\frac{\partial f_y}{\partial x}+\frac{\partial f_x}{\partial y}\right) \\
\nabla^2 \tau_{yz} + \frac{1}{1+\nu}\frac{\partial^2 \sigma_v}{\partial y \partial z} &= -\left(\frac{\partial f_z}{\partial y}+\frac{\partial f_y}{\partial z}\right) \\
\nabla^2 \tau_{zx} + \frac{1}{1+\nu}\frac{\partial^2 \sigma_v}{\partial z \partial x} &= -\left(\frac{\partial f_x}{\partial z}+\frac{\partial f_z}{\partial x}\right)
\end{aligned} \quad (5.4\text{-}7)$$

上述方程组称为贝尔特拉米-米歇尔（Beltrami-Mitchell）方程。

不计体力时，方程可写为：

$$\left.\begin{aligned}
\nabla^2 \sigma_x + \frac{1}{1+\nu}\frac{\partial^2 \sigma_v}{\partial x^2} &= 0 \\
\nabla^2 \sigma_y + \frac{1}{1+\nu}\frac{\partial^2 \sigma_v}{\partial y^2} &= 0 \\
\nabla^2 \sigma_z + \frac{1}{1+\nu}\frac{\partial^2 \sigma_v}{\partial z^2} &= 0 \\
\nabla^2 \tau_{xy} + \frac{1}{1+\nu}\frac{\partial^2 \sigma_v}{\partial x \partial y} &= 0 \\
\nabla^2 \tau_{yz} + \frac{1}{1+\nu}\frac{\partial^2 \sigma_v}{\partial y \partial z} &= 0 \\
\nabla^2 \tau_{zx} + \frac{1}{1+\nu}\frac{\partial^2 \sigma_v}{\partial z \partial x} &= 0
\end{aligned}\right\} \quad (5.4\text{-}8)$$

边界条件记为：

$$\left.\begin{aligned}
\sigma_x l + \tau_{xy} m + \tau_{xz} n &= \overline{f}_x \\
\tau_{yx} l + \sigma_y m + \tau_{yz} n &= \overline{f}_y \\
\tau_{zx} l + \tau_{zy} m + \sigma_z n &= \overline{f}_z
\end{aligned}\right\}$$

由方程（5.4-8）和方程（5.2-3）即可采用应力法求解弹性力学问题。

例 5.4-1 设有如图 5.4-1 所示柱体，长度为 l，截面面积为 A，两端受集中力 F 作用，柱体表面为自由表面。求其应力场与位移场。

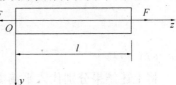

图 5.4-1 柱体

解：

（1）确定体力与面力

建立如图 5.4-1 所示坐标系，两端 $z=0$、$z=l$ 有外力作用，其合力为 F，不计体力。

（2）写出边界条件

① 柱体侧面，法向量为 $\boldsymbol{n} = l_1\boldsymbol{x} + l_2\boldsymbol{y} + 0\boldsymbol{z}$

$$\left.\begin{array}{l}\sigma_x l_1 + \tau_{xy} l_2 = 0 \\ \sigma_{xy} l_1 + \tau_y l_2 = 0 \\ \sigma_{xz} l_1 + \tau_{xy} l_2 = 0\end{array}\right\} \tag{5.4-9}$$

② 柱体两端

$$F = \sigma_z A$$

式中　A——截面面积。

(3) 控制方程

$$\nabla^2 \sigma_z + \frac{1}{1+\nu}\frac{\partial^2 \sigma_v}{\partial z^2} = 0 \tag{5.4-10}$$

根据题意，可化简为：

$$\frac{d^2 \sigma_z}{dz^2} = 0$$

对上式进行积分得：

$$\sigma_z = Az + B \tag{5.4-11}$$

(4) 应力场定解

根据边界条件，可得：

$$A = 0, B = \frac{F}{A}$$

即　$\sigma_z = \dfrac{F}{A}$

(5) 求解应变

将应力代入本构方程，并注意 $\sigma_x = \sigma_y = \tau_{xy} = \tau_{yz} = \tau_{zx} = 0$，得：

$$\left.\begin{array}{l}\varepsilon_z = \dfrac{1+\nu}{E}\left(\sigma_z - \dfrac{\nu}{1+\nu}\sigma_z\right) = \dfrac{F}{EA} \\ \varepsilon_x = \varepsilon_y = -\dfrac{\nu F}{EA} \\ \gamma_{xy} = \gamma_{yz} = \gamma_{zx} = 0\end{array}\right\} \tag{5.4-12}$$

(6) 求解位移

根据几何方程，对应变进行积分，并假设无刚体位移，可得：

$$\left.\begin{array}{l}u = \int_0^x \varepsilon_x dx = -\dfrac{\nu F}{EA}x \\ v = \int_0^y \varepsilon_y dy = -\dfrac{\nu F}{EA}y \\ w = \int_0^z \varepsilon_z dz = \dfrac{F}{EA}z\end{array}\right\} \tag{5.4-13}$$

(7) 校核

将上述结果分别代入平衡微分方程、协调方程、边界条件，均能满足。

§5.5　解的唯一性

问题：以应力边界条件为例，设有一弹性体，所受体力为 f，边界上所受面

力为 $\bar{f}$，边界的单位法向量为 n，求解该弹性体应力分布。

设该弹性力学问题有两组解答，应力分量分别为 $(\sigma_{ij}^{(1)})$ 和 $(\sigma_{ij}^{(2)})$。根据弹性力学原理，两组应力应分别满足平衡微分方程和边界条件，于是可得：

$$\left.\begin{aligned}\frac{\partial \sigma_x^{(1)}}{\partial x}+\frac{\partial \tau_{yx}^{(1)}}{\partial y}+\frac{\partial \tau_{zx}^{(1)}}{\partial z}+f_x=0\\ \frac{\partial \tau_{xy}^{(1)}}{\partial x}+\frac{\partial \sigma_y^{(1)}}{\partial y}+\frac{\partial \tau_{zy}^{(1)}}{\partial z}+f_y=0\\ \frac{\partial \tau_{xz}^{(1)}}{\partial x}+\frac{\partial \tau_{yz}^{(1)}}{\partial y}+\frac{\partial \sigma_z^{(1)}}{\partial z}+f_z=0\end{aligned}\right\},\ \left.\begin{aligned}\sigma_x^{(1)}l+\tau_{xy}^{(1)}m+\tau_{xz}^{(1)}n=\bar{f}_x\\ \tau_{yx}^{(1)}l+\sigma_y^{(1)}m+\tau_{yz}^{(1)}n=\bar{f}_y\\ \tau_{zx}^{(1)}l+\tau_{zy}^{(1)}m+\sigma_z^{(1)}n=\bar{f}_z\end{aligned}\right\} \quad (5.5\text{-}1)$$

$$\left.\begin{aligned}\frac{\partial \sigma_x^{(2)}}{\partial x}+\frac{\partial \tau_{yx}^{(2)}}{\partial y}+\frac{\partial \tau_{zx}^{(2)}}{\partial z}+f_x=0\\ \frac{\partial \tau_{xy}^{(2)}}{\partial x}+\frac{\partial \sigma_y^{(2)}}{\partial y}+\frac{\partial \tau_{zy}^{(2)}}{\partial z}+f_y=0\\ \frac{\partial \tau_{xz}^{(2)}}{\partial x}+\frac{\partial \tau_{yz}^{(2)}}{\partial y}+\frac{\partial \sigma_z^{(2)}}{\partial z}+f_z=0\end{aligned}\right\},\ \left.\begin{aligned}\sigma_x^{(2)}l+\tau_{xy}^{(2)}m+\tau_{xz}^{(2)}n=\bar{f}_x\\ \tau_{yx}^{(2)}l+\sigma_y^{(2)}m+\tau_{yz}^{(2)}n=\bar{f}_y\\ \tau_{zx}^{(2)}l+\tau_{zy}^{(2)}m+\sigma_z^{(2)}n=\bar{f}_z\end{aligned}\right\} \quad (5.5\text{-}2)$$

将上述两组方程分布对应相减，可得：

$$\left.\begin{aligned}\frac{\partial (\sigma_x^{(1)}-\sigma_x^{(2)})}{\partial x}+\frac{\partial (\tau_{yx}^{(1)}-\tau_{yx}^{(2)})}{\partial y}+\frac{\partial (\tau_{zx}^{(1)}-\tau_{zx}^{(2)})}{\partial z}=0\\ \frac{\partial (\sigma_{xy}^{(1)}-\sigma_{xy}^{(2)})}{\partial x}+\frac{\partial (\sigma_y^{(1)}-\sigma_y^{(2)})}{\partial y}+\frac{\partial (\tau_{zy}^{(1)}-\tau_{zy}^{(2)})}{\partial z}=0\\ \frac{\partial (\tau_{xz}^{(1)}-\tau_{xz}^{(2)})}{\partial x}+\frac{\partial (\tau_{yz}^{(1)}-\tau_{yz}^{(2)})}{\partial y}+\frac{\partial (\tau_z^{(1)}-\tau_z^{(2)})}{\partial z}=0\end{aligned}\right\} \quad (5.5\text{-}3)$$

$$\left.\begin{aligned}(\sigma_x^{(1)}-\sigma_z^{(2)})l+(\tau_{xy}^{(1)}-\tau_{xy}^{(2)})m+(\tau_{xz}^{(1)}-\tau_{xz}^{(2)})n=0\\ (\tau_{yx}^{(1)}-\tau_{yx}^{(2)})l+(\sigma_y^{(1)}-\sigma_y^{(2)})m+(\tau_{yz}^{(1)}-\tau_{yz}^{(2)})n=0\\ (\tau_{zx}^{(1)}-\tau_{zx}^{(2)})l+(\tau_{xy}^{(1)}-\tau_{xy}^{(2)})m+(\sigma_z^{(1)}-\sigma_z^{(2)})n=0\end{aligned}\right\} \quad (5.5\text{-}4)$$

令 $(\sigma_{ij}^{(1)})-(\sigma_{ij}^{(2)})=(\sigma_{ij}^*)$，则 (σ_{ij}^*) 对应于一个弹性体在一个无体力且无面力作用条件下应力张量。

根据弹性力学假设，在无体力且无面力作用下，弹性体内应力为零。即：

$$(\sigma_{ij}^{(1)}-\sigma_{ij}^{(2)})=(\sigma_{ij}^*)=0 \quad (5.5\text{-}5)$$

故，
$$(\sigma_{ij}^{(1)})=(\sigma_{ij}^{(2)})=0 \quad (5.5\text{-}6)$$

因此，两组解答是一致的。换言之，弹性力学问题解是唯一的。

§5.6 叠 加 原 理

问题：以应力边界条件为例，设有一弹性体，若施加体力 $f^{(1)}$、面力 $\bar{f}^{(1)}$，弹性体内应力为 $\sigma_{ij}^{(1)}$，若施加体力 $f^{(2)}$、面力 $\bar{f}^{(2)}$，弹性体内应力为 $\sigma_{ij}^{(2)}$。求证施加体力 $f^{(1)}+f^{(2)}$、面力 $\bar{f}^{(1)}+\bar{f}^{(2)}$ 后弹性体应力分布，边界的单位法向量为 n。

根据弹性力学原理，两组应力应分别满足平衡微分方程和边界条件，于是可得：

$$\left.\begin{aligned}\frac{\partial \sigma_x^{(1)}}{\partial x}+\frac{\partial \tau_{yx}^{(1)}}{\partial y}+\frac{\partial \tau_{zx}^{(1)}}{\partial z}+f_x=0\\ \frac{\partial \tau_{xy}^{(1)}}{\partial x}+\frac{\partial \sigma_y^{(1)}}{\partial y}+\frac{\partial \tau_{zy}^{(1)}}{\partial z}+f_y=0\\ \frac{\partial \tau_{xz}^{(1)}}{\partial x}+\frac{\partial \tau_{yz}^{(1)}}{\partial y}+\frac{\partial \sigma_z^{(1)}}{\partial z}+f_z=0\end{aligned}\right\}, \left.\begin{aligned}\sigma_x^{(1)}l+\tau_{xy}^{(1)}m+\tau_{xz}^{(1)}n=\bar{f}_x\\ \tau_{yx}^{(1)}l+\sigma_y^{(1)}m+\tau_{yz}^{(1)}n=\bar{f}_y\\ \tau_{zx}^{(1)}l+\tau_{zy}^{(1)}m+\sigma_z^{(1)}n=\bar{f}_z\end{aligned}\right\} \quad (5.6\text{-}1)$$

$$\left.\begin{aligned}\frac{\partial \sigma_x^{(2)}}{\partial x}+\frac{\partial \tau_{yx}^{(2)}}{\partial y}+\frac{\partial \tau_{zx}^{(2)}}{\partial z}+f_x=0\\ \frac{\partial \tau_{xy}^{(2)}}{\partial x}+\frac{\partial \sigma_y^{(2)}}{\partial y}+\frac{\partial \tau_{zy}^{(2)}}{\partial z}+f_y=0\\ \frac{\partial \tau_{xz}^{(2)}}{\partial x}+\frac{\partial \tau_{yz}^{(2)}}{\partial y}+\frac{\partial \sigma_z^{(2)}}{\partial z}+f_z=0\end{aligned}\right\}, \left.\begin{aligned}\sigma_x^{(2)}l+\tau_{xy}^{(2)}m+\tau_{xz}^{(2)}n=\bar{f}_x\\ \tau_{yx}^{(2)}l+\sigma_y^{(2)}m+\tau_{yz}^{(2)}n=\bar{f}_y\\ \tau_{zx}^{(2)}l+\tau_{zy}^{(2)}m+\sigma_z^{(2)}n=\bar{f}_z\end{aligned}\right\} \quad (5.6\text{-}2)$$

将上述两组方程分别对应相加,可得:

$$\left.\begin{aligned}\frac{\partial(\sigma_x^{(1)}+\sigma_x^{(2)})}{\partial x}+\frac{\partial(\tau_{yx}^{(1)}+\tau_{yx}^{(2)})}{\partial y}+\frac{\partial(\tau_{zx}^{(1)}+\tau_{zx}^{(2)})}{\partial z}+(f_x^{(1)}+f_x^{(2)})=0\\ \frac{\partial(\tau_{xy}^{(1)}+\tau_{xy}^{(2)})}{\partial x}+\frac{\partial(\sigma_y^{(1)}+\sigma_y^{(2)})}{\partial y}+\frac{\partial(\tau_{zy}^{(1)}+\tau_{zy}^{(2)})}{\partial z}+(f_y^{(1)}+f_y^{(2)})=0\\ \frac{\partial(\tau_{xz}^{(1)}+\tau_{xz}^{(2)})}{\partial x}+\frac{\partial(\tau_{yz}^{(1)}+\tau_{yz}^{(2)})}{\partial y}+\frac{\partial(\sigma_z^{(1)}+\sigma_z^{(2)})}{\partial z}+(f_z^{(1)}+f_z^{(2)})=0\end{aligned}\right\}$$

$$(5.6\text{-}3)$$

$$\left.\begin{aligned}(\sigma_x^{(1)}+\sigma_x^{(2)})l+(\tau_{xy}^{(1)}+\tau_{xy}^{(2)})m+(\tau_{xz}^{(1)}+\tau_{xz}^{(2)})n=(\bar{f}_x^{(1)}+\bar{f}_x^{(2)})\\ (\tau_{yx}^{(1)}+\tau_{yx}^{(2)})l+(\sigma_y^{(1)}+\sigma_y^{(2)})m+(\tau_{yz}^{(1)}+\tau_{yz}^{(2)})n=(\bar{f}_{sy}^{(1)}+\bar{f}_y^{(2)})\\ (\tau_{zx}^{(1)}+\tau_{zx}^{(2)})l+(\tau_{zy}^{(1)}+\tau_{zy}^{(2)})m+(\sigma_z^{(1)}+\sigma_z^{(2)})n=(\bar{f}_z^{(1)}+\bar{f}_z^{(2)})\end{aligned}\right\} \quad (5.6\text{-}4)$$

因此,$(\sigma_{ij}^{(1)}+\sigma_{ij}^{(2)})$ 对应于一个弹性体在体力 $\boldsymbol{f}^{(1)}+\boldsymbol{f}^{(2)}$、面力 $\bar{\boldsymbol{f}}^{(1)}+\bar{\boldsymbol{f}}^{(2)}$ 作用条件下的应力。此即为弹性力学解的叠加原理。

§5.7 圣维南原理

(一) 原理内容

圣维南原理是弹性力学的基础性原理,是由法国力学家圣维南于 1855 年提出的。其内容是:分布于弹性体上的次要边界上的载荷所引起的物体中的应力,在距离载荷作用区稍远的地方,只与载荷的主矢和主矩有关,载荷的具体分布只影响载荷作用区附近的应力分布。

(二) 主要作用

(1) 边界条件简化

应力、位移等未知函数必须满足求解域内的基本方程和边界上的边界条件。主要的困难在于难以满足边界条件。圣维南原理可用于简化次要边界上的应力边界条件。

第5章 弹性力学问题的一般原理

（2）有限影响区域

如果把物体的一小部分边界上的面力，变换为分布不同但静力等效的面力（合力相同，对同一点的合力矩也相同），那么，近处的应力分量将有显著的改变，但远处所受影响可以不计。

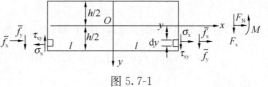

图 5.7-1

如图 5.7-1 所示，在边界 $x=l$ 上，精确的应力边界条件要求：

$$\left.\begin{array}{l}(\sigma_x(x,y))_{x=l} = \overline{f}_x(y) \\ (\sigma_{xy}(x,y))_{x=l} = \overline{f}_y(y)\end{array}\right\} \quad (5.7\text{-}1)$$

即要求在边界上任一点，应力与面力数值相等，方向一致，解答往往难以满足。

用下列条件代替上式条件：

$$\left.\begin{array}{l}\int_{-h/2}^{h/2}(\sigma_x)_{x=\pm l}\mathrm{d}y \cdot 1 = \pm \int_{-h/2}^{h/2}\overline{f}_x(y)\mathrm{d}y \cdot 1 (= F_N) \\ \int_{-h/2}^{h/2}(\sigma_x)_{x=\pm l}\mathrm{d}y \cdot 1 \cdot y = \pm \int_{-h/2}^{h/2}\overline{f}_x(y)\mathrm{d}y \cdot 1 \cdot y (= M) \\ \int_{-h/2}^{h/2}(\tau_{xy})_{x=\pm l}\mathrm{d}y \cdot 1 = \pm \int_{-h/2}^{h/2}\overline{f}_y(y)\mathrm{d}y \cdot 1 (= F_S)\end{array}\right\} \quad (5.7\text{-}2)$$

则使得问题得以简化，且根据圣维南原理，这种代替对问题求解影响范围有限，远场应力解答是准确的。

注意：

①圣维南原理只能应用于小部分边界（小边界，次要边界或局部边界）；
②静力等效指两者合力相同，对同一点的合力矩也相同。

（三）例题

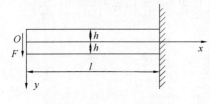

图 5.7-2 悬臂梁

如图 5.7-2 所示，设悬臂梁自由端有集中力 F 作用，梁高为 $2h$，厚度为 δ，跨度为 l。梁自由端无轴向应力，顶部和底部没有荷载作用，写出边界条件。

① 主要边界上（即上下表面），严格满足边界条件：

$$(\sigma_y)_{y=\pm h} = 0 \text{、} (\tau_{yx})_{y=\pm h} = 0$$

② 次要边界上（左侧），根据圣维南原理，合力相同，合力矩相同即可，即：

$$\int_{-h}^{h}(\sigma_x)_{x=0}\delta\mathrm{d}y = 0$$

$$F = -\int_{-h}^{h}\tau_{xy}\delta\mathrm{d}y$$

$$\int_{-h}^{h}(\sigma_x)_{x=0}\delta y\mathrm{d}y = 0$$

§5.8 变形能定理

如弹性体处于平衡状态，由于弹性位移为 u、v、w，则外力所作的功为：

$$W = \iiint [f_x u + f_y v + f_z w] \mathrm{d}V + \iint [\bar{f}_x u + \bar{f}_y v + \bar{f}_z w] \mathrm{d}S \tag{5.8-1}$$

由式：

$$\left.\begin{array}{l} \sigma_x l + \tau_{xy} m + \tau_{xz} n = \bar{f}_x \\ \tau_{yx} l + \sigma_y m + \tau_{yz} n = \bar{f}_y \\ \tau_{zx} l + \tau_{zy} m + \sigma_z n = \bar{f}_z \end{array}\right\} \tag{5.8-2}$$

式 (5.8-1) 中的第二个积分可写为：

$$W_2 = \iint [\bar{f}_x u + \bar{f}_y v + \bar{f}_z w] \mathrm{d}S = \iint [(\sigma_x u + \tau_{yx} v + \tau_{zx} w) l \\ + (\tau_{xy} u + \sigma_y v + \tau_{zy} w) m + (\tau_{xz} u + \tau_{yz} v + \sigma_z w) n] \mathrm{d}S \tag{5.8-3}$$

利用奥斯特洛-格拉斯基公式将式 (5.8-3) 中的面积分改为体积分：

$$\begin{aligned} W_2 &= \iiint \Big[\frac{\partial}{\partial x}(\sigma_x u + \tau_{yx} v + \tau_{zx} w) + \frac{\partial}{\partial y}(\tau_{xy} u + \sigma_y v + \tau_{zy} w) \\ &\quad + \frac{\partial}{\partial z}(\tau_{xz} u + \tau_{yz} v + \sigma_z w) \Big] \mathrm{d}V \\ &= \iiint \Big[\Big(\frac{\partial \sigma_x}{\partial x} + \frac{\partial \tau_{xy}}{\partial y} + \frac{\partial \tau_{xz}}{\partial z}\Big) u + \Big(\frac{\partial \tau_{yx}}{\partial x} + \frac{\partial \sigma_y}{\partial y} + \frac{\partial \tau_{yz}}{\partial z}\Big) v \\ &\quad + \Big(\frac{\partial \tau_{zx}}{\partial x} + \frac{\partial \tau_{zy}}{\partial y} + \frac{\partial \sigma_z}{\partial z}\Big) w \Big] \mathrm{d}V \\ &\quad + \iiint \Big[\Big(\sigma_x \frac{\partial u}{\partial x} + \sigma_y \frac{\partial v}{\partial y} + \sigma_z \frac{\partial w}{\partial z}\Big) + \tau_{xy}\Big(\frac{\partial u}{\partial y} + \frac{\partial v}{\partial x}\Big) + \tau_{yz}\Big(\frac{\partial w}{\partial y} + \frac{\partial v}{\partial z}\Big) \\ &\quad + \tau_{zx}\Big(\frac{\partial u}{\partial z} + \frac{\partial w}{\partial x}\Big) \Big] \mathrm{d}V \end{aligned} \tag{5.8-4}$$

将上式代入式 (5.8-1)，则：

$$\begin{aligned} W &= \iiint \Big[\Big(\frac{\partial \sigma_x}{\partial x} + \frac{\partial \tau_{xy}}{\partial y} + \frac{\partial \tau_{xz}}{\partial z} + f_x\Big) u + \Big(\frac{\partial \tau_{yx}}{\partial x} + \frac{\partial \sigma_y}{\partial y} + \frac{\partial \tau_{yz}}{\partial z} + f_y\Big) v \\ &\quad + \Big(\frac{\partial \tau_{zx}}{\partial x} + \frac{\partial \tau_{zy}}{\partial y} + \frac{\partial \sigma_z}{\partial z} + f_z\Big) w \Big] \mathrm{d}V \\ &\quad + \iiint [\sigma_x \varepsilon_x + \sigma_y \varepsilon_y + \sigma_z \varepsilon_z + \tau_{xy} \gamma_{xy} + \tau_{yz} \gamma_{yz} + \tau_{zx} \gamma_{zx}] \mathrm{d}V \end{aligned} \tag{5.8-5}$$

由平衡微分方程知，上式中第一个体积分等于零，于是得：

$$W = \iiint [\sigma_x \varepsilon_x + \sigma_y \varepsilon_y + \sigma_z \varepsilon_z + \tau_{xy} \gamma_{xy} + \tau_{yz} \gamma_{yz} + \tau_{zx} \gamma_{zx}] \mathrm{d}V \tag{5.8-6}$$

根据式：

第5章 弹性力学问题的一般原理

$$U = \frac{1}{2}(\sigma_x\varepsilon_x + \sigma_y\varepsilon_y + \sigma_z\varepsilon_z + \tau_{xy}\gamma_{xy} + \tau_{yz}\gamma_{yz} + \tau_{zx}\gamma_{zx}) \tag{5.8-7}$$

得：

$$V_\varepsilon = \iiint U \mathrm{d}V \tag{5.8-8}$$

*§5.9 功的互等定理

设在弹性体上作用着两个外力系（就是两个面力和体力系），产生两个应力，变形和弹性位移系，形成两个状态。

(1) 第一状态

面力和体力为：

$$\overline{f}'_x, \overline{f}'_y, \overline{f}'_z \text{ 和 } f'_x, f'_y, f'_z$$

所产生的应力分量为：

$$\sigma'_x, \sigma'_y, \sigma'_z, \tau'_{xy}, \tau'_{yz}, \tau'_{zx}$$

弹性位移为：

$$u_1, v_1, w_1$$

变形分量为：

$$\left.\begin{aligned}\varepsilon'_x &= \frac{\partial u_1}{\partial x}, \gamma'_{xy} = \frac{\partial u_1}{\partial y} + \frac{\partial v_1}{\partial x} \\ \varepsilon'_y &= \frac{\partial v_1}{\partial y}, \gamma'_{yz} = \frac{\partial v_1}{\partial z} + \frac{\partial w_1}{\partial y} \\ \varepsilon'_z &= \frac{\partial w_1}{\partial z}, \gamma'_{zx} = \frac{\partial w_1}{\partial x} + \frac{\partial u_1}{\partial z}\end{aligned}\right\} \tag{5.9-1}$$

(2) 第二状态

面力和体力为：

$$\overline{f}''_x, \overline{f}''_y, \overline{f}''_z \text{ 和 } f''_x, f''_y, f''_z$$

所产生的应力分量为：

$$\sigma''_x, \sigma''_y, \sigma''_z, \tau''_{xy}, \tau''_{yz}, \tau''_{zx}$$

弹性位移为：

$$u_2, v_2, w_2$$

变形分量为：

$$\left.\begin{aligned}\varepsilon''_x &= \frac{\partial u_2}{\partial x}, \gamma''_{xy} = \frac{\partial u_2}{\partial y} + \frac{\partial v_2}{\partial x} \\ \varepsilon''_y &= \frac{\partial v_2}{\partial y}, \gamma''_{yz} = \frac{\partial v_2}{\partial z} + \frac{\partial w_2}{\partial y} \\ \varepsilon''_z &= \frac{\partial w_2}{\partial z}, \gamma''_{zx} = \frac{\partial w_2}{\partial x} + \frac{\partial u_2}{\partial z}\end{aligned}\right\} \tag{5.9-2}$$

第一状态的力系，包括惯性力，在第二状态的相应的弹性位移上所做的功是：

$$U_{12} = \iiint \left[\left(f'_x - \rho \frac{\partial^2 u_1}{\partial t^2}\right)u_2 + \left(f'_y - \rho \frac{\partial^2 v_1}{\partial t^2}\right)v_2 \right.$$

$$\left. + \left(f'_z - \rho \frac{\partial^2 w_1}{\partial t^2}\right)w_2 \right]dV$$

$$+ \iint [\overline{f}'_x u_2 + \overline{f}'_y v_2 + \overline{f}'_z w_2]dS \tag{5.9-3}$$

根据奥斯特洛-格拉斯基公式，上式中面积分可以写成体积分：

$$\iint [\overline{f}'_x u_2 + \overline{f}'_y v_2 + \overline{f}'_z w_2]dS$$

$$= \iiint \left[\left(\frac{\partial \sigma'_x}{\partial x} + \frac{\partial \tau'_{xy}}{\partial y} + \frac{\partial \tau'_{xz}}{\partial z}\right)u_2 + \left(\frac{\partial \tau'_{yx}}{\partial x} + \frac{\partial \sigma'_y}{\partial y} + \frac{\partial \tau'_{yz}}{\partial z}\right)v_2 \right.$$

$$+ \iiint \left[\sigma'_x \frac{\partial u_2}{\partial x} + \sigma'_y \frac{\partial v_2}{\partial y} + \sigma'_z \frac{\partial w_2}{\partial z} + \tau'_{xy}\left(\frac{\partial u_2}{\partial y} + \frac{\partial v_2}{\partial x}\right) \right.$$

$$\left. + \tau'_{yz}\left(\frac{\partial w_2}{\partial y} + \frac{\partial v_2}{\partial z}\right) + \tau'_{zx}\left(\frac{\partial u_2}{\partial z} + \frac{\partial w_2}{\partial x}\right) \right]dV \tag{5.9-4}$$

将式 (5.9-4) 代入式 (5.9-3)，得：

$$U_{12} = \iiint \left\{ \left[\left(\frac{\partial \sigma'_x}{\partial x} + \frac{\partial \tau'_{xy}}{\partial y} + \frac{\partial \tau'_{xz}}{\partial z}\right) + \left(f'_x - \rho \frac{\partial^2 u_1}{\partial t^2}\right) \right]u_2 \right.$$

$$+ \left[\frac{\partial \tau'_{yx}}{\partial x} + \frac{\partial \sigma'_y}{\partial y} + \frac{\partial \tau'_{yz}}{\partial z} + \left(f'_y - \rho \frac{\partial^2 v_1}{\partial t^2}\right) \right]v_2$$

$$+ \left[\frac{\partial \tau'_{zx}}{\partial x} + \frac{\partial \sigma'_{xy}}{\partial y} + \frac{\partial \sigma'_z}{\partial z} + \left(f'_z - \rho \frac{\partial^2 w_1}{\partial t^2}\right) \right]w_2 \Bigg\} dV$$

$$+ \iiint \left[\sigma'_x \frac{\partial u_2}{\partial x} + \sigma'_y \frac{\partial v_2}{\partial y} + \sigma'_z \frac{\partial w_2}{\partial z} + \tau'_{xy}\left(\frac{\partial u_2}{\partial y} + \frac{\partial v_2}{\partial x}\right) \right.$$

$$\left. + \tau'_{yz}\left(\frac{\partial w_2}{\partial y} + \frac{\partial v_2}{\partial z}\right) + \tau'_{zx}\left(\frac{\partial u_2}{\partial z} + \frac{\partial w_2}{\partial x}\right) \right]dV \tag{5.9-5}$$

根据平衡微分方程，上式中第一个体积分等于零，于是得：

$$U_{12} = \iiint [\sigma'_x \varepsilon''_x + \sigma'_y \varepsilon''_y + \sigma'_z \varepsilon''_z + \tau'_{xy}\gamma''_{xy} + \tau'_{yz}\gamma''_{yz} + \tau'_{zy}\gamma''_{zx}]dV \tag{5.9-6}$$

类似地，第二状态的力系，包括惯性力，在第一状态的相应位移上所做的功为：

$$U_{21} = \iiint \left[\left(f''_x - \rho \frac{\partial^2 u_2}{\partial t^2}\right)u_1 + \left(f''_y - \rho \frac{\partial^2 v_2}{\partial t^2}\right)v_1 + \left(f''_z - \rho \frac{\partial^2 w_2}{\partial t^2}\right)w_1 \right]dV$$

$$+ \iint [\overline{f}''_x u_1 + \overline{f}''_y v_1 + \overline{f}''_z w_1]dS \tag{5.9-7}$$

同上述一样地进行运算，得：

$$U_{21} = \iiint [\sigma''_x \varepsilon'_x + \sigma''_y \varepsilon'_y + \sigma''_z \varepsilon'_z + \tau''_{xy}\gamma'_{xy} + \tau''_{yz}\gamma'_{yz} + \tau''_{zx}\gamma'_{zx}]dV \tag{5.9-8}$$

利用应力与变形的关系式：

$$\left.\begin{array}{l}\sigma_x = \lambda\varepsilon_v + 2\mu\varepsilon_x \\ \sigma_y = \lambda\varepsilon_v + 2\mu\varepsilon_y \\ \sigma_z = \lambda\varepsilon_v + 2\mu\varepsilon_z \\ \tau_{xy} = \mu\gamma_{xy} \\ \tau_{yz} = \mu\gamma_{yz} \\ \tau_{zx} = \mu\gamma_{zx}\end{array}\right\} \quad (5.9-9)$$

可证明：

$$U_{12} = U_{21} = \iiint \{\lambda(\varepsilon'_x + \varepsilon'_y + \varepsilon'_z)(\varepsilon''_x + \varepsilon''_y + \varepsilon''_z) + \mu[2(\varepsilon'_x\varepsilon''_x + \varepsilon'_y\varepsilon''_y + \varepsilon'_z\varepsilon''_z) \\ + \gamma'_{xy}\gamma''_{xy} + \gamma'_{yz}\gamma''_{yz} + \gamma'_{zx}\gamma''_{zx}]\} \mathrm{d}V \quad (5.9-10)$$

第一状态的力系在第二状态的相应的弹性位移上所做的功，等于第二状态的力系在第一状态的相应的弹性位移上所做的功。这是功的互等定理。

对于功的互等定理的应用，现在举两个简单的例子。

例 5.9-1 一等截面杆受二个大小相等、方向相反的压力 P（图 5.9-1a）。如要求这两个力在杆内产生的应力，这是一复杂的问题，但如所要求的不是应力而是杆的总伸长 δ，则这个问题立刻可用互等定理来解答。为此假设第二状态，同一杆受两个力 Q 作用，使杆简单中心受拉（图 5.9-1b），横向收缩为 $\delta_1 = -\nu\dfrac{Qh}{AE}$，其中 ν 是泊松比，A 是横截面面积。

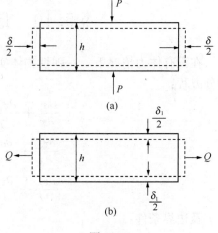

图 5.9-1

根据功的互等定理：

$$P \cdot \nu\frac{Qh}{AE} = Q \cdot \delta$$

于是得由于两个力 P 所产生的杆的伸长为：

$$\delta = \frac{\nu h P}{AE}$$

可见，δ 与截面的形状无关。

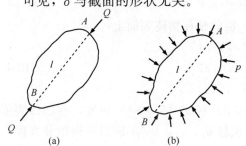

图 5.9-2

例 5.9-2 弹性体受两个大小相等、方向相反的力 Q 的作用（图 5.9-2a），计算一弹性体体积的减少 Δ。

假设第二状态：同一弹性体承受均匀分布压力 p（图 5.9-2b）。利用公式：

$$\varepsilon_v = \frac{1-2\nu}{E}\sigma$$

其中：

$$\varepsilon_v = \varepsilon_x + \varepsilon_y + \varepsilon_z$$
$$\sigma = \sigma_x + \sigma_y + \sigma_z$$

而：
$$\frac{\sigma_x + \sigma_y + \sigma_z}{3} = -p \quad \sigma = -3p \quad \varepsilon_v = -\frac{3(1-2\nu)}{E}p$$

得：$\dfrac{\varepsilon_x + \varepsilon_y + \varepsilon_z}{3} = -\dfrac{(1-2\nu)}{E}p$

于是 A 与 B 点之间的距离将减少 $\dfrac{(1-2\nu)p}{E}l$（图 5.9-2b）。

根据功的互等定理：
$$Q \cdot \frac{(1-2\nu)p}{E}l = p \cdot \Delta$$

体积的减少（图 5.9-2a）为：
$$\Delta = \frac{pl(1-2\nu)}{E}$$

*§5.10 最小变形能定理

在没有体力情况下，一弹性物体实际发生的弹性位移为 u、v、w，满足平衡微分方程：

$$\left.\begin{aligned}\frac{\partial \sigma_x}{\partial x} + \frac{\partial \tau_{xy}}{\partial y} + \frac{\partial \tau_{xz}}{\partial z} = 0 \\ \frac{\partial \tau_{yx}}{\partial x} + \frac{\partial \sigma_y}{\partial y} + \frac{\partial \tau_{yz}}{\partial z} = 0 \\ \frac{\partial \tau_{zx}}{\partial x} + \frac{\partial \tau_{zy}}{\partial y} + \frac{\partial \sigma_z}{\partial z} = 0\end{aligned}\right\} \qquad (5.10\text{-}1)$$

及边界条件：
$$u = \varphi(x,y,z) \quad v = \psi(x,y,z) \quad w = \xi(x,y,z) \qquad (5.10\text{-}2)$$

式中 φ、ψ、ξ——已知函数。

假想有弹性位移 u_1、v_1、w_1 叠加于上述位移，也就是说，设想物体中有总位移：

$$\left.\begin{aligned}u_2 = u + u_1 \\ v_2 = v + v_1 \\ w_2 = w + w_1\end{aligned}\right\} \qquad (5.10\text{-}3)$$

这些位移满足与前相同的边界条件，也就是在物体表面上：

$$\left.\begin{aligned}u_2 = \varphi(x,y,z) \\ v_2 = \psi(x,y,z) \\ w_2 = \xi(x,y,z)\end{aligned}\right\} \qquad (5.10\text{-}4)$$

但不满足平衡微分方程。从式（5.10-3）和式（5.10-4）可知，在物体表面上，$u_1 = v_1 = w_1 = 0$。同时，这些增出的位移 u_1、v_1、w_1 不满足平衡微分方程。

现在对上述情况证明：物体有弹性位移 u、v、w 时的变形能总是比有弹性位移 u_2、v_2、w_2 时的变形能要小。也就是说，当弹性位移既适合位移边界条件、又满足平衡微分方程时，物体中的变形能总是最小。

对于实际发生的位移 u、v、w，变形能为：

$$V_\varepsilon = \iiint U \mathrm{d}V \qquad (5.10\text{-}5)$$

其中：

$$U = \frac{1}{2}(\sigma_x\varepsilon_x + \sigma_y\varepsilon_y + \sigma_z\varepsilon_z + \tau_{xy}\gamma_{xy} + \tau_{yz}\gamma_{yz} + \tau_{zx}\gamma_{zx}) \qquad (5.10\text{-}6)$$

对于假想的位移 u_2、v_2、w_2，变形能为：

$$V_{\varepsilon 2} = \iiint U_2 \mathrm{d}V \qquad (5.10\text{-}7)$$

其中：

$$U_2 = \frac{1}{2}(\sigma''_x\varepsilon''_x + \sigma''_y\varepsilon''_y + \sigma''_z\varepsilon''_z + \tau''_{xy}\gamma''_{xy} + \tau''_{yz}\gamma''_{yz} + \tau''_{zx}\gamma''_{zx}) \qquad (5.10\text{-}8)$$

对于假想的位移 u_1、v_1、w_1，变形能为：

$$V_{\varepsilon 1} = \iiint U_1 \mathrm{d}V \qquad (5.10\text{-}9)$$

其中：

$$U_1 = \frac{1}{2}(\sigma'_x\varepsilon'_x + \sigma'_y\varepsilon'_y + \sigma'_z\varepsilon'_z + \tau'_{xy}\gamma'_{xy} + \tau'_{yz}\gamma'_{yz} + \tau'_{zx}\gamma'_{zx}) \qquad (5.10\text{-}10)$$

按照式 (5.10-3)，应用叠加原理，对于变形与应力可写出：

$$\left.\begin{array}{l} \varepsilon''_x = \varepsilon_x + \varepsilon'_x,\ \sigma''_x = \sigma_x + \sigma'_x \\ \varepsilon''_y = \varepsilon_y + \varepsilon'_y,\ \sigma''_y = \sigma_y + \sigma'_y \\ \cdots\cdots\cdots\cdots \\ \gamma''_{zx} = \gamma_{zx} + \gamma'_{zx},\ \tau''_{zx} = \tau_{zx} + \tau'_{zx} \end{array}\right\} \qquad (5.10\text{-}11)$$

将式 (5.10-11) 代入式 (5.10-8)，得：

$$\begin{aligned} U_2 = \frac{1}{2}\big[(\sigma_x+\sigma'_x)(\varepsilon_x+\varepsilon'_x) + (\sigma_y+\sigma'_y)(\varepsilon_y+\varepsilon'_y) + \cdots\cdots \\ + (\tau_{zx}+\tau'_{zx})(\gamma_{zx}+\gamma'_{zx})\big] \end{aligned} \qquad (5.10\text{-}12)$$

或

$$U_2 = U + U_1 + [\sigma_x\varepsilon'_x + \sigma_y\varepsilon'_y + \sigma_z\varepsilon'_z + \tau_{xy}\gamma'_{xy} + \tau_{yz}\gamma'_{yz} + \tau_{zx}\gamma'_{zx}] \qquad (5.10\text{-}13)$$

在导出上式得最后一项时，应用功的互等定理，例如，$\sigma_x\varepsilon'_x = \sigma'_x\varepsilon_x$ 等。

对应于假想的位移 u_2、v_2、w_2，整个物体的变形能为：

$$V_{\varepsilon 2} = \iiint U_2 \mathrm{d}V = \iiint U \mathrm{d}V + \iiint U_1 \mathrm{d}V + \Omega \qquad (5.10\text{-}14)$$

其中记号：

$$\Omega = \iiint[\sigma_x\varepsilon'_x + \sigma_y\varepsilon'_y + \sigma_z\varepsilon'_z + \tau_{xy}\gamma'_{xy} + \tau_{yz}\gamma'_{yz} + \tau_{zx}\gamma'_{zy}]\mathrm{d}V \qquad (5.10\text{-}15)$$

上式可写成下列形式：

$$\Omega = \iiint\Big[\sigma_x\frac{\partial u_1}{\partial x} + \sigma_y\frac{\partial v_1}{\partial y} + \sigma_z\frac{\partial w_1}{\partial z} + \tau_{xy}\Big(\frac{\partial u_1}{\partial y}+\frac{\partial v_1}{\partial x}\Big) \\ + \tau_{yz}\Big(\frac{\partial w_1}{\partial y}+\frac{\partial v_1}{\partial z}\Big) + \tau_{zx}\Big(\frac{\partial u_1}{\partial z}+\frac{\partial w_1}{\partial x}\Big)\Big]\mathrm{d}V \qquad (5.10\text{-}16)$$

进行分部积分,得:

$$\Omega = \iint [u_1(\sigma_x l + \tau_{xy}m + \tau_{xz}n) + v_1(\tau_{yx}l + \sigma_y m + \tau_{yz}n) + w_1(\tau_{zx}l + \tau_{zy}m + \sigma_z n)]dS$$
$$- \iiint \left[u_1\left(\frac{\partial \sigma_x}{\partial x} + \frac{\partial \tau_{xy}}{\partial y} + \frac{\partial \tau_{xz}}{\partial z}\right) + v_1\left(\frac{\partial \tau_{yx}}{\partial x} + \frac{\partial \sigma_y}{\partial y} + \frac{\partial \tau_{yz}}{\partial z}\right) \right.$$
$$\left. + w_1\left(\frac{\partial \tau_{zx}}{\partial x} + \frac{\partial \tau_{zy}}{\partial y} + \frac{\partial \sigma_z}{\partial z}\right) \right] dV$$

(5.10-17)

由于物体表面上 $u_1 = v_1 = w_1 = 0$,上列的面积分等于零,同时由于式(5.10-1)上列的体积分也等于零。于是得:

$$\Omega = 0 \tag{5.10-18}$$

将式(5.10-18)代入式(5.10-14),得:

$$V_{\varepsilon 2} = V_\varepsilon + \iiint U_1 dV \tag{5.10-19}$$

因为 $U_1 > 0$,由上式得:

$$V_{\varepsilon 2} > V_\varepsilon \tag{5.10-20}$$

根据上述结果,得出一个定理:没有体力而物体表面上位移给定的情况下物体处于实际发生的弹性平衡时,变形能为最小。这是最小变形能定理。

习 题

5-1 如图习题 5-1 所示为一 $a \times b \times c$ 的试件,在上、下两端面受均布压力为 q(单位面积上的压力),写出此试件各面的应力边界条件。

5-2 如图习题 5-2 所示三角形截面水坝,材料的重度为 γ,承受重度为 γ_1 的水压力,已求得的应力解为:

$$\left.\begin{array}{l}\sigma_x = ax - by \\ \sigma_y = cx + dy - \gamma y \\ \tau_{xy} = -dx - ay\end{array}\right\}$$

试根据直边及斜边上的边界条件确定常数 a、b、c、d。

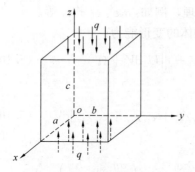

图习题 5-1 两端面受均布
压力 q 的试件

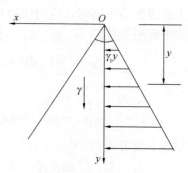

图习题 5-2 受水压力
的水坝截面

第 5 章 弹性力学问题的一般原理　　87

5-3　如图习题 5-3 所示受纯弯曲等直梁中的位移分量为：

$$\left.\begin{array}{l} u = \dfrac{M}{EI}xy \\[4pt] v = -\dfrac{M}{2EI}(x^2+\nu y^2+\nu z^2) \\[4pt] w = -\dfrac{\nu M}{EI}yz \end{array}\right\}$$

它们是不是问题的解？式中 E 为梁材料的弹性模量，ν 为泊松比，I 为梁截面对 z 轴的惯性矩，M 为弯矩，不计体力。

5-4　试写出如图习题 5-4 所示三角形悬臂梁的边界条件。

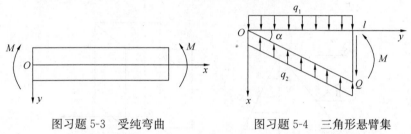

图习题 5-3　受纯弯曲 　　图习题 5-4　三角形悬臂集
　　的等直梁　　　　　　　　的受力条件

5-5　有一单位厚度的薄板，其受力情况如图习题 5-5 所示。试证明：齿顶点 A 处的应力为零。

5-6　如图习题 5-6 所示基础的悬臂伸出部分，具有三角形形状，处于强度为 q 的均匀压力作用下，已求出应力分量为：

$$\sigma_x = A\left(-\arctan\dfrac{y}{x}-\dfrac{xy}{x^2+y^2}+C\right)$$

$$\sigma_y = A\left(-\arctan\dfrac{y}{x}+\dfrac{xy}{x^2+y^2}+B\right)$$

$$\sigma_z = \tau_{yz} = \tau_{xz} = 0,\ \tau_{xy} = -A\dfrac{y^2}{x^2+y^2}$$

试根据应力边界条件定出常数 A、B 和 C。

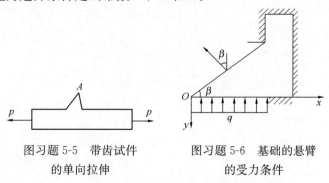

图习题 5-5　带齿试件 　　图习题 5-6　基础的悬臂
　　的单向拉伸　　　　　　　　的受力条件

5-7　如图习题 5-7 所示一三角形水坝，已求得应力分量：

$$\sigma_x = Ax+By,\ \sigma_y = Cx+Dy,\ \sigma_z = 0,$$

$$\tau_{yz} = \tau_{xz} = 0, \tau_{xy} = -Dx - Ay - \rho g x$$

ρ 和 ρ_1 分别表示坝身和液体的密度。试根据应力边界条件定出常数 A、B、C、D。

5-8 位移法是求解弹性力学问题常用的方法之一。在用位移法求解弹性力学问题时，需采用位移分量表示平衡微分方程，从而使得方程数目与未知量数目保持相等。用位移分量表示的平衡微分方程也称之为控制方程。试推导二维极坐标系条件下，采用位移法求解弹性力学问题的控制方程表达式。

5-9 长方体在三向不等压下的变形问题：如图习题 5-8 所示为一 $a \times b \times c$ 的长方形弹性体，在三向不等压力 σ_1、σ_2、σ_3 作用下，试求其位移分布。

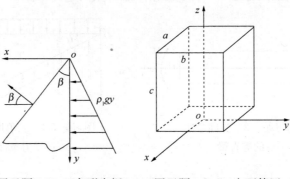

图习题 5-7 三角形水坝 　图习题 5-8 三向不等压
　的受力条件 　　　　　　　的弹性体

5-10 设一等截面杆受轴向拉力 F 作用，杆的截面积为 A，求应力分量和位移分量。设 z 轴与杆的轴线重合，原点取在杆长的一半处，并设在 $x=y=z=0$ 处，$u=v=w=0$，且 $\dfrac{\partial u}{\partial z} = \dfrac{\partial v}{\partial z} = \dfrac{\partial u}{\partial x} = 0$。

第6章 平面问题

实际应用中，由于弹性力学全面考虑了静力学、几何学和物理学三方面的条件，且边界条件较为复杂，想要获得三维弹性力学问题精确解答往往并非易事，但有些问题具有一定特殊性，使得问题可简化为平面问题，这使得求解难度大为降低。本章中，6.1 节介绍平面问题的基本方程；6.2 节和 6.3 节分别介绍应力函数和采用应力函数求解弹性力学平面问题方法；6.4～6.6 节介绍逆解法和半逆解法求解弹性力学平面问题的方法；6.7 节介绍极坐标系下平面问题基本方程；6.8～6.11 节介绍极坐标系下几个典型弹性力学平面问题求解方法；6.12 节介绍弹性力学平面问题的位移函数法相关内容。

§6.1 基 本 方 程

(一) 平面应力问题

平面应力是指有一个主应力为零的状态。设 z 方向为零主应力对应方向，有：

$$\sigma_z = \tau_{zx} = \tau_{zy} = 0$$

弹性体在 Oxy 面应力分布与坐标 z 无关，可表示为：

$$\left.\begin{aligned}\sigma_x &= \sigma_x(x,y) \\ \sigma_y &= \sigma_y(x,y) \\ \tau_{xy} &= \tau_{xy}(x,y)\end{aligned}\right\} \tag{6.1-1}$$

基本方程如下：

(1) 平衡微分方程

$$\left.\begin{aligned}\frac{\partial \sigma_x}{\partial x} + \frac{\partial \tau_{xy}}{\partial y} + f_x &= 0 \\ \frac{\partial \tau_{yx}}{\partial x} + \frac{\partial \sigma_y}{\partial y} + f_y &= 0\end{aligned}\right\} \tag{6.1-2}$$

(2) 几何方程

$$\left.\begin{aligned}\varepsilon_x &= \frac{\partial u}{\partial x} \\ \varepsilon_y &= \frac{\partial v}{\partial y} \\ \gamma_{xy} &= \frac{\partial u}{\partial y} + \frac{\partial v}{\partial x}\end{aligned}\right\} \tag{6.1-3}$$

$$\varepsilon_z = \frac{\partial w}{\partial z}$$

$$\gamma_{yz} = \frac{\partial v}{\partial z} + \frac{\partial w}{\partial y} = 0$$

$$\gamma_{xz} = \frac{\partial w}{\partial x} + \frac{\partial u}{\partial z} = 0$$

同样，w 可独立求出，因此平面应力问题的方程中也不包含 w。

(3) 本构方程

$$\left. \begin{array}{l} \varepsilon_x = \dfrac{1}{E}(\sigma_x - \nu \sigma_y) \\[4pt] \varepsilon_y = \dfrac{1}{E}(\sigma_y - \nu \sigma_x) \\[4pt] \gamma_{xy} = \dfrac{\tau_{xy}}{G} \end{array} \right\} \quad (6.1\text{-}4)$$

$$\varepsilon_z = -\frac{\nu}{E}(\sigma_x + \sigma_y)$$

$$\gamma_{zx} = 0$$

$$\gamma_{yz} = 0$$

由此，ε_z 可独立求出。因此平面应力问题的方程中并不包含 ε_z。

(4) 协调方程

$$\frac{\partial^2 \varepsilon_x}{\partial y^2} + \frac{\partial^2 \varepsilon_y}{\partial x^2} = \frac{\partial^2 \gamma_{xy}}{\partial x \partial y} \quad (6.1\text{-}5)$$

平面应力问题的基本方程如下：2 个平衡微分方程、3 个本构方程、3 个几何方程，方程内含有 3 个应力分量、3 个应变分量、2 个位移分量。

用应力法求解时，需将协调方程用应力分量表示。为此，将式 (6.1-5) 用应力分量表示如下：

$$\left(\frac{\partial^2}{\partial y^2} + \frac{\partial^2}{\partial x^2} \right)(\sigma_x + \sigma_y) = -(1+\nu)\left(\frac{\partial f_x}{\partial x} + \frac{\partial f_y}{\partial y} \right) \quad (6.1\text{-}6)$$

若不计体力或体力为常数时，上式可化为：

$$\left(\frac{\partial^2}{\partial y^2} + \frac{\partial^2}{\partial x^2} \right)(\sigma_x + \sigma_y) = 0 \quad (6.1\text{-}7a)$$

或写成：

$$\nabla^2(\sigma_x + \sigma_y) = 0 \quad (6.1\text{-}7b)$$

上式称为莱维（Levy）方程，式中 ∇^2 为拉普拉斯算子。

讨论：式 (6.1-2) 和式 (6.1-6) 中共有 3 个方程，3 个应力分量。因此能通过联立三个方程，求得平面应力问题的应力场。同时，需要说明的是，3 个方程中均不含有弹性常数，因此，此类问题中应力状态与材料弹性常数无关。

(二) 平面应变问题

平面应变是指有一个主应变为零的状态。设 z 方向为零主应变对应方向，有：

$$\varepsilon_z = \gamma_{zx} = \gamma_{zy} = 0, \quad w = 0$$

基本方程：

(1) 平衡微分方程

$$\left.\begin{array}{l}\dfrac{\partial \sigma_x}{\partial x}+\dfrac{\partial \tau_{xy}}{\partial y}+f_x=0\\ \dfrac{\partial \tau_{yx}}{\partial x}+\dfrac{\partial \sigma_y}{\partial y}+f_y=0\end{array}\right\} \tag{6.1-8}$$

(2) 几何方程

$$\left.\begin{array}{l}\varepsilon_x=\dfrac{\partial u}{\partial x}\\ \varepsilon_y=\dfrac{\partial v}{\partial y}\\ \gamma_{xy}=\dfrac{\partial u}{\partial y}+\dfrac{\partial v}{\partial x}\end{array}\right\} \tag{6.1-9}$$

(3) 本构方程

$$\left.\begin{array}{l}\sigma_x=2G\left(\varepsilon_x+\dfrac{\nu}{1-2\nu}\varepsilon_v\right)\\ \sigma_y=2G\left(\varepsilon_y+\dfrac{\nu}{1-2\nu}\varepsilon_v\right)\\ \tau_{xy}=G\gamma_{xy}\end{array}\right\} \tag{6.1-10}$$

$$\tau_{zx}=\tau_{zy}=0$$
$$\sigma_z=\nu(\sigma_x+\sigma_y)$$

σ_z 可在求得 σ_x 和 σ_y 后单独求解，因此不是独立变量。

(4) 协调方程

$$\dfrac{\partial^2 \varepsilon_x}{\partial y^2}+\dfrac{\partial^2 \varepsilon_y}{\partial x^2}=\dfrac{\partial^2 \gamma_{xy}}{\partial x \partial y} \tag{6.1-11}$$

平面应变问题的基本方程如下：2 个平衡微分方程、3 个本构方程、3 个几何方程，方程内含有 3 个应力分量、3 个应变分量、2 个位移分量。

用应力法求解时，需将协调方程用应力分量表示。为此，将式（6.1-11）用应力分量表示如下：

$$\left(\dfrac{\partial^2}{\partial y^2}+\dfrac{\partial^2}{\partial x^2}\right)(\sigma_x+\sigma_y)=-\dfrac{1}{1-\nu}\left(\dfrac{\partial f_x}{\partial x}+\dfrac{\partial f_y}{\partial y}\right) \tag{6.1-12}$$

若不计体力或体力为常数，式（6.1-12）可化简为莱维方程：

$$\left(\dfrac{\partial^2}{\partial y^2}+\dfrac{\partial^2}{\partial x^2}\right)(\sigma_x+\sigma_y)=0 \tag{6.1-13}$$

讨论：式（6.1-8）和式（6.1-12）中共有 3 个方程，3 个应力分量。因此能通过联立三个方程，求得平面应变问题的应力场。同时，需要说明的是，3 个方程中均不含有弹性常数，因此，此类问题中应力状态也与材料弹性常数无关。

由此不难看出，不同材料的弹性体只要几何条件、荷载条件相同，则不论其为平面应力或平面应变问题，它们在平面内应力分布规律相同。

§6.2 应力函数法

弹性力学的平面问题的解需要联立平衡微分方程和应变协调方程，并满足边界条件。

(一) 无体力情况

在不考虑体力条件下,即:

$$\left.\begin{array}{l}\dfrac{\partial \sigma_x}{\partial x}+\dfrac{\partial \sigma_{xy}}{\partial y}=0 \\ \dfrac{\partial \tau_{yx}}{\partial x}+\dfrac{\partial \sigma_y}{\partial y}=0\end{array}\right\} \quad (6.2\text{-}1)$$

$$\left(\dfrac{\partial^2}{\partial y^2}+\dfrac{\partial^2}{\partial x^2}\right)(\sigma_x+\sigma_y)=0 \quad (6.2\text{-}2)$$

$$\left.\begin{array}{l}f_{sx}=\sigma_x l+\tau_{xy} m \\ f_{sy}=\tau_{xy} l+\sigma_y m\end{array}\right\} \quad (6.2\text{-}3)$$

观察平衡微分方程,若引入一个函数 $\varphi_f(x,y)$,使得:

$$\left.\begin{array}{l}\sigma_x=\dfrac{\partial^2 \varphi_f}{\partial y^2} \\ \sigma_y=\dfrac{\partial^2 \varphi_f}{\partial x^2} \\ \tau_{xy}=-\dfrac{\partial^2 \varphi_f}{\partial x \partial y}\end{array}\right\} \quad (6.2\text{-}4)$$

代入平衡微分方程,可知恒满足。于是有:

$$\sigma_x+\sigma_y=\dfrac{\partial^2 \varphi_f}{\partial x^2}+\dfrac{\partial^2 \varphi_f}{\partial y^2}=\nabla \varphi_f \quad (6.2\text{-}5)$$

由应变协调方程,得:

$$\left(\dfrac{\partial^2}{\partial y^2}+\dfrac{\partial^2}{\partial x^2}\right)\left(\dfrac{\partial^2 \varphi_f}{\partial x^2}+\dfrac{\partial^2 \varphi_f}{\partial y^2}\right)=0 \quad (6.2\text{-}6a)$$

展开为:

$$\dfrac{\partial^4 \varphi_f}{\partial x^4}+2\dfrac{\partial^4 \varphi_f}{\partial x^2 \partial y^2}+\dfrac{\partial^4 \varphi_f}{\partial y^4}=0 \quad (6.2\text{-}6b)$$

或简写为:

$$\nabla^4 \varphi_f=0 \quad (6.2\text{-}6c)$$

函数 $\varphi_f(x,y)$ 称为艾里(Airy)应力函数。式(6.2-6c)称为双调和方程。

由此可知,平面问题的应力分布函数可用应力函数 $\varphi_f(x,y)$ 表示,而函数 $\varphi_f(x,y)$ 应满足双调和方程,并且满足边界条件。

(二) 有体力情况

现在考虑有体力的情况。假定体力是有势的,则:

$$f_x=-\dfrac{\partial F}{\partial x}, f_y=-\dfrac{\partial F}{\partial y} \quad (6.2\text{-}7)$$

其中,F 为势函数。此时,平衡微分方程化为:

$$\left.\begin{array}{l}\dfrac{\partial(\sigma_x-F)}{\partial x}+\dfrac{\partial \tau_{xy}}{\partial y}=0 \\ \dfrac{\partial \tau_{yx}}{\partial x}+\dfrac{\partial(\sigma_y-F)}{\partial y}=0\end{array}\right\} \quad (6.2\text{-}8)$$

比较上式与式（6.2-1），如令：

$$\left.\begin{aligned}\sigma_x - F &= \frac{\partial^2 \varphi_f}{\partial y^2} \\ \sigma_y - F &= \frac{\partial^2 \varphi_f}{\partial x^2} \\ \tau_{xy} &= -\frac{\partial^2 \varphi_f}{\partial x \partial y}\end{aligned}\right\} \qquad (6.2\text{-}9)$$

则平衡微分方程可满足，将式（6.2-9）代入协调方程后，分别得出：

对于平面应力情况：$\nabla^4 \varphi_f = -(1-\nu)\nabla^2 F$

对于平面应变情况：$\nabla^4 \varphi_f = -\dfrac{1-2\nu}{1-\nu}\nabla^2 F$

§6.3 应力函数法求解弹性力学平面问题

（一）基本思路

用应力函数求解弹性力学问题，基本思路如下：首先假定应力函数，然后求解应力分量表达式，根据本构方程求解应变分量表达式，最后积分求解位移。

（二）应力函数法分类

一般情况下，难以直接给出应力函数表达式，在此情况下，可采用下列三种方法求解弹性力学问题：

（1）逆解法

假定位移或应力场函数，然后求解应力、应变，代入基本方程。若满足基本方程，则代入边界条件看是否满足。若既满足基本方程又满足边界条件，则假定的位移或应力场函数为弹性力学问题的解。若不满足任一基本方程或边界条件，则重新选择位移或应力场函数，直至既满足基本方程又满足边界条件。

（2）半逆解法

假设部分位移或应力分量已知，通过基本方程和边界条件，求解其他变量，然后调整，直至得到解答。

（3）数值解法

通过数值近似方法求解。差分法（导数用差商代替）、变分法、有限元法等。

（三）简单应力函数

（1）一次式

$$\varphi_f = c_0 + c_1 x + c_2 y \qquad (6.3\text{-}1)$$

双调和方程可满足。

由式（6.2-4）可求得应力分量：

$$\sigma_x = \sigma_y = \tau_{xy} = 0 \qquad (6.3\text{-}2)$$

对应于无应力状态。

（2）二次式

$$\varphi_f = ax^2 + bxy + cy^2 \qquad (6.3\text{-}3)$$

双调和方程可满足，考察每一项所能解决的问题。

① $\varphi_f = ax^2$

$\sigma_x = 0$，$\sigma_y = 2a$，$\tau_{xy} = 0$

即：x 方向没有面力，y 方向有 $2a$ 的面力，如图 6.3-1 所示。

② $\varphi_f = bxy$

$\sigma_x = 0$，$\sigma_y = 2a$，$\tau_{xy} = -b$

弹性体在边界上只受到切力，即纯剪状态，如图 6.3-2 所示。

(3) 三次式

$\varphi_f = ay^3$

$\sigma_x = 6ay$，$\sigma_y = 0$，$\tau_{xy} = 0$

即弹性体在边界上，上下无面力，左右两边没有铅直面力，而每一边上的水平面力合成一个力偶。可见应力函数 $\varphi_f = ay^3$ 能解决矩形梁的纯弯曲问题，如图 6.3-3 所示。

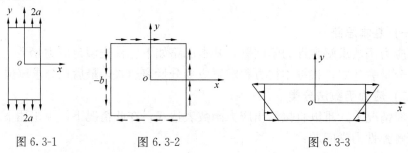

图 6.3-1　　　　　图 6.3-2　　　　　图 6.3-3

（四）常见多项式应力函数

表 6.3-1 给出了一次到五次的多项式中哪些能作为应力函数。若能，写出了对应的应力分量表示式，并画出了边界上的面力，表 6.3-1 中的矩形薄板长为 l，高为 h，厚度为单位 1。

能否作为应力函数的多项式　　　　　　表 6.3-1

序号	函数形式	能否作为应力函数	应力分量	边界上的面力
1	$\varphi = a + bx + cy$	能	$\sigma_x = \sigma_y = \tau_{xy} = 0$	
2	$\varphi = ax^2$	能	$\sigma_x = \tau_{xy} = 0$ $\sigma_y = 2a$	

续表

序号	函数形式	能否作为应力函数	应力分量	边界上的面力
3	$\varphi = ay^2$	能	$\sigma_y = \tau_{xy} = 0$ $\sigma_x = 2a$	
4	$\varphi = axy$	能	$\sigma_x = \sigma_y = 0$ $\tau_{xy} = -a$	
5	$\varphi = ax^3$	能	$\sigma_x = \tau_{xy} = 0$ $\sigma_y = 6ax$	
6	$\varphi = ax^2y$	能	$\sigma_x = 0, \sigma_y = 2ay$ $\tau_{xy} = -2ax$	
7	$\varphi = axy^2$	能	$\sigma_x = 2ax, \sigma_y = 0$ $\tau_{xy} = -2ay$	
8	$\varphi = ay^3$	能	$\sigma_y = \tau_{xy} = 0$ $\sigma_x = 6ay$	
9	$\varphi = ay^4$	否	—	—
10	$\varphi = a(x^4 - y^4)$	能	$\sigma_x = -12ay^2$ $\sigma_y = 12ax^2$ $\tau_{xy} = 0$	

序号	函数形式	能否作为应力函数	应力分量	边界上的面力
11	$\varphi = axy^3$	能	$\sigma_x = 6axy, \sigma_y = 0$ $\tau_{xy} = -3ay^2$	
12	$\varphi = ay^5$	否	—	—
13	$\varphi = a\left(x^3y^3 - \dfrac{y^5}{5}\right)$	能	$\sigma_x = a(6x^2y - 4y^3)$ $\sigma_y = 2ay^3$ $\tau_{xy} = -6axy^2$	

§6.4 矩形梁的纯弯曲逆解法

已知简支梁边界条件为 $(u)_{x=0,y=0} = 0$、$(v)_{x=0,y=0} = 0$、$(v)_{x=l,y=0} = 0$，简支梁的截面为矩形，长度 l 远大于深度 h，它的宽度设为单位 1，宽度远小于深度和长度，在两端受相反的力偶而弯曲，如图 6.4-1 所示。体力可以不计，试求解该弹性力学问题。

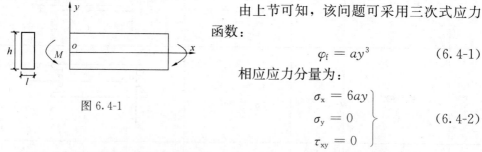

图 6.4-1

由上节可知，该问题可采用三次式应力函数：

$$\varphi_f = ay^3 \tag{6.4-1}$$

相应应力分量为：

$$\left.\begin{array}{l}\sigma_x = 6ay\\ \sigma_y = 0\\ \tau_{xy} = 0\end{array}\right\} \tag{6.4-2}$$

考察应力分量是否满足边界条件、在上下边界条件，没有面力作用：

$$\left.\begin{array}{l}(\sigma_y)_{y=\pm\frac{h}{2}} = 0\\ (\tau_{xy})_{y=\pm\frac{h}{2}} = 0\end{array}\right\} \tag{6.4-3}$$

其次左右边界：

$$\left.\begin{array}{l}(\tau_{xy})_{x=0} = 0\\ (\tau_{xy})_{x=l} = 0\end{array}\right\} \tag{6.4-4}$$

均满足。

第6章 平面问题

此外，$x=0$、$x=l$ 两端面面积较小，应用圣维南原理，将关于 σ_x 的边界改用合力和合力矩替代。

$$\left.\begin{aligned}\int_{-\frac{h}{2}}^{\frac{h}{2}}(\sigma_x)_{x=0,l}\mathrm{d}y &= 0 \\ \int_{-\frac{h}{2}}^{\frac{h}{2}}(\sigma_x)_{x=0,l}y\mathrm{d}y &= M\end{aligned}\right\} \tag{6.4-5}$$

将 $\sigma_x=6ay$ 代入得：

$$a = \frac{2M}{h^3} \tag{6.4-6}$$

回代后：

$$\left.\begin{aligned}\sigma_x &= \frac{12M}{h^3}y \\ \sigma_y &= 0 \\ \tau_{xy} &= 0\end{aligned}\right\} \tag{6.4-7}$$

矩形梁截面惯性矩 $I=\dfrac{1\times h^3}{12}$，因此，可表达为：

$$\sigma_x = \frac{M}{I}y \tag{6.4-8}$$

上述应力函数表达式与材料力学一致。

根据本构方程：

$$\left.\begin{aligned}\varepsilon_x &= \frac{M}{EI}y \\ \varepsilon_y &= -\frac{\nu M}{EI}y \\ \gamma_{xy} &= 0\end{aligned}\right\} \tag{6.4-9}$$

根据几何方程：

$$\left.\begin{aligned}\frac{\partial u}{\partial x} &= \frac{M}{EI}y \\ \frac{\partial v}{\partial y} &= -\frac{\nu M}{EI}y \\ \frac{\partial u}{\partial y} + \frac{\partial v}{\partial x} &= 0\end{aligned}\right\} \tag{6.4-10}$$

积分前两式：

$$u = \frac{M}{EI}xy + f_1(y) \tag{6.4-11}$$

$$v = -\frac{\nu M}{2EI}y^2 + f_2(x) \tag{6.4-12}$$

式中，$f_1(y)$、$f_2(x)$ 为 y 和 x 的待定函数。

代入第三式，得：

$$\frac{\mathrm{d}f_2(x)}{\mathrm{d}x} + \frac{M}{EI}x + \frac{\mathrm{d}f_1(y)}{\mathrm{d}y} = 0 \tag{6.4-13}$$

整理得：

$$-\frac{df_1(y)}{dy} = \frac{df_2(x)}{dx} + \frac{M}{EI}x \tag{6.4-14}$$

左边为 y 的函数，右边为 x 的函数。因此：

$$\frac{df_1(y)}{dy} = -\omega \tag{6.4-15}$$

$$\frac{df_2(x)}{dx} = -\frac{M}{EI}x + \omega \tag{6.4-16}$$

积分得：

$$f_1(y) = -\omega y + u_0 \tag{6.4-17}$$

$$f_2(x) = -\frac{M}{2EI}x^2 + \omega x + v_0 \tag{6.4-18}$$

即：

$$u = \frac{M}{EI}xy - \omega y + u_0 \tag{6.4-19}$$

$$v = -\frac{vM}{2EI}y^2 - \frac{M}{2EI}x^2 + \omega x + v_0 \tag{6.4-20}$$

式中，ω、u_0、v_0 表示刚体位移，需由约束条件求解。

将 u 和 v 代入边界条件得：

$$\left.\begin{array}{r} u_0 = 0 \\ v_0 = 0 \\ \omega = \dfrac{ML}{2EI} \end{array}\right\} \tag{6.4-21}$$

于是：

$$\left.\begin{array}{l} u = \dfrac{M}{EI}\left(x - \dfrac{l}{2}\right)y \\ v = \dfrac{M}{2EI}(l-x)x - \dfrac{\nu M}{2EI}y^2 \end{array}\right\} \tag{6.4-22}$$

挠度方程为：

$$(v)_{y=0} = \frac{M}{2EI}(l-x)x \tag{6.4-23}$$

方程与材料力学解答相同。

§6.5 梁的弹性平面弯曲半逆解法

如图 6.5-1 所示，设悬臂梁自由端有集中力 F 作用，梁高为 $2h$，厚度为 δ，跨度为 l，不计梁的自重，试求解梁在力 F 作用下应力、应变及位移场。

边界条件：自由端无轴向应力，顶部和底部没有荷载作用，自由端切应力积分应等于 F。

$$\left.\begin{aligned}(\sigma_x)_{x=0} &= 0 \\ (\tau_{xy})_{y=\pm h} &= 0 \\ (\sigma_y)_{y=\pm h} &= 0 \\ F &= -\int_{-h}^{h}\tau_{xy}\delta \mathrm{d}y\end{aligned}\right\} \quad (6.5\text{-}1)$$

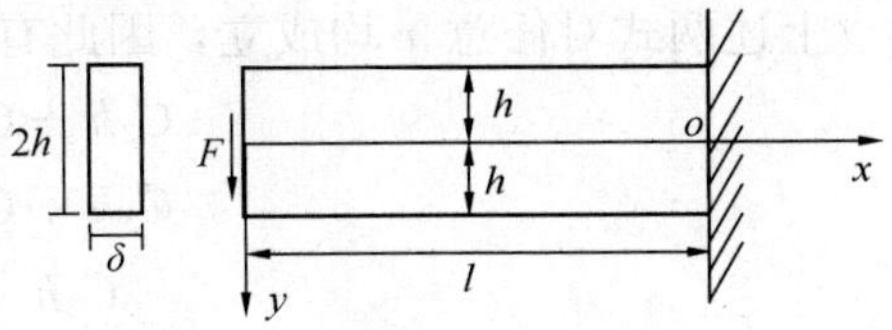

图 6.5-1

(1) 选取应力函数

由材料力学知，任一截面的弯矩随 x 作线性变化，而且截面上任一点的正应力 σ_x 与 y 成比例，故可假定 σ_x 为：

$$\sigma_x = \frac{\partial^2 \varphi_\mathrm{f}}{\partial y^2} = C_1 x y \quad (6.5\text{-}2)$$

式中，C_1 为一常数。将上式对 y 积分两次得：

$$\varphi_\mathrm{f} = \frac{1}{6}C_1 x y^3 + y f_1(x) + f_2(x) \quad (6.5\text{-}3)$$

此处 $f_1(x)$、$f_2(x)$ 为 x 的待定函数。将 φ_f 代入双调和方程（6.2-6），可得：

$$y\frac{\mathrm{d}^4 f_1}{\mathrm{d}x^4} + \frac{\mathrm{d}^4 f_2}{\mathrm{d}x^4} = 0 \quad (6.5\text{-}4)$$

由于上式中对任意 y 成立，必有：

$$\frac{\mathrm{d}^4 f_1}{\mathrm{d}x^4} = 0 \quad (6.5\text{-}5)$$

$$\frac{\mathrm{d}^4 f_2}{\mathrm{d}x^4} = 0 \quad (6.5\text{-}6)$$

积分以上两式，得：

$$f_1(x) = C_2 x^3 + C_3 x^2 + C_4 x + C_5 \quad (6.5\text{-}7)$$

$$f_2(x) = C_6 x^3 + C_7 x^2 + C_8 x + C_9 \quad (6.5\text{-}8)$$

式中，$C_2 \sim C_9$ 为积分常数。将 $f_1(x)$ 和 $f_2(x)$ 表达式代入应力函数，得：

$$\varphi_\mathrm{f} = \frac{1}{6}C_1 x y^3 + y(C_2 x^3 + C_3 x^2 + C_4 x + C_5) + (C_6 x^3 + C_7 x^2 + C_8 x + C_9) \quad (6.5\text{-}9)$$

由此，其他两个分量为：

$$\sigma_y = \frac{\partial^2 \varphi_\mathrm{f}}{\partial x^2} = 6(C_2 x y + C_6 x) + 2(C_3 y + C_7) \quad (6.5\text{-}10)$$

$$\tau_{xy} = -\frac{\partial^2 \varphi_\mathrm{f}}{\partial x \partial y} = -\frac{1}{2}C_1 y^2 - 3C_2 x^2 - 2C_3 x - C_4 \quad (6.5\text{-}11)$$

(2) 确定系数

根据边界条件：

$$(\sigma_y)_{y=\pm h} = 0$$

即：

$$6(C_2 h + C_6)x + 2(C_3 h + C_7) = 0 \quad (6.5\text{-}12)$$

$$6(-C_2 h + C_6)x + 2(-C_3 h + C_7) = 0 \quad (6.5\text{-}13)$$

上述两式对任意 x 均成立，因此有：

$$\left.\begin{array}{r}C_2h+C_6=0\\C_3h+C_7=0\\-C_2h+C_6=0\\-C_3h+C_7=0\end{array}\right\} \quad (6.5\text{-}14)$$

解方程组得：

$$C_2=C_3=C_6=C_7=0 \quad (6.5\text{-}15)$$

$$(\tau_{xy})_{y=\pm h}=0 \quad (6.5\text{-}16)$$

即：

$$-\frac{1}{2}C_1h^2-3C_2x^2-2C_3x-C_4=0 \quad (6.5\text{-}17)$$

也即：

$$-\frac{1}{2}C_1h^2-C_4=0 \quad (6.5\text{-}18)$$

于是：

$$C_4=-\frac{1}{2}C_1h^2 \quad (6.5\text{-}19)$$

$$F=-\int_{-h}^{h}\tau_{xy}\delta\mathrm{d}y \quad (6.5\text{-}20)$$

将 τ_{xy} 表达式代入得：

$$C_1=-\frac{3F}{2\delta h^3}=-\frac{F}{I} \quad (6.5\text{-}21)$$

式中，$I=\frac{2}{3}\delta h^3$，为截面对中性轴的惯性矩。

至此，可得：

$$\left.\begin{array}{l}\sigma_x=-\dfrac{Fxy}{I}v\\[2mm]\sigma_y=0\\[2mm]\tau_{xy}=-\dfrac{F}{2I}(h^2-y^2)\end{array}\right\} \quad (6.5\text{-}22)$$

由此可见，所得结果与材料力学完全一致。

如果端部切应力按抛物线分布，正应力按线性分布，这一解是准确解；若边界条件如前文所述，则该解在梁内远离端部的截面是足够准确的。

（3）计算位移

应用胡克定律及几何方程，得出：

$$\left.\begin{array}{l}\dfrac{\partial u}{\partial x}=-\dfrac{Fxy}{EI}\\[2mm]\dfrac{\partial v}{\partial y}=\nu\dfrac{Fxy}{EI}\\[2mm]\dfrac{\partial u}{\partial y}+\dfrac{\partial v}{\partial x}=-\dfrac{(1+\nu)F}{EI}(h^2-y^2)\end{array}\right\} \quad (6.5\text{-}23)$$

积分前两式：

$$\left.\begin{aligned}u &= -\frac{Fx^2y}{2EI} + u_1(y)\\ v &= \frac{\nu Fxy^2}{2EI} + v_1(x)\end{aligned}\right\} \quad (6.5\text{-}24)$$

代入第三式，整理得：

$$\frac{\mathrm{d}u_1}{\mathrm{d}y} - \frac{F(2+\nu)}{2EI}y^2 = \frac{\mathrm{d}v_1}{\mathrm{d}x} + \frac{F}{2EI}x^2 - \frac{(1+\nu)}{EI}Fh^2 \quad (6.5\text{-}25)$$

上式对任意 x 和 y 均成立，因此有：

$$\frac{\mathrm{d}u_1}{\mathrm{d}y} - \frac{F(2+\nu)}{2EI}y^2 = C_{10} \quad (6.5\text{-}26)$$

$$-\frac{\mathrm{d}v_1}{\mathrm{d}x} + \frac{F}{2EI}x^2 - \frac{(1+\nu)}{EI}Fh^2 = C_{10} \quad (6.5\text{-}27)$$

积分上述两式得：

$$u_1(y) = \frac{F(2+\nu)}{6EI}y^3 + C_{10}y + C_{11} \quad (6.5\text{-}28)$$

$$v_1(x) = \frac{F}{6EI}x^3 - \frac{(1+\nu)}{EI}Fxh^2 - C_{10}x + C_{12} \quad (6.5\text{-}29)$$

因此：

$$\left.\begin{aligned}u &= -\frac{Fx^2y}{2EI} + \frac{F(2+\nu)}{6EI}y^3 + C_{10}y + C_{11}\\ v &= \frac{\nu Fxy^2}{2EI} + \frac{F}{6EI}x^3 - \frac{(1+\nu)}{EI}Fxh^2 - C_{10}x + C_{12}\end{aligned}\right\} \quad (6.5\text{-}30)$$

位移表达式中三个常数需要 3 个约束条件来确定，将固定端边界条件弱化，有：

$$\left.\begin{aligned}\frac{\partial v}{\partial x} &= 0\\ u &= 0\\ v &= 0\end{aligned}\right\} \quad (6.5\text{-}31)$$

由此确定常数分别为：

$$C_{10} = \frac{Fl^2}{2EI} - \frac{(1+\nu)Fh^2}{EI},\ C_{11} = 0,\ C_{12} = \frac{Fl^3}{3EI} \quad (6.5\text{-}32)$$

于是可得梁的位移方程为：

$$\left.\begin{aligned}u &= \frac{F}{2EI}(l^2 - x^2)y + \frac{F(2+\nu)}{6EI}y^3 - \frac{(1+\nu)Fh^2}{EI}y\\ v &= \frac{F}{EI}\left[\frac{x^3}{6} + \frac{l^3}{3} + \frac{x}{2}(\nu y^2 - l^2)\right]\end{aligned}\right\} \quad (6.5\text{-}33)$$

梁轴线竖向位移（即挠度）为：

$$(v)_{y=0} = \frac{F}{EI}\left[\frac{x^3}{6} + \frac{l^3}{3} + \frac{xl^2}{2}\right] \tag{6.5-34}$$

自由端挠度为：

$$(v)_{x=0, y=0} = \frac{Fl^3}{3EI} \tag{6.5-35}$$

与材料力学一致。

现在考察悬臂梁横截面的变形。设在变形前某一横截面方程为：

$$x = x_0 \tag{6.5-36}$$

则变形后方程变为：

$$x = x_0 + u(x_0, y) \tag{6.5-37}$$

$$x = x_0 + \frac{F}{2EI}(l^2 - x_0^2)y + \frac{F(2+\nu)}{6EI}y^3 - \frac{(1+\nu)Fh^2}{EI}y \tag{6.5-38}$$

这是三次曲面。

由此得出，梁的任一截面变形后不再保持平面，这一点和材料力学所得到的结果是不同的。

§6.6 简支梁受均布荷载作用半逆解法

如图 6.6-1 所示，设简支梁上表面有分布力 q 作用，梁高为 h，厚度为 1，跨度为 $2l$，不计梁的自重，试求解梁在分布力 q 作用下应力场，边界条件如下：

上下边界：

$$(\sigma_y)_{y=\frac{h}{2}} = 0, (\sigma_y)_{y=-\frac{h}{2}} = -q, (\tau_{xy})_{y=\pm\frac{h}{2}} = 0$$

右侧边界：

$$\int_{-h/2}^{h/2} (\tau_{xy})_{x=l} dy = -ql, \quad (\sigma_x)_{x=l} = 0$$

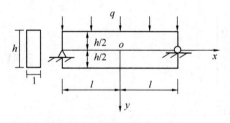

图 6.6-1

(1) 假设应力函数形式

由材料力学知识知，弯曲正应力 σ_x 主要由弯矩引起，弯曲切应力 τ_{xy} 主要由剪力引起，挤压应力 σ_y 主要由直接荷载 q 引起。q 与 x 无关，因而可假设 σ_y 与 x 无关，即：

$$\sigma_y = f(y) \tag{6.6-1}$$

推求应力函数：

$$\sigma_y = \frac{\partial^2 \varphi_f}{\partial x^2} = f(y) \tag{6.6-2}$$

积分得：

$$\varphi_f = \frac{1}{2}x^2 f(y) + x f_1(y) + f_2(y) \tag{6.6-3}$$

式中，$f(y)$、$f_1(y)$、$f_2(y)$ 均为 y 的待定函数。

(2) 由协调方程求应力函数

将 φ_f 代入双调和方程，得：

$$\frac{1}{2}\frac{d^4 f(y)}{dy^4}x^2 + \frac{d^4 f_1(y)}{dy^4}x + \frac{d^4 f_2(y)}{dy^4} + 2\frac{d^2 f(y)}{dy^2} = 0 \quad (6.6\text{-}4)$$

上式为 x 的二次方程，对任意 x 均成立，故有：

$$\left. \begin{array}{r} \dfrac{d^4 f(y)}{dy^4} = 0 \\[4pt] \dfrac{d^4 f_1(y)}{dy^4} = 0 \\[4pt] \dfrac{d^4 f_2(y)}{dy^4} + 2\dfrac{d^2 f(y)}{dy^2} = 0 \end{array} \right\} \quad (6.6\text{-}5)$$

积分前两式，得：

$$f(y) = Ay^3 + By^2 + Cy + D \quad (6.6\text{-}6)$$

$$f_1(y) = Ey^3 + Fy^2 + Gy + H \quad (6.6\text{-}7)$$

将 $f(y)$ 代入第三式，并积分得：

$$f_2(y) = -\frac{A}{10}y^5 - \frac{B}{6}y^4 + Ky^3 + Ly^2 + My + N \quad (6.6\text{-}8)$$

（3）由应力函数求解应力分量

$$\left. \begin{array}{l} \sigma_x = \dfrac{\partial^2 \varphi_f}{\partial y^2} = \dfrac{x^2}{2}(6Ay + 2B) + x(6Ey + 2F) - 2Ay^3 - 2By^2 + 6Ky + 2L \\[4pt] \sigma_y = \dfrac{\partial^2 \varphi_f}{\partial x^2} = Ay^3 + By^2 + Cy + D \\[4pt] \tau_{xy} = -x(3Ay^2 + 2By + C) - (3Ey^2 + 2Fy + G) \end{array} \right\}$$

$$(6.6\text{-}9)$$

（4）确定系数

① 对称性

oyz 面是对称面，应力分布应对称于 oyz 面。因此，σ_x、σ_y 为 x 的偶函数，τ_{xy} 为 x 的奇函数。因此，$E=F=G=0$

② 上下边界

将应力分量代入上下边界，得：

$$\frac{h^3}{8}A + \frac{h^2}{4}B + \frac{h}{2}C + D = 0 \quad (6.6\text{-}10)$$

$$-\frac{h^3}{8}A + \frac{h^2}{4}B - \frac{h}{2}C + D = -q \quad (6.6\text{-}11)$$

$$-x\left(\frac{3}{4}h^2 A + hB + C\right) = 0 \quad (6.6\text{-}12)$$

$$-x\left(\frac{3}{4}h^2 A - hB + C\right) = 0 \quad (6.6\text{-}13)$$

联立上述四个方程，得：

$$A = -\frac{2q}{h^3},\ B = 0,\ C = \frac{3q}{2h},\ D = -\frac{q}{2}$$

将常数代入应力分量表达式，得：

$$\left.\begin{aligned}\sigma_x &= \frac{\partial^2 \varphi_f}{\partial y^2} = -\frac{6q}{h^3}x^2y + \frac{4q}{h^3}y^3 + 6Ky + 2L \\ \sigma_y &= \frac{\partial^2 \varphi_f}{\partial x^2} = -\frac{2q}{h^3}y^3 + \frac{3q}{2h}y - \frac{q}{2} \\ \tau_{xy} &= \frac{6q}{h^3}xy^2 - \frac{3q}{2h}x\end{aligned}\right\} \quad (6.6\text{-}14)$$

③ 右侧边界条件

由对称性,只考虑右侧边界条件。将切应力表达式代入,自动满足。这一边界为次要边界,根据圣维南原理:

$$\int_{-\frac{h}{2}}^{\frac{h}{2}} (\sigma_x)_{x=l} \mathrm{d}y = 0 \quad (6.6\text{-}15)$$

$$\int_{-\frac{h}{2}}^{\frac{h}{2}} (\sigma_x)_{x=l} y \mathrm{d}y = 0 \quad (6.6\text{-}16)$$

解答可以近似满足。即:

$$\int_{-\frac{h}{2}}^{\frac{h}{2}} \left(-\frac{6q}{h^3}l^2y + \frac{4q}{h^3}y^3 + 6Ky + 2L\right)\mathrm{d}y = 0 \quad (6.6\text{-}17)$$

$$\int_{-\frac{h}{2}}^{\frac{h}{2}} \left(-\frac{6q}{h^3}l^2y + \frac{4q}{h^3}y^3 + 6Ky + 2L\right)y\mathrm{d}y = 0 \quad (6.6\text{-}18)$$

由上述两式得:

$$\left.\begin{aligned}L &= 0 \\ K &= \frac{ql^2}{h^3} - \frac{q}{10h}\end{aligned}\right\} \quad (6.6\text{-}19)$$

验证左侧边界条件,可知也成立。

因此,得最后解答:

$$\left.\begin{aligned}\sigma_x &= -\frac{6q}{h^3}(l^2-x^2)y + q\frac{y}{h}\left(4\frac{y^2}{h^2}-\frac{3}{5}\right) \\ \sigma_y &= -\frac{q}{2}\left(1+\frac{y}{h}\right)\left(1-\frac{2y}{h}\right)^2 \\ \tau_{xy} &= -\frac{6q}{h^3}x\left(\frac{h^2}{4}-y^2\right)\end{aligned}\right\} \quad (6.6\text{-}20)$$

梁的惯性矩: $I = \frac{1}{12}h^3$

静矩: $S = \frac{h^2}{8} - \frac{y^2}{2}$

弯矩: $M = ql(l+x) - \frac{q}{2}(l+x)^2 = \frac{q}{2}(l^2-x^2)$

剪力: $F_s = ql - q(l+x) = -qx$

$$\left.\begin{aligned}\sigma_x &= \frac{M}{I}y + q\frac{y}{h}\left(4\frac{y^2}{h^2}-\frac{3}{5}\right) = (\sigma_x)_1 + (\sigma_x)_2 \\ \sigma_y &= -\frac{q}{2}\left(1+\frac{y}{h}\right)\left(1-\frac{2y}{h}\right)^2 \\ \tau_{xy} &= \frac{F_s S}{I}\end{aligned}\right\} \quad (6.6\text{-}21)$$

与材料力学相比，$(\sigma_x)_1$ 相同，$(\sigma_x)_2$ 为弹力修正项。对浅梁而言（$l \gg h$），$(\sigma_x)_1 \gg (\sigma_x)_2$，这时修正项可忽略；而对于深梁，修正项则不可忽略。材料力学中 σ_y 常忽略，τ_{xy} 与材料完全相同。

§6.7 极坐标系下一般方程

(一) 基本常数

(1) 平衡微分方程

$$\left.\begin{aligned}\frac{\partial \sigma_\rho}{\partial \rho}+\frac{1}{\rho}\frac{\partial \tau_{\rho\phi}}{\partial \phi}+\frac{\sigma_\rho - \sigma_\phi}{\rho}+f_\rho &= 0 \\ \frac{1}{\rho}\frac{\partial \sigma_\phi}{\partial \phi}+\frac{\partial \tau_{\rho\phi}}{\partial \rho}+\frac{2\tau_{\rho\phi}}{\rho}+f_\phi &= 0\end{aligned}\right\} \quad (6.7\text{-}1)$$

(2) 几何方程

$$\left.\begin{aligned}\varepsilon_\rho &= \frac{\partial u}{\partial \rho} \\ \varepsilon_\phi &= \frac{\partial v}{\rho \partial \phi}+\frac{u}{\rho} \\ \gamma_{\rho\phi} &= \frac{\partial v}{\partial \rho}-\frac{v}{\rho}+\frac{\partial u}{\rho \partial \phi}\end{aligned}\right\} \quad (6.7\text{-}2)$$

(3) 本构方程

平面应力情况：

$$\left.\begin{aligned}\varepsilon_\rho &= \frac{1}{E}(\sigma_\rho - \nu\sigma_\phi) \\ \varepsilon_\phi &= \frac{1}{E}(\sigma_\phi - \nu\sigma_\rho) \\ \gamma_{\rho\phi} &= \frac{1}{G}\tau_{\rho\phi}\end{aligned}\right\} \quad (6.7\text{-}3)$$

平面应变情况：

$$\left.\begin{aligned}\varepsilon_\rho &= \frac{1+\nu}{E}[(1-\nu)\sigma_\rho - \nu\sigma_\phi] \\ \varepsilon_\phi &= \frac{1+\nu}{E}[(1-\nu)\sigma_\phi - \nu\sigma_\rho] \\ \gamma_{\rho\phi} &= \frac{1}{G}\tau_{\rho\phi}\end{aligned}\right\} \quad (6.7\text{-}4)$$

(4) 协调方程

$$\frac{\partial^2 \varepsilon_\phi}{\partial \rho^2} + \frac{1}{\rho^2}\frac{\partial^2 \varepsilon_\rho}{\partial \phi^2} + \frac{2}{\rho}\frac{\partial \varepsilon_\phi}{\partial \rho} - \frac{1}{\rho}\frac{\partial \varepsilon_\rho}{\partial \rho} = \frac{1}{\rho}\frac{\partial^2 \gamma_{\rho\phi}}{\partial \rho \partial \phi} - \frac{1}{\rho^2}\frac{\partial \gamma_{\rho\phi}}{\partial \phi} \qquad (6.7\text{-}5)$$

轴对称条件下：应变分量与 ϕ 无关，故可简化为：

$$\frac{d^2 \varepsilon_\phi}{d\rho^2} + \frac{2}{\rho}\frac{d\varepsilon_\phi}{d\rho} - \frac{1}{\rho}\frac{d\varepsilon_\rho}{d\rho} = 0 \qquad (6.7\text{-}6)$$

（二）控制方程

根据弹性力学平面问题莱维方程，$\nabla^2(\sigma_x + \sigma_y) = 0$ 由于 $\sigma_x + \sigma_y = \sigma_\rho + \sigma_\phi$，因此极坐标系下应力法控制方程可写作：

$$\nabla^2(\sigma_\rho + \sigma_\phi) = \frac{d^2(\sigma_\rho + \sigma_\phi)}{d\rho^2} + \frac{1}{\rho}\frac{d(\sigma_\rho + \sigma_\phi)}{d\rho} = 0 \qquad (6.7\text{-}7)$$

将方程（6.7-7）与平衡微分方程（6.7-1）联立，可求得平面问题的应力场。

此外，还可按照直角坐标系下位移法控制方程的求解方法推导获得极坐标系下位移法控制方程。6.8 节将介绍轴对称条件下位移法控制方程。

（三）应力函数法求解方法

直角坐标与极坐标之间存在以下关系：

$$\rho^2 = x^2 + y^2, \quad \phi = \arctan(y/x)$$
$$x = \rho\cos\phi, \quad y = \rho\sin\phi$$

所以：

$$\frac{\partial \varphi_f}{\partial x} = \frac{\partial \varphi_f}{\partial \rho}\frac{\partial \rho}{\partial x} + \frac{\partial \varphi_f}{\partial \phi}\frac{\partial \phi}{\partial x} = \cos\phi \frac{\partial \varphi_f}{\partial \rho} - \frac{\sin\phi}{\rho}\frac{\partial \varphi_f}{\partial \phi} \qquad (6.7\text{-}8)$$

$$\frac{\partial \varphi_f}{\partial y} = \frac{\partial \varphi_f}{\partial \rho}\frac{\partial \rho}{\partial y} + \frac{\partial \varphi_f}{\partial \phi}\frac{\partial \phi}{\partial y} = \sin\phi \frac{\partial \varphi_f}{\partial \rho} + \frac{\cos\phi}{\rho}\frac{\partial \varphi_f}{\partial \phi} \qquad (6.7\text{-}9)$$

因此可得：

$$\left.\begin{aligned}
\sigma_\rho &= (\sigma_x)_{\phi=0} = \left(\frac{\partial^2 \varphi_f}{\partial y^2}\right)_{\phi=0} = \frac{1}{\rho}\frac{\partial \varphi_f}{\partial \rho} + \frac{1}{\rho^2}\frac{\partial^2 \varphi_f}{\partial \phi^2} \\
\sigma_\phi &= (\sigma_y)_{\phi=0} = \left(\frac{\partial^2 \varphi_f}{\partial x^2}\right)_{\phi=0} = \frac{\partial^2 \varphi_f}{\partial \rho^2} \\
\sigma_{\rho\phi} &= (\tau_{xy})_{\phi=0} = \left(-\frac{\partial^2 \varphi_f}{\partial x \partial y}\right)_{\phi=0} = -\frac{\partial}{\partial \rho}\left(\frac{1}{\rho}\frac{\partial \varphi_f}{\partial \phi}\right)
\end{aligned}\right\} \qquad (6.7\text{-}10)$$

方程（6.7-7）用应力函数表示：

$$\nabla^2 \varphi_f = \frac{\partial^2 \varphi_f}{\partial x^2} + \frac{\partial^2 \varphi_f}{\partial y^2} = \frac{\partial^2 \varphi_f}{\partial \rho^2} + \frac{1}{\rho}\frac{\partial \varphi_f}{\partial \rho} + \frac{1}{\rho^2}\frac{\partial^2 \varphi_f}{\partial \phi^2} \qquad (6.7\text{-}11)$$

于是，极坐标系下双调和方程表示为：

$$\nabla^4 \varphi_f = \left(\frac{\partial^2}{\partial \rho^2} + \frac{1}{\rho}\frac{\partial}{\partial \rho} + \frac{1}{\rho^2}\frac{\partial^2}{\partial \phi^2}\right)\left(\frac{\partial^2 \varphi_f}{\partial \rho^2} + \frac{1}{\rho}\frac{\partial \varphi_f}{\partial \rho} + \frac{1}{\rho^2}\frac{\partial^2 \varphi_f}{\partial \phi^2}\right) = 0$$
$$(6.7\text{-}12)$$

至此，采用应力法求解极坐标系下弹性力学问题转换为寻找合适的应力函数 $\varphi_f(\rho,\phi)$，使其满足双调和方程和边界条件。

§6.8 厚壁圆筒问题位移法

如图 6.8-1 所示，内径为 $2a$，外径为 $2b$ 的厚壁圆筒，受内压 p_1 和外压 p_2 作用，且筒长远大于筒径，试求筒壁内应力分布。

由问题对称性可知，应力、应变分布对称于中心轴线。取径向为 ρ 轴，环向为 ϕ 轴，筒长方向为 z 轴，则筒壁内每个点位移只有 ρ 方向的 u 和 z 方向的 w，且均与 ϕ 无关。ϕ 方向位移 $v=0$。

同时，由于筒长远大于筒径，故满足平面应变条件，因此，z 方向位移 w 为零，u 与 z 也无关，即 $u=u(\rho)$。因此，平面内只有一个位移分量 u。几何方程可写作：

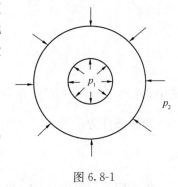

图 6.8-1

$$\left.\begin{array}{l} \varepsilon_\rho = \dfrac{\mathrm{d}u}{\mathrm{d}\rho} \\ \varepsilon_\phi = \dfrac{u}{\rho} \\ \gamma_{\rho\phi} = 0 \end{array}\right\} \quad (6.8\text{-}1)$$

因此，相对体积变形为：

$$\varepsilon_v = \varepsilon_\rho + \varepsilon_\phi + \varepsilon_z = \frac{\mathrm{d}u}{\mathrm{d}\rho} + \frac{u}{\rho} \tag{6.8-2}$$

由本构方程可得用位移表示的应力分量如下：

$$\left.\begin{array}{l} \sigma_\rho = 2G\left(\varepsilon_\rho + \dfrac{\nu}{1-2\nu}\varepsilon_v\right) = \dfrac{2G(1-\nu)}{1-2\nu}\left(\dfrac{\mathrm{d}u}{\mathrm{d}\rho} + \dfrac{\nu}{1-\nu}\dfrac{u}{\rho}\right) \\[2mm] \sigma_\phi = 2G\left(\varepsilon_\phi + \dfrac{\nu}{1-2\nu}\varepsilon_v\right) = \dfrac{2G(1-\nu)}{1-2\nu}\left(\dfrac{\nu}{1-\nu}\dfrac{\mathrm{d}u}{\mathrm{d}\rho} + \dfrac{u}{\rho}\right) \\[2mm] \sigma_z = 2G\left(\varepsilon_z + \dfrac{\nu}{1-2\nu}\varepsilon_v\right) = \dfrac{2G(1-\nu)}{1-2\nu}\left(\dfrac{\nu}{1-\nu}\dfrac{\mathrm{d}u}{\mathrm{d}\rho} + \dfrac{\nu}{1-\nu}\dfrac{u}{\rho}\right) \\[2mm] \tau_{\rho\phi} = \tau_{\rho z} = \tau_{\phi z} = 0 \end{array}\right\} \quad (6.8\text{-}3)$$

平衡微分方程为：

$$\frac{\partial \sigma_\rho}{\partial \rho} + \frac{\sigma_\rho - \sigma_\phi}{\rho} = 0 \tag{6.8-4}$$

将 σ_ρ、σ_ϕ 代入平衡微分方程，化简得：

$$\frac{\mathrm{d}^2 u}{\mathrm{d}\rho^2} + \frac{1}{\rho}\frac{\mathrm{d}u}{\mathrm{d}\rho} - \frac{u}{\rho^2} = 0 \tag{6.8-5}$$

上式为欧拉二阶线性齐次微分方程，其特解为：

$$u = \rho^n \tag{6.8-6}$$

将特解代入微分方程，得其特征方程为：

$$n^2 - 1 = 0 \tag{6.8-7}$$

解之得：

$$n_1 = 1, \; n_2 = -1 \tag{6.8-8}$$

因此，相应特解为 $1/\rho$ 和 ρ，而其通解应为 2 个特解的线性组合，即：

$$u = C_1\rho + C_2 \frac{1}{\rho} \tag{6.8-9}$$

将此结果代入本构方程，得：

$$\left.\begin{aligned} \sigma_\rho &= A - B\frac{1}{\rho^2} \\ \sigma_\phi &= A + B\frac{1}{\rho^2} \\ \sigma_z &= 2\nu A \end{aligned}\right\} \tag{6.8-10}$$

式中，$A = \dfrac{2G(1-\nu)}{1-2\nu}C_1$，$B = 2GC_2$，应由边界条件确定。

边界条件为：

$$\left.\begin{aligned} (\sigma_\rho)_{\rho=a} &= -p_1 \\ (\sigma_\rho)_{\rho=b} &= -p_2 \end{aligned}\right\} \tag{6.8-11}$$

代入应力分量表达式，得：

$$\left.\begin{aligned} \sigma_\rho &= \frac{p_1 a^2 - p_2 b^2}{b^2 - a^2} - \frac{(p_1 - p_2)a^2 b^2}{(b^2 - a^2)\rho^2} \\ \sigma_\phi &= \frac{p_1 a^2 - p_2 b^2}{b^2 - a^2} + \frac{(p_1 - p_2)a^2 b^2}{(b^2 - a^2)\rho^2} \\ \tau_{\rho\phi} &= 0 \end{aligned}\right\} \tag{6.8-12}$$

当 $\rho = a$ 时：

$$\left.\begin{aligned} \sigma_\rho &= -p_1 \\ \sigma_\phi &= \frac{a^2 + b^2}{b^2 - a^2}p_1 + \frac{2b^2 p_2}{b^2 - a^2} \end{aligned}\right\} \tag{6.8-13}$$

当 $\rho = b$ 时：

$$\left.\begin{aligned} \sigma_\rho &= -p_2 \\ \sigma_\phi &= \frac{2a^2 p_1}{b^2 - a^2} + \frac{b^2 + a^2}{b^2 - a^2}p_2 \end{aligned}\right\} \tag{6.8-14}$$

若 $p_2 = 0$（外侧压力为零）：

$$\left.\begin{aligned} \sigma_\rho &= \frac{p_1 a^2}{b^2 - a^2} - \frac{p_1 a^2 b^2}{(b^2 - a^2)\rho^2} \\ \sigma_\phi &= \frac{p_1 a^2}{b^2 - a^2} + \frac{p_1 a^2 b^2}{(b^2 - a^2)\rho^2} \end{aligned}\right\} \tag{6.8-15}$$

若 $p_1 = 0$（内侧压力为零）：

$$\left.\begin{aligned}\sigma_\rho &= -\frac{p_2 b^2}{b^2-a^2} + \frac{p_2 a^2 b^2}{(b^2-a^2)\rho^2} \\ \sigma_\phi &= -\frac{p_2 b^2}{b^2-a^2} - \frac{p_2 a^2 b^2}{(b^2-a^2)\rho^2}\end{aligned}\right\}$$

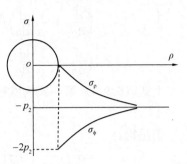

图 6.8-2

(6.8-16)

若 $b \gg a$，即，无限大区域内无支护隧道围岩中应力分量表达如下：

$$\left.\begin{aligned}\sigma_\rho &= -p_2 + \frac{a^2}{\rho^2} p_2 \\ \sigma_\phi &= -p_2 - \frac{a^2}{\rho^2} p_2\end{aligned}\right\} \quad (6.8\text{-}17)$$

静水压力条件下圆形隧道周围应力分布曲线，如图 6.8-2 所示。

§6.9 圆孔孔边应力集中应力法

讨论对边受均匀拉力作用的带孔平板，设孔为圆形，半径为 a，且远小于板的尺寸，如图 6.9-1 所示，则孔边的应力将远大于无孔时的应力，这种现象称为应力集中。

由圣维南原理可知，在远离小孔的地方，孔边局部应力集中的影响将消失。对于无孔板来说，板中应力为 $\sigma_x = q$、$\sigma_y = 0$、$\tau_{xy} = 0$，与之相应的应力函数为：

$$\varphi_{f0} = \frac{1}{2} q y^2 \qquad (6.9\text{-}1)$$

用极坐标表示为：

$$\varphi_{f0} = \frac{1}{2} q \rho^2 \sin^2 \phi = \frac{1}{4} q \rho^2 (1 - \cos 2\phi) \qquad (6.9\text{-}2)$$

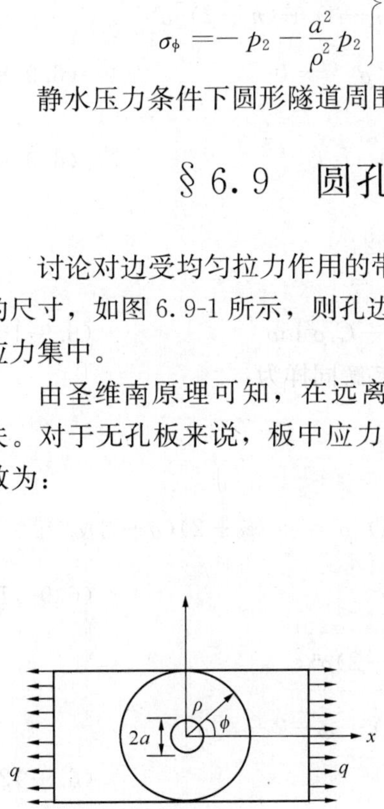

现在要找一个应力函数 φ_f，使它适用于有圆孔的板，且在 ρ 值足够大时与应力函数 φ_{f0} 给出的应力相同。

图 6.9-1

取应力函数为下列形式：

$$\varphi_f = f_1(\rho) + f_2(\rho) \cos 2\phi \qquad (6.9\text{-}3)$$

将式（6.9-3）代入双调和方程（6.7-9），得：

$$\left(\frac{\mathrm{d}^2}{\mathrm{d}\rho^2} + \frac{1}{\rho}\frac{\mathrm{d}}{\mathrm{d}\rho}\right)\left(\frac{\mathrm{d}^2 f_1}{\mathrm{d}\rho^2} + \frac{1}{\rho}\frac{\mathrm{d}f_1}{\mathrm{d}\rho}\right) +$$

$$\left(\frac{\mathrm{d}^2}{\mathrm{d}\rho^2} + \frac{1}{\rho}\frac{\mathrm{d}}{\mathrm{d}\rho} - \frac{4}{\rho^2}\right)\left(\frac{\mathrm{d}^2 f_2}{\mathrm{d}\rho^2} + \frac{1}{\rho}\frac{\mathrm{d}f_2}{\mathrm{d}\rho} - \frac{4 f_2}{\rho^2}\right)\cos 2\phi = 0 \qquad (6.9\text{-}4)$$

因上式对所有的 ϕ 均应满足，即 $\cos 2\phi$ 不恒等于 0，故有：

$$\left.\begin{aligned}\left(\frac{d^2}{d\rho^2}+\frac{1}{\rho}\frac{d}{d\rho}\right)\left(\frac{d^2 f_1}{d\rho^2}+\frac{1}{\rho}\frac{df_1}{d\rho}\right)&=0\\\left(\frac{d^2}{d\rho^2}+\frac{1}{\rho}\frac{d}{d\rho}-\frac{4}{\rho^2}\right)\left(\frac{d^2 f_2}{d\rho^2}+\frac{1}{\rho}\frac{df_2}{d\rho}-\frac{4f_2}{\rho^2}\right)&=0\end{aligned}\right\} \quad (6.9\text{-}5)$$

上式 (6.9-5) 第一式为欧拉线性方程，其特解为：

$$f_1 = \rho^n \tag{6.9-6}$$

于是得：

$$\frac{d^2 f_1}{d\rho^2}+\frac{1}{\rho}\frac{df_1}{d\rho}=[n(n-1)+n]\rho^{n-2}=n^2\rho^{n-2} \tag{6.9-7}$$

$$\left(\frac{d^2}{d\rho^2}+\frac{1}{\rho}\frac{d}{d\rho}\right)n^2\rho^{n-2}=n^2[(n-2)(n-3)+(n-2)]\rho^{n-4}$$

$$=n^2(n-2)^2\rho^{n-4}=0 \tag{6.9-8}$$

特征方程为：

$$n^2(n-2)^2=0 \tag{6.9-9}$$

其 4 个根为：

$$n_{1,2}=0,\ n_{3,4}=2$$

从而得式 (6.9-5) 第一式的通解为：

$$f_1 = C_1 + C_2 \ln\rho + C_3 \rho^2 + C_4 \rho^2 \ln\rho \tag{6.9-10}$$

式 (6.9-5) 第二式也是欧拉线性方程，其特解同样为：

$$f_2 = \rho^n$$

类似地有：

$$\frac{d^2 f_2}{d\rho^2}+\frac{1}{\rho}\frac{df_2}{d\rho}-\frac{4f_2}{\rho^2}=[n(n-1)+(n-4)]\rho^{n-2}=(n+2)(n-2)\rho^{n-2}$$

$$\tag{6.9-11}$$

$$\left(\frac{d^2}{d\rho^2}+\frac{1}{\rho}\frac{d}{d\rho}-\frac{4}{\rho^2}\right)(n+2)(n-2)\rho^{n-2}$$

$$=(n+2)(n-2)[(n-1)(n-3)+n-2-4]\rho^{n-4}$$

$$=(n+2)n(n-2)(n-4)\rho^{n-4} \tag{6.9-12}$$

因而 n 的 4 个值为：

$$n_1=-2,\ n_2=0,\ n_3=2,\ n_4=4$$

于是得式 (6.9-5) 第二式的通解为：

$$f_2 = \frac{C_5}{\rho^2}+C_6+C_7\rho^2+C_8\rho^4 \tag{6.9-13}$$

于是：

$$\varphi_f = f_1 + f_2 \cos 2\phi = C_1 + C_2 \ln\rho + C_3 \rho^2 + C_4 \rho^2 \ln\rho$$

$$+\left(\frac{C_5}{\rho^2}+C_6+C_7\rho^2+C_8\rho^4\right)\cos 2\phi \tag{6.9-14}$$

因此应力分量为：

$$\left.\begin{aligned}\sigma_\rho &= C_2 \frac{1}{\rho^2} + 2C_3 + C_4(1+2\ln\rho) - \left(\frac{6C_5}{\rho^4} + \frac{4C_6}{\rho^2} + 2C_7\right)\cos2\phi \\ \sigma_\phi &= -C_2 \frac{1}{\rho^2} + 2C_3 + C_4(3+2\ln\rho) + \left(\frac{6C_5}{\rho^4} + 2C_7 + 12C_8\rho^2\right)\cos2\phi \\ \tau_{\rho\phi} &= \left(-\frac{6C_5}{\rho^4} - \frac{2C_6}{\rho^2} + 2C_7 + 6C_8\rho^2\right)\sin2\phi\end{aligned}\right\}$$
(6.9-15)

上式中的常数，应根据下列条件确定：
① 当 $\rho \to \infty$ 时，应力应保持有限；
② 当 $\rho = a$ 时，$\sigma_\rho = \tau_{\rho\phi} = 0$。

由第一个条件，因当 $\rho \to \infty$，以 C_4、C_8 为系数的项无限增长，故 $C_4 = C_8 = 0$。
由第二个条件，当 $\rho = a$ 时，$\sigma_\rho = 0$，有：

$$2C_3 + \frac{C_2}{a^2} = 0, \quad 2C_7 + \frac{6C_5}{a^4} + \frac{4C_6}{a^2} = 0 \tag{6.9-16}$$

及 $\rho = a$ 时，$\tau_{\rho\phi} = 0$，有：

$$2C_7 - \frac{6C_5}{a^4} - \frac{2C_6}{a^2} = 0 \tag{6.9-17}$$

此外，应力函数 φ_f 在 ρ 足够大时给出的应力应与 φ_{f0} 给出的应力相同。因 $\varphi_{f0} = \frac{1}{4}q\rho^2 - \frac{1}{4}q\rho^2\cos2\phi$，故由 φ_{f0} 确定的应力分量为：

$$\left.\begin{aligned}\sigma_\rho^0 &= \frac{1}{2}q(1+\cos2\phi) \\ \sigma_\phi^0 &= \frac{1}{2}q(1-\cos2\phi) \\ \tau_{\rho\phi}^0 &= -\frac{1}{2}q\sin2\phi\end{aligned}\right\} \tag{6.9-18}$$

于是，以上要求即在 $\rho \to \infty$ 的条件下，式（6.9-15）应与式（6.9-18）相等。由此，得：

$$2C_7 = -\frac{1}{2}q, \quad 2C_3 = \frac{1}{2}q \tag{6.9-19}$$

解式（6.9-16）、式（6.9-17）、式（6.9-19），得：

$$C_2 = -\frac{1}{2}qa^2, \quad C_3 = \frac{1}{4}q, \quad C_5 = -\frac{1}{4}qa^4, \quad C_6 = \frac{1}{2}qa^2, \quad C_7 = -\frac{1}{4}q$$

将以上结果代入式（6.9-14），并弃去 C_1（因它对应力分量没有影响），得应力函数为：

$$\varphi_f = \frac{1}{4}q\left[\rho^2 - 2a^2\ln\rho - \left(\rho^2 - 2a^2 + \frac{a^4}{\rho^2}\right)\cos2\phi\right] \tag{6.9-20}$$

各应力分量为：

$$\left.\begin{array}{l}\sigma_\rho = \dfrac{1}{2}q\left[1-\dfrac{a^2}{\rho^2}-\left(1-\dfrac{4a^2}{\rho^2}+\dfrac{3a^4}{\rho^4}\right)\cos2\phi\right] \\[2mm] \sigma_\phi = \dfrac{1}{2}q\left[1+\dfrac{a^2}{\rho^2}-\left(1+\dfrac{3a^4}{\rho^4}\right)\cos2\phi\right] \\[2mm] \tau_{\rho\phi} = -\dfrac{1}{2}q\left(1+\dfrac{2a^2}{\rho^2}-\dfrac{3a^4}{\rho^4}\right)\sin2\phi\end{array}\right\} \quad (6.9\text{-}21)$$

考察圆边$\left(\text{即 }\rho=a \text{ 和 }\phi=\pm\dfrac{\pi}{2}\right)$处的应力。实际上，由式（6.9-21）可得出（图6.9-2a），当$\rho=a$时：

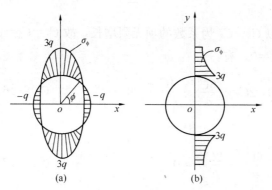

图 6.9-2

$$\left.\begin{array}{l}\sigma_\rho = 0 \\ \tau_{\rho\phi} = 0 \\ \sigma_\phi = q(1-2\cos2\phi)\end{array}\right\} \quad (6.9\text{-}22)$$

而当$\rho=a$、$\phi=\pm\dfrac{\pi}{2}$时，$\sigma_\phi=3q$；当$\phi=0$或$\phi=\pi$时，$\sigma_\phi=-q$。

当$\phi=\pm\dfrac{\pi}{2}$时，σ_ϕ随ρ的变化而变化的关系为（图6.9-2b）：

$$\sigma_\phi = q\left(1+\dfrac{a^2}{2\rho^2}+\dfrac{3a^4}{2\rho^4}\right) \quad (6.9\text{-}23)$$

当$\rho=a$时，$\sigma_\phi=3q$，这就是说，板条拉伸时孔边的最大拉应力为平均拉应力的3倍。而当$\phi=0°$或$\phi=\pi$时，$\sigma_\phi=-q$，为压应力。再由式（6.9-23）可知，当$\rho=2a$时，$\sigma_\phi=1.22q$；当$\rho=3a$时，$\sigma_\phi=1.07q$；当ρ足够大时，$\sigma_\phi\to q$；即应力集中现象只发生在孔边附近，远离孔边即迅速衰减下去。

应当指出，在孔的尺寸$2a$（图6.9-3）与平板尺寸d相比为很小时（$2a\ll d$），可采用下列近似公式：

$$(\sigma_\phi)_{\max} = 3q\dfrac{d}{d-a} \quad (6.9\text{-}24)$$

而对于椭圆形的孔，当椭圆的一个主轴（$2b$）与受拉方向一致时（图6.9-4），则在另一主轴（$2a$）端部产生的应力为：

$$(\sigma_\phi)_{\max} = q\left(1+\dfrac{2a}{b}\right) \quad (6.9\text{-}25)$$

由此可见，如$a>b$，则$(\sigma_\phi)_{\max}>3q$，且当$b\to 0$，即椭圆孔趋于一条裂纹时，裂纹尖端的应力是相当大的。这种情况表明，垂直于受拉方向的裂纹首先在端部扩展。为防止裂纹的扩展，常在裂纹尖端钻一小孔以降低应力集中系数。

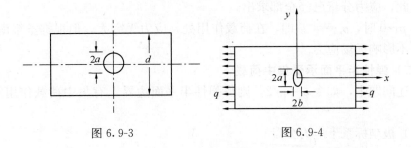

图 6.9-3 　　　　　　　　　图 6.9-4

§6.10　半无限弹性体平面问题

(一) 楔形尖顶承受集中荷载

三角形截面长柱体在顶端受荷载 F 作用，求应力分布，设单位厚度为 1，如图 6.10-1 所示。

(1) 应力函数选取

应力具有量纲 $L^{-1}MT^{-2}$，集中荷载具有量纲 MT^{-2}。根据量纲关系，应力分量表达式应取为 F/L，且应力与 F、ρ 和 ϕ 有关，应力函数 φ_f 比应力分量高两级，因此，$\varphi_f(\rho,\phi)$ 可表达为 $\varphi_f = \rho f(\phi)$，将其代入双调和方程，得 $\varphi_f = A\rho\phi\sin\phi$。

$$\left.\begin{aligned}\sigma_\rho &= \frac{1}{\rho}\frac{\partial\varphi_f}{\partial\rho}+\frac{1}{\rho^2}\frac{\partial^2\varphi_f}{\partial\phi^2}=\frac{2A}{\rho}\cos\phi\\ \sigma_\phi &= \frac{\partial^2\varphi_f}{\partial\rho^2}=0\\ \tau_{\rho\phi} &= \frac{\partial}{\partial\rho}\left(\frac{1}{\rho}\frac{\partial\varphi_f}{\partial\phi}\right)=0\end{aligned}\right\} \quad (6.10\text{-}1)$$

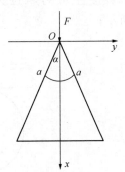

图 6.10-1

(2) 确定系数

上述应力分量表达式满足楔形体的外缘斜边无外力作用的边界条件。取半径为 ρ 的弧面 aa，其上分布应力合力与 F 平衡。

$$F = \int_{-\alpha}^{\alpha}\sigma_\rho\rho\cos\phi\,d\phi \quad (6.10\text{-}2)$$

将 σ_ρ 代入式（6.10-2）得：

$$2A = -\frac{F}{\alpha+\frac{1}{2}\sin 2\alpha} \quad (6.10\text{-}3)$$

因此：

$$\sigma_\rho = -\frac{F}{\alpha+\frac{1}{2}\sin 2\alpha}\frac{1}{\rho}\cos\phi \quad (6.10\text{-}4)$$

至此，应力分量已经全部求出。

当 $\rho \to 0$ 时，$\sigma_\rho \to \infty$。即，在荷载作用处，应力无穷大。但根据圣维南原理，该解答不影响远场应力。

(二) 弹性半平面承受集中荷载

上述问题中，如令 $\alpha = \pi/2$，则得弹性半平面边界上有集中荷载作用问题的解答。

(1) 极坐标系下应力分量

将 $\alpha = \pi/2$ 代入式 (6.10-4) 得：

$$\left.\begin{aligned}\sigma_\rho &= -\frac{2F}{\pi}\frac{\cos\phi}{\rho} \\ \sigma_\phi &= \tau_{\rho\phi} = 0\end{aligned}\right\} \qquad (6.10\text{-}5)$$

特征：

① σ_ρ 为主应力，指向原点，大小与 ρ 和 ϕ 有关；

② 在直径为 h，圆心在 Ox 上且与 y 轴相切于 O 点的圆上，任一点都有 $\rho/\cos\phi = h$，所以在此圆上各点正应力均为 $\sigma_\rho = -\frac{2F}{\pi h}$，如图 6.10-2 所示；

③ 主应力轨迹为一组同心圆和以 O 点为中心的放射线，如图 6.10-3 所示；

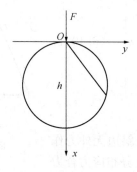

图 6.10-2

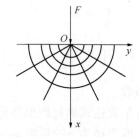

图 6.10-3 主应力轨迹

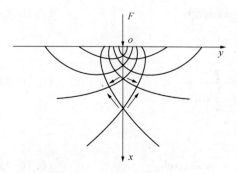

图 6.10-4 最大切应力轨迹

④ 最大切应力轨迹为对数螺线，如图 6.10-4 所示；

任一点的最大切应力均与主应力轨迹成 45°，由此可建立微分方程，$\frac{\rho \mathrm{d}\phi}{\mathrm{d}\rho} = \tan\frac{\pi}{4} = 1$，积分后得 $\rho = ce^\phi$，因而，最大切应力轨迹是一簇对数螺线。

(2) 直角坐标系下应力分量

将应力分量转换至直角坐标系：

第6章 平面问题

$$\left.\begin{aligned}\sigma_x &= \sigma_\rho \cos^2\phi = -\frac{2F}{\pi}\frac{\cos^3\phi}{\rho}\\ \sigma_y &= \sigma_\rho \sin^2\phi = -\frac{2F}{\pi}\frac{\sin^2\phi\cos\phi}{\rho}\\ \tau_{xy} &= \sigma_\rho \sin\phi\cos\phi = -\frac{2F}{\pi}\frac{\sin\phi\cos\phi}{\rho}\end{aligned}\right\} \quad (6.10\text{-}6)$$

即：

$$\left.\begin{aligned}\sigma_x &= -\frac{2F}{\pi}\frac{x^3}{(x^2+y^2)^2}\\ \sigma_y &= -\frac{2F}{\pi}\frac{xy^2}{(x^2+y^2)^2}\\ \tau_{xy} &= -\frac{2F}{\pi}\frac{x^2 y}{(x^2+y^2)^2}\end{aligned}\right\} \quad (6.10\text{-}7)$$

由此可得，在距自由边为 h 的平面上的应力为：

$$\left.\begin{aligned}\sigma_x &= -\frac{2F}{\pi}\frac{h^3}{(h^2+y^2)^2}\\ \sigma_y &= -\frac{2F}{\pi}\frac{hy^2}{(h^2+y^2)^2}\\ \tau_{xy} &= -\frac{2F}{\pi}\frac{h^2 y}{(h^2+y^2)^2}\end{aligned}\right\} \quad (6.10\text{-}8)$$

(3) 位移分量

本构方程代入几何方程得：

$$\left.\begin{aligned}\varepsilon_\rho &= \frac{\partial u}{\partial \rho} = -\frac{2F}{\pi E}\frac{\cos\phi}{\rho}\\ \varepsilon_\phi &= \frac{\partial v}{\rho \partial \phi} + \frac{u}{\rho} = \frac{2\nu F}{\pi E}\frac{\cos\phi}{\rho}\\ \gamma_{\rho\phi} &= \frac{\partial v}{\partial \rho} - \frac{v}{\rho} + \frac{\partial u}{\rho \partial \phi} = 0\end{aligned}\right\} \quad (6.10\text{-}9)$$

积分第一式：

$$u = -\frac{2F}{\pi E}\cos\phi\ln\rho + f(\phi) \quad (6.10\text{-}10)$$

将上式代入第二式，得：

$$\frac{\partial v}{\partial \phi} = -\frac{2\nu F}{\pi E}\frac{\cos\phi}{\rho} + \frac{2F}{\pi E}\cos\phi\ln\rho - f(\phi) \quad (6.10\text{-}11)$$

积分得：

$$v = -\frac{2\nu F}{\pi E}\sin\phi + \frac{2F}{\pi E}\sin\phi\ln\rho - \int f(\phi)\mathrm{d}\phi + f_1(\rho) \quad (6.10\text{-}12)$$

将 u 和 v 表达式代入第三式，简化后并乘以 ρ 后，得：

$$f_1(\rho) - \rho\frac{\mathrm{d}f_1(\rho)}{\mathrm{d}\rho} = \frac{\mathrm{d}f(\phi)}{\mathrm{d}\phi} + \int f(\phi)\mathrm{d}\phi + \frac{2(1-\nu)}{\pi E}\sin\phi \quad (6.10\text{-}13)$$

由此得：

$$f_1(\rho) - \rho \frac{df_1(\rho)}{d\rho} = L \tag{6.10-14}$$

$$\frac{df(\phi)}{d\phi} + \int f(\phi)d\phi + \frac{2(1-\nu)}{\pi E}\sin\phi = L \tag{6.10-15}$$

解之得：

$$f_1(\rho) = H\rho + L \tag{6.10-16}$$

$$f(\phi) = M\sin\phi + N\cos\phi - \frac{(1-\nu)F}{\pi E}\phi\sin\phi \tag{6.10-17}$$

式中，H、M、L、N 均为常数，考虑对 x 轴的对称性，有下列边界条件：

① 沿 x 轴，ρ 为任意值时均有：

$$(v)_{\phi=0} = 0$$

② 在图 6.10-5 中 A 点有：

$$(u)_{\phi=0, \rho=h} = 0$$

由此得：

$$H = M = L = 0, \quad N = \frac{2F}{\pi E}\ln h$$

于是，各位移分量为：

$$\left.\begin{array}{l} u = \dfrac{2F}{\pi E}\cos\phi\ln\dfrac{h}{\rho} - \dfrac{(1-\nu)F}{\pi E}\phi\sin\phi \\ v = -\dfrac{2\nu F}{\pi E}\sin\phi\ln\dfrac{h}{\rho} + \dfrac{2F}{\pi E}\sin\phi\ln\rho - \dfrac{(1-\nu)F}{\pi E}\phi\cos\phi + \dfrac{(1+\nu)F}{\pi E}\sin\phi \end{array}\right\}$$

$$(6.10-18)$$

由此，自由边界处位移为：

$$(-v)_{\phi=\pi/2} = \frac{2F}{\pi E}\ln\frac{h}{\rho} - \frac{(1+\nu)F}{\pi E} \tag{6.10-19}$$

此处 v 沿 ϕ 正方向为正。

当 $\rho \to 0$ 时，$(v)_{\phi=\pi/2} \to \infty$，这与实际不符。为了应用的目的，例如土力学中求地基沉降，如图 6.10-6 所示，可取自由边界上的一点作为基点，求任意点 M 对该点的相对位移为：

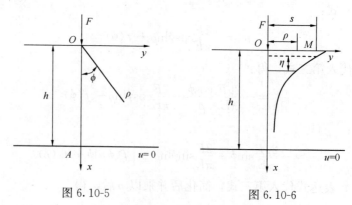

图 6.10-5 　　　　　图 6.10-6

$$\eta = \left[\frac{2F}{\pi E}\ln\frac{h}{\rho} - \frac{(1+\nu)F}{\pi E}\right] - \left[\frac{2F}{\pi E}\ln\frac{h}{s} - \frac{(1+\nu)F}{\pi E}\right] = \frac{2F}{\pi E}\ln\frac{s}{\rho}$$

$$(6.10-20)$$

*§6.11 对径受压圆盘中的应力分析

如图 6.11-1 所示，一直径为 d、厚度为 t 的弹性圆盘，沿对径方向受到压力 p 的作用，计算该圆盘中应力分布。

(1) 分析方法

为求得圆盘中应力分布，直接求解比较困难，采用叠加原理将问题分为三部分进行求解，如图 6.11-2 所示，最后将各部分求解的应力进行线性叠加即可求得圆盘中的应力分布。

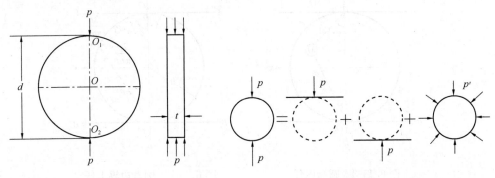

图 6.11-1 对径受压圆盘　　　　图 6.11-2

(2) 求解过程

为了求得对径受压圆盘内任一点的应力，如图 6.11-3 所示把沿竖向 O_1O_2 上、下端的压力用 p_1、p_2 分开（实际上 $p_1=p_2=p$），并过竖直直径的上端点 O_1 作水平切线 AA，把 AA 以下部分设想为一半无限平面，从其中的 O_1 点处切出直径为 d 的圆盘。由式：

$$\left.\begin{array}{l} \sigma_\rho = -\dfrac{2p}{\pi\rho}\cos\phi \\ \sigma_\phi = 0 \\ \tau_{\rho\phi} = 0 \end{array}\right\} \quad (6.11\text{-}1)$$

可知，圆盘内任一点 M 的应力分量可表示为：

$$\left.\begin{array}{l} \sigma'_\rho = -\dfrac{2p}{\pi t}\dfrac{\cos\phi_1}{\rho_1} \\ \sigma'_\phi = 0 \\ \tau'_{\rho\phi} = 0 \end{array}\right\} \quad (6.11\text{-}2)$$

式中，ρ_1、ϕ_1 为图 6.11-1 中以 O_1 点为极点的极径和极角。特别地，在圆盘周边上任一点 M 处，由于 $\rho_1 = d\cos\phi_1$ 其应力分量可写为：

$$\left.\begin{array}{l} \sigma'_\rho = -\dfrac{2p}{\pi td} \\ \sigma'_\phi = 0 \\ \tau'_{\rho\phi} = 0 \end{array}\right\} \quad (6.11\text{-}3)$$

类似地，再过 O_2 点作竖直直径 O_1O_2 的水平切线 BB，把 BB 以上部分也看成为一半无限平面，从其中的 O_2 点处切出直径为 d 的圆盘（图6.11-4），圆盘内任一点的应力分量可表示为：

$$\left.\begin{array}{l}\sigma''_\rho = -\dfrac{2p}{\pi t}\dfrac{\cos\phi_2}{\rho_2}\\ \sigma''_\phi = 0\\ \tau''_{\rho\phi} = 0\end{array}\right\} \quad (6.11\text{-}4)$$

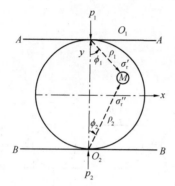
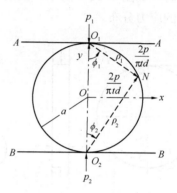

图6.11-3　圆盘内任一点 M 的受力分析　　图6.11-4　圆盘边界上任一点 N 的受力分析

式中，ρ_2、ϕ_2 为示于图6.11-4中以 O_2 点为极点的极径和极角，特别地，在圆盘周边上任一点 N 处（图6.11-4）的应力分量为：

$$\left.\begin{array}{l}\sigma''_\rho = -\dfrac{2p}{\pi td}\\ \sigma''_\phi = 0\\ \tau''_{\rho\phi} = 0\end{array}\right\} \quad (6.11\text{-}5)$$

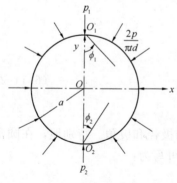

图6.11-5　受均匀法向压应力 $\dfrac{2p}{\pi td}$ 作用下的圆盘

这样，图6.11-4所示的圆盘在 O_1、O_2 两点除受有对径压力 p 外，在其圆周上任一点 N 还受有式（6.11-3）和式（6.11-5）二式所示的径向应力。由上二式可知，在 N 点沿 ρ_1 方向和沿 ρ_2 方向的压力相等且 ρ_1、ρ_2 方向相互垂直，亦即 N 点处于两向均匀压缩状态，因而沿 ON 方向也受有压应力 $\dfrac{2p}{\pi td}$。由于 N 为圆盘边界上的任一点，因此，由式（6.11-3）和式（6.11-5）所示的应力分量在圆盘边界上的合应力使得圆盘在边界上承受着强度为 $\dfrac{2p}{\pi td}$ 的均匀法向压应力，图6.11-5示出了这种情形。

实际上圆盘周边为一自由边界，因此，应在

第6章 平面问题

图 6.11-4 中所示圆盘的周界施以大小等于 $\dfrac{2p}{\pi td}$ 的均匀法向拉应力，就能使圆盘周边上无分布力作用。其应力分布为：

$$\left.\begin{aligned}\sigma'''_\rho &= \dfrac{2p}{\pi td} \\ \sigma'''_\phi &= 0 \\ \tau'''_{\rho\phi} &= 0\end{aligned}\right\} \quad (6.11\text{-}6)$$

通过以上讨论可知，图 6.11-1 所示对径受压圆盘问题的应力分量是由式（6.11-2）、式（6.11-4）和式（6.11-6）的叠加，即：

$$\left.\begin{aligned}\sigma_\rho &= \dfrac{2p}{\pi t}\dfrac{\cos\phi_1}{\rho_1} - \dfrac{2p}{\pi t}\dfrac{\cos\phi_2}{\rho_2} + \dfrac{2p}{\pi td} \\ \sigma_\phi &= 0 \\ \tau_{\rho\phi} &= 0\end{aligned}\right\} \quad (6.11\text{-}7)$$

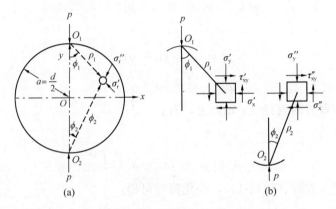

图 6.11-6 对径受压圆盘内直角坐标应力分量的记号

根据上式，利用坐标转换的方法，可以求得在直角坐标 Oxy（图 6.11-6）里 σ_x、σ_y 和 τ_{xy} 为：

$$\left.\begin{aligned}\sigma_x &= \sigma'_\rho \sin^2\phi_1 + \sigma''_\rho \sin^2\phi_2 + \dfrac{2p}{\pi td} \\ \sigma_y &= \sigma'_\rho \cos^2\phi_1 + \sigma''_\rho \cos^2\phi_2 + \dfrac{2p}{\pi td} \\ \tau_{xy} &= \sigma'_\rho \sin\phi_1 \cos\phi_1 - \sigma''_\rho \sin\phi_2 \cos\phi_2\end{aligned}\right\} \quad (6.11\text{-}8)$$

将式（6.11-2）和式（6.11-4）中的 σ'_ρ、σ''_ρ 的表达式代入上式，则得：

$$\left.\begin{aligned}\sigma_x &= -\dfrac{2p}{\pi t}\left(\dfrac{\cos\phi_1 \sin^2\phi_1}{\rho_1} + \dfrac{\cos\phi_2 \sin^2\phi_2}{\rho_2} - \dfrac{1}{d}\right) \\ \sigma_y &= -\dfrac{2p}{\pi t}\left(\dfrac{\cos^3\phi_1}{\rho_1} + \dfrac{\cos^3\phi_2}{\rho_2} - \dfrac{1}{d}\right) \\ \tau_{xy} &= \dfrac{2p}{\pi t}\left(\dfrac{\cos^2\phi_1 \sin\phi_1}{\rho_1} - \dfrac{\cos^2\phi_2 \sin\phi_2}{\rho_2}\right)\end{aligned}\right\} \quad (6.11\text{-}9)$$

式中，ϕ_1 和 ϕ_2 的符号规定如下：当点在 y 轴之右时取正，在 y 轴之左时取负，切应力的方向则如图 6.11-6 所示。

观察图 6.11-6 可知：

$$\left.\begin{array}{l}\sin\phi_1 = \dfrac{x}{\rho_1}, \quad \cos\phi_1 = \dfrac{a-y}{\rho_1} \\ \sin\phi_2 = \dfrac{x}{\rho_2}, \quad \cos\phi_2 = \dfrac{a+y}{\rho_2}\end{array}\right\} \quad (6.11\text{-}10)$$

式中，a 为圆盘的半径。

把式 (6.11-10) 代入式 (6.11-7)，得：

$$\left.\begin{array}{l}\sigma_x = -\dfrac{2p}{\pi t}\left[\dfrac{(a-y)x^2}{\rho_1^4} + \dfrac{(a+y)x^2}{\rho_2^4} - \dfrac{1}{d}\right] \\ \sigma_y = -\dfrac{2p}{\pi t}\left[\dfrac{(a-y)^3}{\rho_1^4} + \dfrac{(a+y)^3}{\rho_2^4} - \dfrac{1}{d}\right] \\ \tau_{xy} = \dfrac{2p}{\pi t}\left[\dfrac{(a-y)^2 x}{\rho_1^4} - \dfrac{(a+y)^2 x}{\rho_2^4}\right]\end{array}\right\} \quad (6.11\text{-}11)$$

式中，

$$\left.\begin{array}{l}\rho_1^2 = x^2 + (a-y)^2 \\ \rho_2^2 = x^2 + (a+y)^2\end{array}\right\} \quad (6.11\text{-}12)$$

在与载荷垂直的直径（x 轴）上，有：

$$\left.\begin{array}{l}y = 0 \\ \rho_1 = \rho_2 = (x^2 + a^2)^{\frac{1}{2}}\end{array}\right\} \quad (6.11\text{-}13)$$

把这些代入方程 (6.11-11)，经化简后可得：

$$\left.\begin{array}{l}\sigma_x = \dfrac{2p}{\pi t d}\left(\dfrac{d^2 - 4x^2}{d^2 + 4x^2}\right)^2 \\ \sigma_y = -\dfrac{2p}{\pi t d}\left[\dfrac{4d^4}{(d^2 + 4x^2)^2} - 1\right] \\ \tau_{xy} = 0\end{array}\right\} \quad (6.11\text{-}14)$$

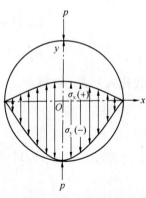

图 6.11-7 对径受压圆盘沿水平对称面的应力分布曲线

上式的应力分布规律如图 6.11-7 所示。

由式 (6.11-14) 和图 6.11-7 可知，在 x 轴上，σ_x 总是正的，即拉应力；σ_y 总是负的，即压应力。在圆周上，即在水平直径的两端，σ_x 和 σ_y 均为零。它们的最大值发生在 $x=0$ 的圆盘中心处，其最大应力值为：

$$\left.\begin{array}{l}(\sigma_x)_{x=0, y=0} = \dfrac{2p}{\pi t d} \\ (\sigma_y)_{x=0, y=x} = -\dfrac{6p}{\pi t d}\end{array}\right\} \quad (6.11\text{-}15)$$

在 y 轴（即圆盘的铅直中央截面）上，有：

$$\left.\begin{aligned}x &= 0\\ \rho_1 &= a-y\\ \rho_2 &= a+y\end{aligned}\right\} \qquad (6.11\text{-}16)$$

将这些值代入式（6.11-11），得：

$$\left.\begin{aligned}\sigma_x &= \frac{2p}{\pi t d}\\ \sigma_y &= -\frac{2p}{\pi t}\left(\frac{1}{a-y}+\frac{1}{a+y}-\frac{1}{d}\right)\\ \tau_{xy} &= 0\end{aligned}\right\} \qquad (6.11\text{-}17)$$

上式的应力分布规律示于图 6.11-8。

由式（6.11-17）和图 6.11-8 可知，在圆盘的铅直中央截面上，亦即在沿载荷作用线上，水平应力 σ_x 为拉应力且为常数，这是在岩石试验中，用圆盘试件进行劈裂实验求算试件抗拉强度值的理论依据。但是，应该说明的是，式（6.11-11）是假定两个力 p 为集中力（即它们的作用面积为无限小）的结果，同时，也没考虑到力 p 作用点附近的应力是否已经超出弹性极限而进入塑性状态的问题。实际情况是，当对圆盘试件进行对径压缩时，受力点 O_1、O_2 附近的材料很快进入屈服状态或产生局部破坏，力 p

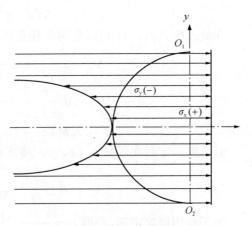

图 6.11-8　对径受压圆盘沿铅直对称面的应力分布曲线

与圆盘试件也不是点接触，因而，应力分布情况与式（6.11-11）所表示的差别较大。

*§6.12　位移函数法

由位移法控制方程一般形式得平面问题控制方程如下：

$$\left.\begin{aligned}(\lambda+G)\frac{\partial \varepsilon_v}{\partial x}+G\nabla^2 u+f_x &= 0\\ (\lambda+G)\frac{\partial \varepsilon_v}{\partial y}+G\nabla^2 v+f_y &= 0\end{aligned}\right\} \qquad (6.12\text{-}1)$$

用位移法求解弹性力学平面问题时，若给出的为应力边界条件，则应将应力边界条件用位移分量来表示，此时：

$$\left.\begin{aligned}l\left(\lambda\varepsilon_v+2G\frac{\partial u}{\partial x}\right)_s+mG\left(\frac{\partial u}{\partial y}+\frac{\partial v}{\partial x}\right)_s &= \bar{f}_x\\ lG\left(\frac{\partial u}{\partial y}+\frac{\partial v}{\partial x}\right)_s+m\left(\lambda\varepsilon_v+2G\frac{\partial v}{\partial y}\right)_s &= \bar{f}_y\end{aligned}\right\} \qquad (6.12\text{-}2)$$

若给出的为位移边界条件，即式（6.12-2）时，则可直接使用。

$$(u)_s = u(x,y), (v)_s = v(x,y) \atop (u_i)_s = u_i(x,y), (i=1,2)} \quad (6.12\text{-}3)$$

因而，用位移法求解弹性力学平面应变问题，就是在式（6.12-2）或式（6.12-3）的边界条件下求解两个联立的二阶偏微分方程组（6.12-1）。求出位移分量 u、v 后，由几何方程求出应变分量，再由本构方程求出应力分量。

当忽略体力时，利用线性常系数偏微分方程的通解定理，可以把两个联立的二阶偏微分方程组式（6.12-1）化为一个称为位移函数 $\varphi(x,y)$ 的偏微分方程，这样，可以方便于式（6.12-1）的求解。

线性常系数偏微分方程的通解定理是对于线性常系数偏微分方程：

$$\nabla_1^2 f_1 = \nabla_2^2 f_2 \quad (6.12\text{-}4)$$

在此式中，f_1、f_2 可以是两个任意函数。

$$\nabla_1^2 = a\frac{\partial^2}{\partial x^2} + b\frac{\partial^2}{\partial x \partial y} + c\frac{\partial^2}{\partial y^2} \quad (6.12\text{-}5a)$$

$$\nabla_2^2 = d\frac{\partial^2}{\partial x^2} + e\frac{\partial^2}{\partial x \partial y} + f\frac{\partial^2}{\partial y^2} \quad (6.12\text{-}5b)$$

式中，a、b、c、d、e、f 均为常数。当 $\alpha = (af-cd)^2 - (ba-ac)(ce-bf) \neq 0$ 时，则一定存在函数 $\varphi(x,y)$ 使方程式（6.12-4）的通解为：

$$\left. \begin{array}{l} f_1 = \nabla_2^2 \varphi \\ f_2 = \nabla_1^2 \varphi \end{array} \right\} \quad (6.12\text{-}6)$$

为了利用通解定理，根据 $\lambda = \dfrac{\nu E}{(1+\nu)(1-2\nu)}$、$G = \dfrac{E}{2(1+\nu)}$、$\varepsilon_v = \dfrac{\partial u}{\partial x} + \dfrac{\partial v}{\partial y}$，可以把位移法求解平面应变问题的基本方程（不计体力）式（6.12-1）改写为如下形式：

$$\frac{\partial^2 u}{\partial x^2} + \frac{1-2\nu}{2(1-\nu)}\frac{\partial^2 u}{\partial y^2} = -\frac{1}{2(1-\nu)}\frac{\partial^2 v}{\partial x \partial y} \quad (6.12\text{-}7a)$$

$$\frac{\partial^2 v}{\partial y^2} + \frac{1-2\nu}{2(1-\nu)}\frac{\partial^2 v}{\partial x^2} + \frac{1}{2(1-\nu)}\frac{\partial^2 u}{\partial x \partial y} = 0 \quad (6.12\text{-}7b)$$

对式（6.12-7a）利用通解定理式（6.12-6）（此时 $a=1$，$b=0$，$c=\dfrac{1-2\nu}{2(1-\nu)}$，$d=0$，$e=-\dfrac{1}{2(1-\nu)}$，$f=0$），得：

$$\left. \begin{array}{l} u = \nabla_2^2 \varphi = -\dfrac{1}{2(1-\nu)}\dfrac{\partial^2 \varphi}{\partial x \partial y} \\ v = \nabla_1^2 \varphi = \dfrac{\partial^2 \varphi}{\partial x^2} + \dfrac{1-2\nu}{2(1-\nu)}\dfrac{\partial^2 \varphi}{\partial y^2} \end{array} \right\} \quad (6.12\text{-}8)$$

此处，把 $\varphi(x,y)$ 叫做位移函数。

把式（6.12-8）代入式（6.12-7b），得到用位移函数 $\varphi(x,y)$ 表示的位移法基本方程为：

$$\nabla^4 \varphi = 0 \qquad (6.12\text{-}9)$$

这里，

$$\nabla^4 = \left(\frac{\partial^2}{\partial x^2} + \frac{\partial^2}{\partial y^2}\right)^2 = \frac{\partial^4}{\partial x^4} + 2\frac{\partial^4}{\partial x^2 \partial y^2} + \frac{\partial^4}{\partial y^4} \qquad (6.12\text{-}10)$$

为双调和算子。式（6.12-9）称为双调和方程。满足双调和方程的函数称为双调和函数，因而，位移函数 $\varphi(x, y)$ 应为双调和函数。

把式（6.12-8）代入本构方程，可得到用位移函数 $\varphi(x, y)$ 表示的应力分量如下：

$$\left.\begin{aligned}
\sigma_x &= G\left(-\frac{\partial^3 \varphi}{\partial x^2 \partial y} + \frac{\nu}{1-\nu}\frac{\partial^3 \varphi}{\partial y^3}\right) \\
\sigma_y &= G\left(\frac{2-\nu}{1-\nu}\frac{\partial^3 \varphi}{\partial x^2 \partial y} + \frac{\partial^3 \varphi}{\partial y^3}\right) \\
\tau_{xy} &= G\left(-\frac{\partial^3 \varphi}{\partial x^3} - \frac{\nu}{1-\nu}\frac{\partial^3 \varphi}{\partial x \partial y^2}\right)
\end{aligned}\right\} \qquad (6.12\text{-}11)$$

如果从式（6.12-7b）出发，则可求得式（6.12-1）的另一个通解。这个通解可在前面的通解中变换 x、u 与 y、v 的位置而得到，其求解过程留给读者。但是，这里指出一点：位移函数应满足的基本方程仍为双调和方程。

相应地，边界条件式（6.12-2）或式（6.12-3）也应变换为用位移函数 $\varphi(x, y)$ 表示：

$$\left.\begin{aligned}
Gl\left(-\frac{\partial^3 \varphi}{\partial x^2 \partial y} + \frac{\nu}{1-\nu}\frac{\partial^3 \varphi}{\partial y^3}\right)_s + Gm\left(\frac{\partial^3 \varphi}{\partial x^3} - \frac{\nu}{1-\nu}\frac{\partial^3 \varphi}{\partial x \partial y^2}\right)_s &= \bar{f}_x \\
Gl\left(\frac{\partial^3 \varphi}{\partial x^3} - \frac{\nu}{1-\nu}\frac{\partial^3 \varphi}{\partial x \partial y^2}\right)_s + Gm\left(\frac{2\nu}{1-\nu}\frac{\partial^3 \varphi}{\partial x^2 \partial y} + \frac{\partial^3 \varphi}{\partial y^3}\right)_s &= \bar{f}_y
\end{aligned}\right\}$$

$$(6.12\text{-}12)$$

$$\left.\begin{aligned}
-\frac{1}{2(1-\nu)}\left(\frac{\partial^2 \varphi}{\partial x \partial y}\right)_s &= u(x, y) \\
\left(\frac{\partial^2 \varphi}{\partial x^2} + \frac{1-2\nu}{2(1-\nu)}\frac{\partial^2 \varphi}{\partial y^2}\right)_s &= v(x, y)
\end{aligned}\right\} \qquad (6.12\text{-}13)$$

对于平面应力问题，式（6.12-9）所示的双调和方程不变，其位移分量和应力分量分别变为：

$$\left.\begin{aligned}
u &= -\frac{1+\nu}{2}\frac{\partial^2 \varphi}{\partial x \partial y} \\
v &= \frac{\partial^2 \varphi}{\partial x^2} + \frac{(1-\nu)}{2}\frac{\partial^2 \varphi}{\partial y^2}
\end{aligned}\right\} \qquad (6.12\text{-}14)$$

$$\left.\begin{array}{l}\sigma_x = G\left(-\dfrac{\partial^3 \varphi}{\partial x^2 \partial y} + \nu \dfrac{\partial^3 \varphi}{\partial y^3}\right) \\[2mm] \sigma_y = G\left((2+\nu)\dfrac{\partial^3 \varphi}{\partial x^2 \partial y} + \dfrac{\partial^3 \varphi}{\partial y^3}\right) \\[2mm] \tau_{xy} = G\left(\dfrac{\partial^3 \varphi}{\partial x^3} - \nu \dfrac{\partial^3 \varphi}{\partial x \partial y^2}\right) \end{array}\right\} \qquad (6.12\text{-}15)$$

可以把用位移函数 $\varphi(x, y)$ 求解弹性力学平面问题的方法称为位移函数法。由上面的讨论可知，此法把弹性力学平面问题的求解归结为求解满足边界条件式（6.12-12）或式（6.12-13）（平面应变问题）的双调和函数，它的实质是：选择适当的位移函数 $\varphi(x, y)$，使得位移分量 u、v 均由这一位移函数决定，且这样决定的位移分量在域内自然满足位移法的基本方程之一，再使 $\varphi(x, y)$ 在域内满足位移法的另一基本方程和边界条件式（6.12-12）或式（6.12-13），则此位移分量即为所求问题的解。

显然，用位移函数法求解弹性力学平面问题的关键就是选择满足边界条件的双调和函数 $\varphi(x, y)$。可以用不同的方法选择位移函数 $\varphi(x, y)$，基于式（6.12-9）为四阶偏微分方程，它的求解往往碰到数学上的困难，因此，在求解具体问题时，可以根据弹性体的形状和受力特点，采用位移函数法的逆解法或半逆解法。

习　题

6-1　试比较平面应变问题和平面应力问题的异同点。

6-2　已知薄板（平面应力状态）的应变分量为 $\varepsilon_x = Axy$、$\varepsilon_y = By^2$、$\gamma_{xy} = C - Dy^2$，问是否满足应变协调条件？若其中 A、B、D 是不全为零的常量，体力为零，试问上述应变状态是否是一个平面弹性问题的可能解？

6-3　应力场 $(\sigma_{ij}) = \begin{bmatrix} x+y & \sigma_{12} & 0 \\ \sigma_{12} & x-y & 0 \\ 0 & 0 & y \end{bmatrix}$

其中，σ_{12} 为 x 和 y 的函数，如果满足没有体力情况下的平衡微分方程且当 $x=1$ 时，$\sigma_{12} = 6-y$，求 σ_{12} 关于 x 和 y 的函数。

6-4　在地下工程一点平面应变的测量中，若已测得一点位于同一平面内的三个正应变（图习题 6-1）为 $\varepsilon_{0°} = -270 \times 10^{-6}$、$\varepsilon_{45°} = -365 \times 10^{-6}$、$\varepsilon_{90°} = -10 \times 10^{-6}$，材料的弹性模量 $E = 2.1 \times 10^{10} \text{ N/m}^2$，泊松比 $\nu = 0.3$，试求此点的主应力及主应力方向。

6-5　如图习题 6-2 所示矩形截面柱的侧面作用有均布切力 τ，在 OA 面上作用有均布压力 q，试检验下式所示的应力分量是否是此问题的解（不计体力）。

$$\left.\begin{array}{l} \sigma_x = 0 \\[2mm] \sigma_y = \dfrac{2\tau}{h}y - \dfrac{6\tau}{h^2}xy - q \\[2mm] \tau_{xy} = \dfrac{3\tau}{h^2}x^2 - \dfrac{2\tau}{h}x \end{array}\right\}$$

第6章 平面问题

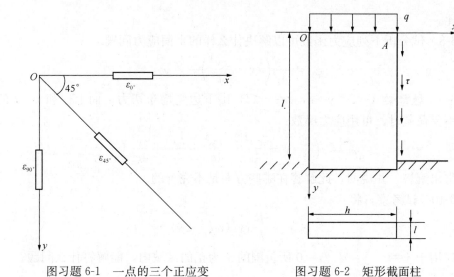

图习题 6-1 一点的三个正应变　　　图习题 6-2 矩形截面柱

6-6 挡水墙的密度为 ρ，厚度为 h，如图习题 6-3 所示，水的重度为 γ，试求挡水墙中的应力分量。

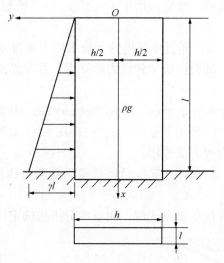

图习题 6-3 挡水墙

6-7 如图习题 6-4 所示一悬臂梁，在其自由端受有集中力 P 和弯矩 M 作用，在梁的上表面受均布载荷 q 的作用，试求梁内的应力，并与材料力学的应力解作

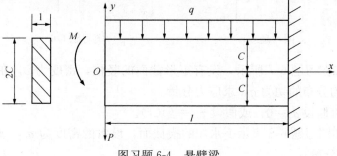

图习题 6-4 悬臂梁

一对比。

6-8　试分析下列应力函数可以解决什么样的平面应力问题。
$$\varphi_f = \frac{3F}{4c}\left(xy - \frac{xy^3}{3c^2}\right) + \frac{q}{2}y^2$$

6-9　悬臂梁（$-c<y<c$，$0<x<l$）沿下边受均布切力，而上边和 $x=l$ 的一端不受荷载时，可用应力函数：
$$\varphi_f = s\left(\frac{1}{4}xy - \frac{xy^2}{4c} - \frac{xy^3}{4c^2} + \frac{ly^2}{4c} + \frac{ly^3}{4c^2}\right)$$

得出解答。并说明，此解答在哪些方面是不完善的。

6-10　试考察，将：
$$\varphi_f = -\frac{F}{d^3}xy^2(3d-2y)$$

应用于 $y=0$、$y=d$、$x=0$ 所包围的 x 为正的区域内，能解答什么问题。

6-11　试证：
$$\varphi_f = \frac{1}{8c^3}\left[x^2(y^3 - 3c^2y - 2c^3) - \frac{1}{5}y^3(y^2 + 2c^2)\right]$$

是一个应力函数，并查明，将它应用于 $y=\pm c$、$x=0$ 所包围的 x 为正的区域内，能解答什么问题。

6-12　在课程 6.8 节，通过推导得到了静水压力条件下圆形隧道周围径向应力和环向应力表达式。试根据所学弹性力学知识，推导静水压力条件下圆形隧道周围位移表达式。

6-13　试确定应力函数 $\varphi_f = c\rho^2(\cos^2 2\phi - \cos^2 2\alpha)$ 中常数 c 值，使满足图习题 6-5 中的条件：在 $\phi=\alpha$ 面上，$\sigma_\phi=0$，$\tau_{\rho\phi}=s$；在 $\phi=-\alpha$ 面上，$\sigma_\phi=0$，$\tau_{\rho\phi}=-s$。并证明楔顶没有集中力或力偶作用。

6-14　如图习题 6-6 所示的三角形悬臂梁只受重力作用，梁的密度为 ρ，试求应力分量。

提示：设该问题有代数多项式解，用量纲分析法确定应力函数的幂次。

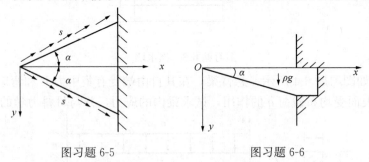

图习题 6-5　　　　　　　　图习题 6-6

6-15　如图习题 6-7 所示，设有矩形截面的竖柱，密度为 ρ，在其一个侧面上作用有均匀分布的切力 q，求应力分量。

提示：可假设 $\sigma_x=0$，或假设 $\tau_{xy}=f(x)$。

6-16　如图习题 6-8 表示一水坝的横截面，设水的密度为 ρ_1，坝体的密度为 ρ，试求应力分量。

提示：可假设 $\sigma_x = y f(x)$，对非主要边界，可应用局部性原理。

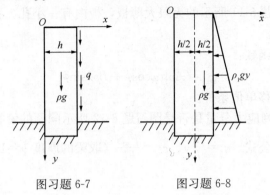

图习题 6-7　　　　图习题 6-8

6-17　如图习题 6-9 所示矩形截面的简支梁，受三角形分布的荷载作用，求应力分量。

提示：试取应力函数为：
$$\varphi_f = Ax^3 y^3 + Bxy^5 + Cx^3 y + Dxy^3 + Ex^3 + Fxy$$

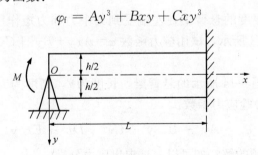

图习题 6-9

6-18　如图习题 6-10 所示的矩形截面梁，左端 O 点被支座固定，并在左端作用有力偶（力偶矩为 M），求应力分量。

提示：试取应力函数：
$$\varphi_f = Ay^3 + Bxy + Cxy^3$$

图习题 6-10

6-19　试导出极坐标形式的位移分量 u_ρ、u_ϕ 与直角坐标形式的位移分量 u、v 之间的关系。

6-20　试证明极坐标形式的应变协调方程为：
$$\left(\frac{\partial^2}{\partial \rho^2} + \frac{2}{\rho}\frac{\partial}{\partial \rho}\right)\varepsilon_\phi + \left(\frac{1}{\rho^2}\frac{\partial^2}{\partial \phi^2} - \frac{1}{\rho}\frac{\partial}{\partial \rho}\right)\varepsilon_\rho = \left(\frac{1}{\rho^2}\frac{\partial}{\partial \phi} + \frac{1}{\rho}\frac{\partial^2}{\partial \rho \partial \phi}\right)\gamma_{\rho\phi}$$

6-21　设有一刚体，具有半径为 b 的孔道，孔道内放置内半径为 a、外半径

为 b 的厚壁圆筒,圆筒内壁受均布压力 q 作用,求筒壁的应力和位移。

6-22 如图习题 6-11 所示的无限大薄板,板内有一小孔,孔边上受集中力 F 作用,求应力分量。

提示:取应力函数:
$$\varphi_f = A\rho\ln\rho\cos\phi + B\rho\phi\sin\phi$$

并注意利用位移单值条件。

6-23 检验下列应力分量是否是图习题 6-12 所示问题的解答:如图习题 6-12 所示,由材料力学公式,$\sigma_x = \dfrac{M}{I}y$,$\tau_{xy} = \dfrac{F_s S}{bI}$(取梁的厚度 $b=1$),得出所示问题的解答:

$$\sigma_x = -2q\frac{x^3 y}{lh^3},\ \tau_{xy} = -\frac{3qx^3}{4lh^3}(h^2 - 4y^2).$$

又根据平衡微分方程和边界条件得出:

$$\sigma_y = \frac{3q}{2}\frac{xy}{lh} - 2q\frac{xy^3}{lh^3} - \frac{qx}{2l}$$

试导出上述公式,并检验解答的正确性。

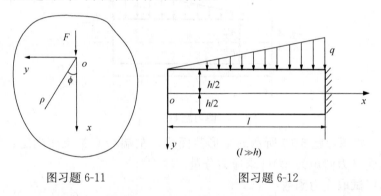

图习题 6-11　　　　　　图习题 6-12

6-24 设单位厚度的悬臂梁在左端受到集中力和力矩作用,体力可以不计,$l \gg h$,如图习题 6-13 所示,试用应力函数 $\varphi = Axy + By^2 + Cy^3 + Dxy^3$ 求解应力分量。

6-25 如图习题 6-14 所示的悬臂梁,长度为 l,高度为 h,$l \gg h$,在上边界受均布荷载 q,试检验应力函数:

$$\varphi_f = Ay^5 + Bx^2y^3 + Cy^3 + Dx^2 + Ex^2y$$

能否成为此问题的解?如可以,试求出应力分量。

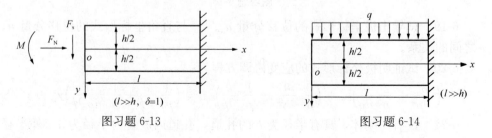

图习题 6-13　　　　　　图习题 6-14

第 7 章 空 间 问 题

本章将介绍弹性力学空间问题的相关内容。7.1 节介绍了两个简单空间问题；7.2~7.5 节介绍了空间轴对称问题的相关内容，以及采用应力函数法求解半无限大弹性体作用集中力问题；7.6 节介绍了空间球对称问题的解法；7.7 节介绍了半空间体受切向集中力问题的解法，同时介绍位移函数法求解空间问题的一个示例。

§7.1 简单空间问题

(一) 面积无限大弹性层受重力及均布压力问题的位移法

设有半空间体（即在一个方向上有界面，在其余方向皆为无限大的空间体），单位体积的质量为 ρ，在水平界面上受均布压力 q 的作用，如图 7.1-1 所示，试用位移法求位移分量和应力分量。假设在 $z=h$ 处，$w=0$。

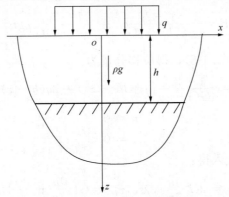

图 7.1-1 受均布压力的半空间体

解： 建立如图 7.1-1 所示坐标系，边界面为 xy 面，z 轴铅直向下。

在边界 $z=0$ 上，$l=m=0$，$n=-1$，$\overline{f}_x=\overline{f}_y=0$，$\overline{f}_z=q$，将这些值代入应力边界条件式（5.3-12）可知，前两式成为恒等式，第三式成为：

$$-\left(\lambda \varepsilon_v + 2G \frac{\partial w}{\partial z}\right) = q \tag{7.1-1}$$

又已知：

$$(w)_{z=h} = 0 \tag{7.1-2}$$

由于载荷和弹性体对于 z 轴是对称的（过 z 轴的任一铅垂直平面都是对称面），可以假设：

$$u=0, v=0, w=w(z) \tag{7.1-3}$$

因此得到：

$$\varepsilon_v = \frac{\partial u}{\partial x} + \frac{\partial v}{\partial y} + \frac{\partial w}{\partial z} = \frac{\mathrm{d}w(z)}{\mathrm{d}z} \qquad (7.1\text{-}4)$$

$$\frac{\partial \varepsilon_v}{\partial x} = 0, \frac{\partial \varepsilon_v}{\partial y} = 0, \frac{\partial \varepsilon_v}{\partial z} = \frac{\mathrm{d}^2 w(z)}{\mathrm{d}z^2} \qquad (7.1\text{-}5)$$

$$\nabla^2 u = 0, \nabla^2 v = 0, \nabla^2 w = \frac{\mathrm{d}^2 w(z)}{\mathrm{d}z^2} \qquad (7.1\text{-}6)$$

在所建坐标系下，$f_{bx}=0$，$f_{by}=0$，$f_{bz}=\rho g$

将以上各式代入拉梅方程，前两式成为恒等式，而第三式成为：

$$(\lambda + 2G)\frac{\mathrm{d}^2 w}{\mathrm{d}z^2} + \rho g = 0$$

即：
$$\frac{\mathrm{d}^2 w}{\mathrm{d}z^2} = -\frac{\rho g}{\lambda + 2G} = -\frac{1-2\nu}{2(1-\nu)G}\rho g \qquad (7.1\text{-}7)$$

积分得：
$$w = -\frac{1-2\nu}{4(1-\nu)G}\rho g z^2 + Az + B \qquad (7.1\text{-}8)$$

式中，A、B 为积分常数，由边界条件确定。

利用边界条件式（7.1-1）和式（7.1-2）可得：

$$A = -\frac{1-2\nu}{2(1-\nu)G}q \qquad (7.1\text{-}9)$$

$$B = -\frac{1-2\nu}{2(1-\nu)G}qh + \frac{1-2\nu}{4(1-\nu)G}\rho g h^2 \qquad (7.1\text{-}10)$$

将 A、B 代回式（7.1-8），得位移分量为：

$$\left.\begin{array}{c} w = \dfrac{1-2\nu}{4G(1-\nu)}\left[\rho g(h^2 - z^2) + 2q(h-z)\right] \\ u = 0 \\ v = 0 \end{array}\right\} \qquad (7.1\text{-}11)$$

将式（7.1-11）代入得：

$$\left.\begin{array}{l} \sigma_x = 2G\dfrac{\partial u}{\partial x} + \lambda \varepsilon_v, \tau_{xy} = G\left(\dfrac{\partial u}{\partial y} + \dfrac{\partial v}{\partial x}\right) \\ \sigma_y = 2G\dfrac{\partial v}{\partial y} + \lambda \varepsilon_v, \tau_{yz} = G\left(\dfrac{\partial v}{\partial z} + \dfrac{\partial w}{\partial y}\right) \\ \sigma_z = 2G\dfrac{\partial w}{\partial z} + \lambda \varepsilon_v, \tau_{zx} = G\left(\dfrac{\partial w}{\partial x} + \dfrac{\partial u}{\partial z}\right) \end{array}\right\} \qquad (7.1\text{-}12)$$

得应力分量为：

$$\left.\begin{array}{c} \sigma_x = \sigma_y = -\dfrac{\lambda}{\lambda + 2G}(q + \rho g z) = -\dfrac{\nu}{1-\nu}(q + \rho g z) \\ \sigma_z = -(q + \rho g z) \\ \tau_{xy} = \tau_{yz} = \tau_{zx} = 0 \end{array}\right\} \qquad (7.1\text{-}13)$$

至此，应力分量和位移分量均已完全确定，并且所有一切条件都已经满足，可见式（7.1-3）所示的假设完全正确，所得的应力分量和位移分量是正确的解答。

显然，最大的位移发生在边界面上，由式（7.1-11）可得：

$$w_{\max} = (w)_{z=0} = \frac{(1+\nu)(1-2\nu)}{E(1-\nu)}(qh - \rho g h^2) \quad (7.1\text{-}14)$$

在式 (7.1-13) 中，σ_x 和 σ_y 是作用于铅直截面上的水平正应力，σ_z 是作用于水平截面上的铅直正应力，它们的比值是：

$$\frac{\sigma_x}{\sigma_z} = \frac{\sigma_y}{\sigma_z} = \frac{\nu}{1-\nu} \quad (7.1\text{-}15)$$

这个比值在岩土力学中称为侧压力系数。

（二）圆形截面直杆扭转问题的应力法

如图 7.1-2 所示为一截面面积为 a 的圆形截面直杆，上下面受一对扭矩 M 作用，假设：①扭转过程中，截面绕杆中心轴线发生相对转动，即刚性转动；②截面轴向位移为零，即无翘曲。位移边界条件：$(u)_{x=0,y=0} = 0$，$(v)_{x=0,y=0} = 0$，$(w)_{x=0,y=0} = 0$；应力边界条件：

$(\sigma_x = \sigma_y = \sigma_z = \tau_{xy})_{x=0,y=0} = 0$，$\iint_A \tau_{xz} \mathrm{d}x\mathrm{d}y = 0$，$\iint_A \tau_{yz} \mathrm{d}x\mathrm{d}y = 0$，$\iint_A (\tau_{zx} y - x\tau_{zy}) \mathrm{d}x\mathrm{d}y = M$。求解该直杆内应力及位移场。

（1）位移场

设扭矩 M 指向截面外法线方向时为正。在截面刚性转动和无翘曲假设条件下，直杆内任一点位移分量可表示为：

$$u = -\alpha z y, \quad v = \alpha z x, \quad w = 0 \quad (7.1\text{-}16)$$

其中，α 为单位杆长两截面处的相对转角，称为扭角。

（2）应变场

将式 (7.1-16) 代入空间问题几何方程，得：

$$\left.\begin{array}{l} \varepsilon_x = \varepsilon_y = \varepsilon_z = \gamma_{xy} = 0 \\ \gamma_{zx} = -\alpha y \\ \gamma_{zy} = \alpha x \end{array}\right\} \quad (7.1\text{-}17)$$

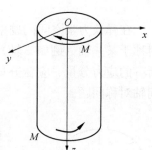

图 7.1-2

（3）应力场

将式 (7.1-17) 代入本构方程，得：

$$\left.\begin{array}{l} \sigma_x = \sigma_y = \sigma_z = \tau_{xy} = 0 \\ \tau_{zx} = -G\alpha y \\ \tau_{zy} = G\alpha x \end{array}\right\} \quad (7.1\text{-}18)$$

（4）平衡微分方程

将式 (7.1-18) 代入平衡微分方程，验证得满足平衡微分方程。

（5）确定常数

由应力边界条件得：

$$G\alpha \iint_A y \mathrm{d}x\mathrm{d}y = 0 \quad (7.1\text{-}19)$$

$$-G\alpha \iint_A x \mathrm{d}x\mathrm{d}y = 0 \quad (7.1\text{-}20)$$

$$G\alpha \iint_A (x^2 + y^2) \mathrm{d}x\mathrm{d}y = M \quad (7.1\text{-}21)$$

令 $\iint_A (x^2 + y^2)\mathrm{d}x\mathrm{d}y = I_\mathrm{p}$ 为横截面对圆心的极惯性矩。

由此，

$$\alpha = \frac{M}{GI_\mathrm{p}} \tag{7.1-22}$$

至此获得圆形截面直杆中应力场为：

$$\left.\begin{aligned}\tau_{xz} &= \frac{M}{I_\mathrm{p}} y \\ \tau_{yz} &= -\frac{M}{I_\mathrm{p}} x\end{aligned}\right\} \tag{7.1-23}$$

其他应力分量为零，而位移场为：

$$\left.\begin{aligned}u &= \frac{M}{GI_\mathrm{p}} yz \\ v &= -\frac{M}{GI_\mathrm{p}} xz \\ w &= 0\end{aligned}\right\} \tag{7.1-24}$$

§7.2 空间轴对称问题的基本方程

在弹性力学空间问题中，如果物体的几何形状、约束情况和所受的载荷，都对称于某一轴（例如 z 轴），也就是说，通过这一轴的任意平面都是对称面，则所有的应力分量、应变分量和位移分量也就对称于这一轴。这种空间问题称为空间轴对称问题。

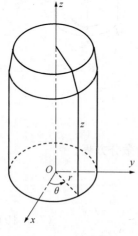

图 7.2-1　旋转体和圆柱坐标

空间轴对称问题是一种特殊的空间弹性力学问题。在描述空间轴对称问题的物理量时，用（圆柱）柱坐标 (r, θ, z) 更加方便，这是因为，如果选择弹性体的对称轴为 z 轴，如图 7.2-1 所示，则所有的应力分量、应变分量和位移分量将只是 r 和 z 的函数，与 θ 无关。这种特殊形状的弹性体——回转体，再受到都对称于 z 轴的特殊约束和外荷载时，就使得空间轴对称问题有一个根本的特点：过 z 轴任意平面上的应力和变形都相同。

在空间轴对称问题中，只有两个位移分量 u、w，四个应力分量 σ_r、σ_θ、σ_z、τ_{zr} 和四个应变分量 ε_r、ε_θ、ε_z、ε_{zr} 总共 10 个物理量需要考虑。这 10 个物理量只能是 r 和 z 的函数，均与 θ 无关。

（1）平衡微分方程

空间轴对称问题的平衡微分方程为：

$$\left.\begin{array}{l}\dfrac{\partial \sigma_r}{\partial r}+\dfrac{\partial \tau_{zr}}{\partial z}+\dfrac{\sigma_r-\sigma_\theta}{r}+f_r=0 \\ \dfrac{\partial \sigma_z}{\partial z}+\dfrac{\partial \tau_{zr}}{\partial r}+\dfrac{\tau_{rz}}{r}+f_z=0\end{array}\right\} \quad (7.2\text{-}1)$$

(2) 几何方程

空间轴对称问题的几何方程写为：

$$\left.\varepsilon_r=\dfrac{\partial u}{\partial r},\varepsilon_\theta=\dfrac{u}{r},\varepsilon_z=\dfrac{\partial w}{\partial z},\gamma_{rz}=\dfrac{\partial u}{\partial z}+\dfrac{\partial w}{\partial r}\right\} \quad (7.2\text{-}2)$$

(3) 本构方程

空间轴对称问题的本构方程为：

$$\left.\begin{array}{l}\varepsilon_r=\dfrac{1}{E}[\sigma_r-\nu(\sigma_\theta+\sigma_z)] \\ \varepsilon_\theta=\dfrac{1}{E}[\sigma_\theta-\nu(\sigma_z+\sigma_r)] \\ \varepsilon_z=\dfrac{1}{E}[\sigma_z-\nu(\sigma_r+\sigma_\theta)] \\ \gamma_{rz}=\dfrac{1}{G}\tau_{zr}=\dfrac{2(1+\nu)}{E}\tau_{rz}\end{array}\right\} \quad (7.2\text{-}3)$$

若以应变分量表示应力分量，则可把本构方程写为：

$$\left.\begin{array}{l}\sigma_r=\dfrac{E}{1+\nu}\left(\dfrac{\nu}{1-2\nu}\varepsilon_v+\varepsilon_r\right) \\ \sigma_\theta=\dfrac{E}{1+\nu}\left(\dfrac{\nu}{1-2\nu}\varepsilon_v+\varepsilon_\theta\right) \\ \sigma_z=\dfrac{E}{1+\nu}\left(\dfrac{\nu}{1-2\nu}\varepsilon_v+\varepsilon_z\right) \\ \tau_{rz}=\dfrac{E}{2(1+\nu)}\gamma_{rz}\end{array}\right\} \quad (7.2\text{-}4)$$

式中：

$$\varepsilon_v=\varepsilon_r+\varepsilon_\theta+\varepsilon_z=\dfrac{\partial u}{\partial r}+\dfrac{u}{r}+\dfrac{\partial w}{\partial z} \quad (7.2\text{-}5)$$

为体积应变。

§7.3 空间轴对称问题的基本解法

对于空间轴对称问题，如同其他空间弹性力学问题一样，也有两种基本解法，即位移法和应力法，其基本思想也相同，这里根据空间轴对称问题的特点，仅对这两种解法予以简述。

（一）位移法

当用位移法求解空间轴对称问题时，关键在于由位移函数 u、w 求出的应力分量要满足平衡微分方程式（7.2-1）。为此，将几何方程式（7.2-2）代入本构方程式（7.2-4），将应力分量用位移分量 u、w 表示为：

$$\left.\begin{aligned}\sigma_r &= 2G\left(\frac{\partial u}{\partial r}+\frac{\nu}{1-2\nu}\varepsilon_v\right)\\ \sigma_\theta &= 2G\left(\frac{u}{r}+\frac{\nu}{1-2\nu}\varepsilon_v\right)\\ \sigma_z &= 2G\left(\frac{\partial w}{\partial z}+\frac{\nu}{1-2\nu}\varepsilon_v\right)\\ \tau_{rz} &= G\left(\frac{\partial w}{\partial r}+\frac{\partial u}{\partial z}\right)\end{aligned}\right\} \quad (7.3\text{-}1)$$

再将上式代入空间轴对称问题的平衡微分方程式（7.2-1），即可得到利用位移分量 u、w 表示的平衡微分方程为：

$$\left.\begin{aligned}\frac{1}{1-2\nu}\frac{\partial\varepsilon_v}{\partial r}+\nabla^2 u-\frac{u}{r^2}+f_r &= 0\\ \frac{1}{1-2\nu}\frac{\partial\varepsilon_v}{\partial z}+\nabla^2 w+f_z &= 0\end{aligned}\right\} \quad (7.3\text{-}2)$$

在不计体力时，上述平衡微分方程变为：

$$\left.\begin{aligned}\frac{1}{1-2\nu}\frac{\partial\varepsilon_v}{\partial r}+\nabla^2 u-\frac{u}{r^2} &= 0\\ \frac{1}{1-2\nu}\frac{\partial\varepsilon_v}{\partial z}+\nabla^2 w &= 0\end{aligned}\right\} \quad (7.3\text{-}3)$$

其中：

$$\nabla^2 = \frac{\partial^2}{\partial r^2}+\frac{1}{r}\frac{\partial}{\partial r}+\frac{\partial^2}{\partial z^2} \quad (7.3\text{-}4)$$

为空间轴对称问题的拉普拉斯算子。

式（7.3-3）即在不计体力时，位移法求解空间轴对称问题的基本方程。由此基本方程求得满足边界条件的位移分量 u、w 后，代回式（7.3-1），即可求得满足平衡微分方程的应力分量 σ_v、σ_θ、σ_z 和 σ_{zr}。

为了求解位移法的基本方程（7.3-3），拉甫（A. E. H. Love）引用了一个位移函数 $\zeta(r,z)$，把位移分量表示成：

$$\left.\begin{aligned}u(r,z) &= -\frac{1}{2G}\frac{\partial^2\zeta(r,z)}{\partial r\partial z}\\ w(r,z) &= \frac{1}{2G}\left[2(1-\nu)\nabla^2-\frac{\partial^2}{\partial z^2}\right]\zeta(r,z)\end{aligned}\right\} \quad (7.3\text{-}5)$$

将上式代入位移法的基本方程（7.3-3），可得位移函数 $\zeta(r,z)$ 所应满足的条件为：

$$\nabla^2\nabla^2\zeta(r,z) = \nabla^4\zeta(r,z) = 0 \quad (7.3\text{-}6)$$

这就是说，$\zeta(r,z)$ 应为双调和函数。将式（7.3-5）代入用位移分量表示的应力分量式（7.3-1）可得用位移函数 $\zeta(r,z)$ 表示的应力分量为：

$$\left.\begin{aligned}\sigma_r &= \frac{\partial}{\partial z}\left[\nu\nabla^2-\frac{\partial^2}{\partial r^2}\right]\zeta(r,z)\\ \sigma_\theta &= \frac{\partial}{\partial z}\left[\nu\nabla^2-\frac{1}{r}\frac{\partial}{\partial r}\right]\zeta(r,z)\\ \sigma_z &= \frac{\partial}{\partial z}\left[(2-\nu)\nabla^2-\frac{\partial^2}{\partial r^2}\right]\zeta(r,z)\\ \sigma_{rz} &= \frac{\partial}{\partial r}\left[(1-\nu)\nabla^2-\frac{\partial^2}{\partial r^2}\right]\zeta(r,z)\end{aligned}\right\} \quad (7.3\text{-}7)$$

至于应变分量，当求得位移分量 u、w 或求得应力分量 σ_r、σ_θ、σ_z、σ_{rz} 后，或者通过几何方程式（7.2-2），或者通过本构方程式（7.2-3）均可求得 ε_r、ε_θ、ε_z、γ_{rz}。

于是可见，对于空间轴对称问题，只需找到恰当的双调和函数 $\zeta(r,z)$，使得由式（7.3-5）给出的位移分量或由式（7.3-7）给出的应力分量能够满足位移边界条件或应力边界条件得到问题的正确解答。函数 $\zeta(r,z)$ 称为拉甫位移函数。

（二）应力法

按应力法求解空间轴对称问题时，基本未知函数是四个应力分量 σ_r、σ_θ、σ_z、$\tau_{rz}=\tau_{zr}$。由于平衡微分方程（7.2-1）本身就是以应力分量为未知函数的，所以平衡微分方程（7.2-1）是按应力法求解空间轴对称问题的基本方程中的两个方程。其余的基本方程就是用应力分量表示的空间轴对称问题的双调和方程。

利用式（7.3-8）所示的圆柱坐标与直角坐标的关系：

$$\left.\begin{aligned}x &= r\cos\theta\\ y &= r\sin\theta\\ z &= z\end{aligned}\right\} \quad (7.3\text{-}8)$$

和空间轴对称问题的对称性，采用坐标变换法，可以得到空间轴对称问题的双调和方程为：

$$\left.\begin{aligned}\nabla^2\sigma_r-\frac{2}{r^2}(\sigma_r-\sigma_\theta)+\frac{1}{1+\nu}\frac{\partial^2\sigma_v}{\partial r^2} &= \frac{-1}{1-\nu}\left[(2-\nu)\frac{\partial f_r}{\partial r}+\nu\left(\frac{f_r}{r}+\frac{\partial f_z}{\partial z}\right)\right]\\ \nabla^2\sigma_\theta+\frac{2}{r^2}(\sigma_r-\sigma_\theta)+\frac{1}{1+\nu}\frac{1}{r}\frac{\partial\sigma_v}{\partial r} &= \frac{-1}{1-\nu}\left[(2-\nu)\frac{f_r}{r}+\nu\left(\frac{\partial f_r}{\partial r}+\frac{\partial f_z}{\partial z}\right)\right]\\ \nabla^2\sigma_z+\frac{1}{1+\nu}\frac{\partial^2\sigma_v}{\partial z^2} &= \frac{-1}{1-\nu}\left[(2-\nu)\frac{\partial f_z}{\partial z}+\nu\left(\frac{\partial f_r}{\partial r}+\frac{f_r}{r}\right)\right]\\ \nabla^2\tau_{rz}-\frac{\tau_{rz}}{r}+\frac{1}{1+\nu}\frac{\partial^2\sigma_v}{\partial r\partial z} &= \frac{-1}{1-\nu}\left(\frac{\partial f_r}{\partial z}+\frac{\partial f_z}{\partial r}\right)\end{aligned}\right\}$$

$$(7.3\text{-}9)$$

当不计体力时，空间轴对称问题的平衡微分方程（7.2-1）和双调和方程（7.3-9）分别简化为：

$$\left.\begin{aligned}\frac{\partial \sigma_r}{\partial r}+\frac{\partial \tau_{zr}}{\partial z}+\frac{\sigma_r-\sigma_\theta}{r}=0\\ \frac{\partial \sigma_z}{\partial z}+\frac{\partial \tau_{zr}}{\partial r}+\frac{\tau_{zr}}{r}=0\end{aligned}\right\} \quad (7.3\text{-}10)$$

$$\left.\begin{aligned}\nabla^2 \sigma_r-\frac{2}{r^2}(\sigma_r-\sigma_\theta)+\frac{1}{1+\nu}\frac{\partial^2 \sigma_v}{\partial r^2}=0\\ \nabla^2 \sigma_\theta+\frac{2}{r^2}(\sigma_r-\sigma_\theta)+\frac{1}{1+\nu}\frac{1}{r}\frac{\partial \sigma_v}{\partial r}=0\\ \nabla^2 \sigma_z+\frac{1}{1+\nu}\frac{\partial^2 \sigma_v}{\partial z^2}=0\\ \nabla^2 \tau_{rz}-\frac{\tau_{rz}}{r}+\frac{1}{1+\nu}\frac{\partial^2 \sigma_v}{\partial r \partial z}=0\end{aligned}\right\} \quad (7.3\text{-}11)$$

其中：
$$\sigma_v = \sigma_r + \sigma_\theta + \sigma_z \quad (7.3\text{-}12)$$

现在，引用一个应力函数 $\varphi(r,z)$，它与应力分量之间的关系为：

$$\left.\begin{aligned}\sigma_r &= \frac{\partial}{\partial z}\left[\nu \nabla^2 \varphi(r,z)-\frac{\partial^2 \varphi}{\partial r^2}\right]\\ \sigma_\theta &= \frac{\partial}{\partial z}\left[\nu \nabla^2 \varphi(r,z)-\frac{1}{r}\frac{\partial \varphi}{\partial r}\right]\\ \sigma_z &= \frac{\partial}{\partial z}\left[(2-\nu)\nabla^2 \varphi-\frac{\partial^2 \varphi}{\partial r^2}\right]\\ \tau_{rz} &= \tau_{zr} = \frac{\partial}{\partial r}\left[(1-\nu)\nabla^2-\frac{\partial^2}{\partial r^2}\right]\varphi(r,z)\end{aligned}\right\} \quad (7.3\text{-}13)$$

将上式代入式（7.3-10）中的第一个方程，可知该方程是满足的；代入式（7.3-10）中的第二个方程和式（7.3-11）中的四个方程，可知这五个方程共同要求是 $\nabla^4 \varphi(r,z)=0$，即：

$$\left(\frac{\partial^2}{\partial r^2}+\frac{1}{r}\frac{\partial}{\partial r}+\frac{\partial^2}{\partial z^2}\right)\left(\frac{\partial^2}{\partial r^2}+\frac{1}{r}\frac{\partial}{\partial r}+\frac{\partial^2}{\partial z^2}\right)\varphi(r,z)=0 \quad (7.3\text{-}14)$$

这就是说，引用的应力函数 $\varphi(r,z)$ 必须是双调和函数。

根据以上所述，可把用应力法求解空间轴对称问题的提法归结为：在不计体力时，寻求称为双调和函数的应力函数 $\varphi(r,z)$ 在边界上满足应力边界条件。显然，按应力求解，只适用于应力边值问题。

将式（7.3-13）和式（7.3-7）对比，可知这里的应力函数 $\varphi(r,z)$ 也就是拉甫位移函数 $\zeta(r,z)$。当已求得空间轴对称问题的应力函数 $\varphi(r,z)$ 及各对应的应力分量 σ_r、σ_θ、σ_z、τ_{rz} 后，通过本构方程式（7.2-3）可求得应变分量 ε_r、ε_θ、ε_z、γ_{rz}；再由几何方程式（7.2-2）经积分可得位移分量 u 和 w。由于应力分量和应变分量均由应力函数 $\varphi(r,z)$ 表示，位移分量 u，w 亦由应力函数 $\varphi(r,z)$ 表示。下面给出由应力函数 $\phi(r,z)$ 计算 u、w 的公式。

由式（7.2-3）的第二式和式（7.2-2）知：

$$\varepsilon_\theta = \frac{u}{r} = \frac{1}{E}[\sigma_\theta-\nu(\sigma_r+\sigma_z)] \quad (7.3\text{-}15)$$

将由式（7.3-13）所表示的应力函数 $\varphi(r,z)$ 表达的应力分量代入式（7.3-15），得：

$$u(r,z) = -\frac{1+\nu}{E}\frac{\partial^2 \varphi(u,z)}{\partial r \partial z} \qquad (7.3\text{-}16)$$

此即在已知 $\varphi(r,z)$ 时取径向位移分量 $u(r,z)$ 的公式。

再由本构方程式（7.2-3）的第三式及几何方程式（7.2-2）中 ε_z 的表示式，得：

$$\varepsilon_z = \frac{\partial w}{\partial z} = \frac{1}{E}[\sigma_z - \nu(\sigma_r + \sigma_\theta)] \qquad (7.3\text{-}17)$$

利用应力函数 $\varphi(r,z)$ 与应力分量之间的关系式（7.3-13）得：

$$E\frac{\partial w}{\partial z} = \frac{\partial}{\partial z}\left[2(1-\nu^2)\nabla^2 \varphi(r,z) - (1+\nu)\frac{\partial^2 \varphi(r,z)}{\partial z^2}\right] \qquad (7.3\text{-}18)$$

因而，

$$Ew = (1+\nu)\left[2(1-\nu)\nabla^2\varphi(r,z) - \frac{\partial^2 \varphi(r,z)}{\partial z^2}\right] + f(r) \qquad (7.3\text{-}19)$$

式中，$f(r)$ 为 r 的待定函数。

为了确定 $f(r)$，可将几何方程式（7.2-2）的第四式代入本构方程式（7.2-4）的第四式，得：

$$\tau_{rz} = \frac{E}{2(1+\nu)}\gamma_{rz} = \frac{E}{2(1+\nu)}\left(\frac{\partial w}{\partial r} + \frac{\partial u}{\partial z}\right) \qquad (7.3\text{-}20)$$

将本构方程式（7.2-4）中的 τ_{rz} 和式（7.3-16）中的 u 代入上式，可得：

$$Ew = (1+\nu)\left[2(1-\nu)\nabla^2\varphi(r,z) - \frac{\partial^2 \varphi(r,z)}{\partial z^2}\right] + g(z) \qquad (7.3\text{-}21)$$

式中，$g(z)$ 为 z 的待定函数。

比较式（7.3-19）和式（7.3-21）可知，$f(r)$ 和 $g(z)$ 必相等且等于一常数，此常数代表整个弹性体沿 z 轴方向的刚体运动，在考察应力和变形时，可略去此常数。这样，由式（7.3-16）和式（7.3-19）可得应力函数 $\varphi(r,z)$ 表示位移分量 u、w 的公式为：

$$\left.\begin{aligned} u(r,z) &= -\frac{1}{2G}\frac{\partial^2 \varphi(r,z)}{\partial r \partial z} \\ w(r,z) &= \frac{1}{2G}\left[2(1-\nu)\nabla^2\varphi(r,z) - \frac{\partial^2 \varphi(r,z)}{\partial z^2}\right] \end{aligned}\right\} \qquad (7.3\text{-}22)$$

上式与式（7.3-15）表达形式完全相同。这是可以预料的，因为应力函数 $\varphi(r,z)$ 和位移函数 $\zeta(r,z)$ 是同一函数，理所当然得它们的位移分量 u，w 间的关系式是相同的。

既然满足边界条件的柱坐标双调和函数就是空间轴对称问题的解，现在的问题是：什么样的函数 $\varphi(r,z)$ 满足柱坐标双调和函数和方程(7.3-14)。对这个问题的研究表明，下面按坐标幂次排列的一些函数都是柱坐标的双调和函数：

六次幂：

$$z^6 - \frac{5}{11}z^4(r^2+z^2) + \frac{5}{11}z^2(r^2+z^2)^2 - \frac{5}{231}(r^2+z^2)^3 \qquad (7.3\text{-}23)$$

$$(8z^4 - 24z^2r^2 + 3r^4)(r^2 + z^2) \tag{7.3-24}$$

五次幂：

$$z^5 - \frac{10}{9}z^3(r^2 + z^2) + \frac{5}{21}z(r^2 + z^2)^2 \tag{7.3-25}$$

$$(2z^3 - 2r^2z)(r^2 + z^2) \tag{7.3-26}$$

四次幂：

$$r^2(r^2 + z^2), z^2(3r^2 - 2z^2) \tag{7.3-27}$$

$$z^4 - \frac{6}{7}z^2(r^2 + z^2) + \frac{3}{35}(r^2 + z^2)^2, (2z^2 - r^2)(r^2 + z^2) \tag{7.3-28}$$

三次幂：

$$r^2z, z^3, z^3\ln r, z^3 - \frac{3}{5}z(r^2 + z^2) \tag{7.3-29}$$

二次幂：

$$z^2\ln r, (r^2 + z^2), z^2 - \frac{1}{3}(r^2 + z^2) \tag{7.3-30}$$

一次幂：

$$(r^2 + z^2)^{\frac{1}{2}}, z\ln r, z\ln(\sqrt{r^2 + z^2} + z) \tag{7.3-31}$$

零次幂：

$$z(r^2 + z^2)^{-\frac{1}{2}}\ln r, \ln(\sqrt{r^2 + z^2} + z) \tag{7.3-32}$$

负一次幂：

$$\frac{1}{\sqrt{r^2 + z^2}} \tag{7.3-33}$$

负二次幂：

$$\frac{z}{(\sqrt{r^2 + z^2})^3} \tag{7.3-34}$$

负三次幂：

$$(r^2 - 2z^2)\frac{1}{(\sqrt{r^2 + z^2})^5} \tag{7.3-35}$$

以上这些幂函数的任意线性组合也是空间轴对称问题的双调和函数。利用这些幂函数，可以求得一些空间轴对称问题的解答。

§7.4 无限大弹性体作用集中力问题的应力函数法

无限大弹性体内作用一集中力 P 的问题如图 7.4-1 所示，有一集中力 P 沿 z 轴方向作用于无限大弹性体内一点，弹性体的弹性模量为 E，泊松比为 ν，试求弹性体内的应力分量、应变分量和位移分量。

解：此问题为无限空间的轴对称问题，取此问题的应力函数 $\varphi(r, z)$ 为：

$$\varphi(r, z) = B(r^2 + z^2)^{\frac{1}{2}} \tag{7.4-1}$$

其中 B 是待定常数，将上式代入方程(7.3-13)得对应的应力分量为：

第7章 空间问题

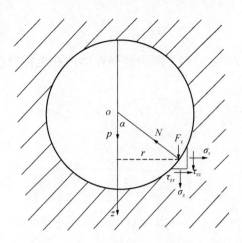

图 7.4-1 无限大弹性体内作用集中力

$$\left.\begin{aligned}\sigma_r &= B[(1-2\nu)z(r^2+z^2)^{-\frac{3}{2}} - 3r^2z(r^2+z^2)^{\frac{5}{2}}] \\ \sigma_\theta &= B(1-2\nu)z(r^2+z^2)^{-\frac{3}{2}} \\ \sigma_z &= -B[(1-2\nu)z(r^2+z^2)^{-\frac{3}{2}} + 3z^2(r^2+z^2)^{-\frac{5}{2}}] \\ \tau_{rz} &= -B[(1-2\nu)r(r^2+z^2)^{-\frac{3}{2}} + 3rz^2(r^2+z^2)^{-\frac{5}{2}}]\end{aligned}\right\} \quad (7.4\text{-}2)$$

在靠近集中力 P 所在的坐标原点，这些应力分量都趋于无限大。为了避免考虑无限大的应力，可假设原点是一个微小球形洞的中心（图 7.4-1），并认为洞面上的力如方程(7.4-2)所示。可以证明，这些力的合力是一个作用于原点 O 并沿着 z 方向的力。由与洞紧邻的环形单元体（图 7.4-1）的平衡条件可知在 z 方向的面力分量是：

$$F_z = -(\tau_{rz}\sin\alpha + \sigma_z\cos\alpha) \quad (7.4\text{-}3)$$

由图 7.4-1 得：

$$\sin\alpha = \frac{r}{\sqrt{r^2+z^2}}, \cos\alpha = \frac{z}{\sqrt{r^2+z^2}} \quad (7.4\text{-}4)$$

将上式的 $\sin\alpha$、$\cos\alpha$ 及式(7.4-1)所示的 σ_z、τ_{rz} 代入式(7.4-3)，得：

$$F_z = B[(1-2\nu)(r^2+z^2)^{-1} + 3z^2(r^2+z^2)^{-2}] \quad (7.4\text{-}5)$$

在整个洞面上，这些力的合力为：

$$2\int_0^{\frac{\pi}{2}} F_z \sqrt{r^2+z^2} \cdot d\alpha \cdot 2\pi r \quad (7.4\text{-}6)$$

利用式(7.4-6)，并进行积分，可得：

$$2\int_0^{\frac{\pi}{2}} F_z \sqrt{r^2+z^2} \cdot 2\pi r \cdot d\alpha = 2\int_0^{\frac{\pi}{2}} 2\pi r B[(1-2\nu)(r^2+z^2)^{-1}$$
$$+ 3z^2(r^2+z^2)^{-2}] \cdot (r^2+z^2)^{\frac{1}{2}} \cdot d\alpha = 8\pi B(1-\nu) \quad (7.4\text{-}7)$$

由于对称，径向面力的合力是零。在洞面上 z 方向的合力，应等于集中力 P，即：

$$P = 8\pi B(1-\nu) \quad (7.4\text{-}8)$$

所以有：

$$B = \frac{P}{8\pi(1-\nu)} \tag{7.4-9}$$

将 B 代入方程(7.4-2)，就得到无限大线弹性体内在坐标原点沿 z 方向作用一集中力 P 的应力分量：

$$\left.\begin{aligned}
\sigma_r &= \frac{P}{8\pi(1-\nu)}\left[(1-2\nu)z(r^2+z^2)^{-\frac{3}{2}} - 3r^2 z(r^2+z^2)^{-\frac{5}{2}}\right] \\
\sigma_\theta &= \frac{P}{8\pi(1-\nu)}(1-2\nu)z(r^2+z^2)^{-\frac{3}{2}} \\
\sigma_z &= -\frac{P}{8\pi(1-\nu)}\left[(1-2\nu)z(r^2+z^2)^{-\frac{3}{2}} + 3z^2(r^2+z^2)^{-\frac{5}{2}}\right] \\
\tau_{rz} &= -\frac{P}{8\pi(1-\nu)}\left[(1-2\nu)r(r^2+z^2)^{-\frac{3}{2}} + 3rz^2(r^2+z^2)^{-\frac{5}{2}}\right]
\end{aligned}\right\} \tag{7.4-10}$$

将 $z=0$ 代入上式，可见在坐标平面 $z=0$ 上没有正应力的作用，这平面上的切应力 τ_{rz} 是：

$$\tau_{rz} = \frac{-P(1-2\nu)}{8\pi(1-\nu)r^2} \tag{7.4-11}$$

根据空间轴对称问题的本构方程(7.2-3)和已求得的应力分量表示式(7.4-10)，可得此问题的应变分量为：

$$\left.\begin{aligned}
\varepsilon_r &= \frac{P}{8\pi E(1-\nu)}\left[(1-2\nu)(r^2+z^2)^{-\frac{3}{2}} - 3r^2 z(r^2+z^2)^{-\frac{5}{2}} + 3\nu z^3(r^2+z^2)^{-\frac{5}{2}}\right] \\
\varepsilon_\theta &= \frac{P(1+\nu)z}{8\pi E(1-\nu)}(r^2+z^2)^{-\frac{3}{2}} \\
\varepsilon_z &= \frac{P}{8\pi E(1-\nu)}\left[(1+4\nu)z(r^2+z^2)^{-\frac{3}{2}} - 3z^2(r^2+z^2)^{-\frac{5}{2}} + 3\nu r^2 z(r^2+z^2)^{-\frac{5}{2}}\right] \\
\tau_{rz} &= -\frac{P(1+\nu)}{4E\pi(1-\nu)}\left[(1-2\nu)r(r^2+z^2)^{-\frac{3}{2}} + 3rz^2(r^2+z^2)^{-\frac{5}{2}}\right]
\end{aligned}\right\} \tag{7.4-12}$$

由 $\varphi(r,z) = \frac{(1+\nu)P}{8\pi E(1-\nu)}(r^2+z^2)^{-\frac{3}{2}}rz$ 和式(7.3-22)，可得此问题的位移分量 $u(r,z)$、$w(r,z)$ 为：

$$\left.\begin{aligned}
u(r,z) &= \frac{(1+\nu)P}{8\pi E(1-\nu)}(r^2+z^2)^{-\frac{3}{2}}rz \\
w(r,z) &= \frac{1}{2G} \cdot \frac{P(r^2+z^2)^{-\frac{1}{2}}}{8\pi(1-\nu)}\left[4(1-\nu) - \frac{r^2}{r^2+z^2}\right]
\end{aligned}\right\} \tag{7.4-13}$$

*§7.5 半空间体表面受法向力问题

(一)半空间体在边界上受法向集中力作用的问题

半空间体在边界上受法向集中力 P 作用的问题是具有重要实际意义的布西涅斯克(J. V. Boussinesq)问题，它是按位移法求解空间轴对称问题的一个例子，是一个基本解。

第7章 空间问题

所谓半空间体就是只有一个方向有界面，其余各方向均为无限大的物体。

设在半空间体的界面上，有垂直于界面的集中力 P 作用，欲求物体内的应力和变形。如图 7.5-1 所示，把 z 轴放在力 P 的作用线上，坐标原点在力 P 的作用点，(r,θ) 平面为边界面，显然，这是一个轴对称问题，对称轴就是力 P 的作用线 z 轴。

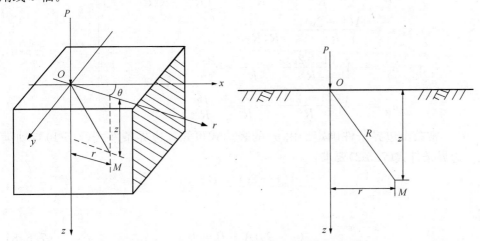

图 7.5-1 集中力 P 作用于半空间体　　图 7.5-2 过 z 轴的半无限体剖面

若 M 点是被考察的点，图 7.5-2 是过图 7.5-1 中的 M 点和 z 轴的截面图，R 是 M 点距坐标原点的距离，r 是 M 点到 z 轴的距离，则有 $R^2 = z^2 + r^2$。

根据所提出的问题的特点，其应力边界条件要求：

$$(\sigma_z)_{z=0, r\neq 0} = 0 \tag{7.5-1}$$

$$(\tau_{rz})_{z=0, r\neq 0} = 0 \tag{7.5-2}$$

这是由于在 $z=0$ 的半空间体的界面上，除了在坐标原点有垂直于边界面的集中力 p 的作用外，别无他力。正因如此，还有这样的应力边界条件：在 O 点附近的一小部分边界上，有一组面力作用，它的分布形式不明确，但已知它等效于集中力 P。若过弹性体内的某一点，例如图 7.5-2 中的 M 点，作一个与边界面平行的平面，将弹性体半空间体的上下部切下，则被切下的部分在力 P 和面力 σ_z 的作用下应保持平衡。因而，面力 σ_z 也就必须和力 P 组成平衡力系，得出由应力边界条件转换来的平衡条件：

$$\int_0^\infty (2\pi r dr)\sigma_z + P = 0 \tag{7.5-3}$$

按照量纲分析，应力分量的表达式应是 P 乘以 r、z、R 等长度坐标的负二次幂，由式(7.5-2)可见，$\zeta(r,z)$ 的表达式应为 P 乘以这些长度坐标的正一次幂。据此，可以假设 $\zeta(r,z)$ 为正比于 R 的一次幂的双调和函数。经过计算，取 R 和 $z\ln(R+z)$ 的组合 $AR + B z\ln(R+z)$ 作为此问题的位移函数 $\zeta(r,z)$，即令：

$$\zeta(r,z) = AR + B z\ln(R+z) \tag{7.5-4}$$

式中，A、B 为待定常数。根据位移分量 u、w 及应力分量 σ_r、σ_θ、τ_{rz} 与位移函数 $\zeta(r,z)$ 之间的关系式(7.3-5)和式(7.3-7)可分别求得：

$$\left.\begin{aligned}u &= \frac{Arz}{2GR^3} + \frac{Br}{2GR(R+z)} \\ w &= \frac{A}{2G}\left(\frac{3-4\nu}{R} + \frac{z^2}{R^3}\right) + \frac{B}{2GR}\end{aligned}\right\} \quad (7.5\text{-}5)$$

$$\left.\begin{aligned}\sigma_r &= A\left[\frac{(1-2\nu)z}{R^3} - \frac{3r^2z}{R^5}\right] + B\left[\frac{z}{R^3} - \frac{1}{R(R+z)}\right] \\ \sigma_\theta &= \frac{A(1-2\nu)z}{R^3} + \frac{B}{R(R+z)} \\ \sigma_z &= -A\left[\frac{(1-2\nu)z}{R^3} + \frac{3z^3}{R^5}\right] - \frac{Bz}{R^3} \\ \sigma_{rz} &= -A\left[\frac{(1-2\nu)r}{R^3} + \frac{3rz^2}{R^5}\right] - \frac{Br}{R^3}\end{aligned}\right\} \quad (7.5\text{-}6)$$

A、B 二常数由边界条件确定。由 σ_z 的表达式可知,边界条件式(7.5-1)自动满足,边界条件式(7.5-2)要求:

$$\frac{-A(1-2\nu)}{r^2} - \frac{B}{r^2} = 0 \quad (7.5\text{-}7)$$

即:

$$(1-2\nu)A + B = 0 \quad (7.5\text{-}8)$$

将式(7.5-6)中的 σ_z 代入平衡条件式(7.5-3),可知该条件要求:

$$4\pi(1-\nu)A + 2\pi B = P \quad (7.5\text{-}9)$$

由式(7.5-8)和式(7.5-9)联立求解,得到:

$$A = \frac{P}{2\pi}, B = -\frac{(1-2\nu)P}{2\pi} \quad (7.5\text{-}10)$$

将得到的 A、B 分别代入式(7.5-5)和式(7.5-6)进行合并,即得满足所有条件的布西涅斯克解答如下:

$$\left.\begin{aligned}u &= \frac{(1+\nu)P}{2\pi ER}\left[\frac{rz}{R^2} - \frac{(1-2\nu)r}{R+z}\right] \\ w &= \frac{(1+\nu)P}{2\pi ER}\left[2(1-\nu) + \frac{z^2}{R^2}\right]\end{aligned}\right\} \quad (7.5\text{-}11)$$

$$\left.\begin{aligned}\sigma_r &= \frac{P}{2\pi R^2}\left[\frac{(1-2\nu)R}{R+z} - \frac{3r^2z}{R^3}\right] \\ \sigma_\theta &= \frac{(1-2\nu)P}{2\pi R^2}\left[\frac{z}{R} - \frac{R}{R+z}\right] \\ \sigma_z &= -\frac{3Pz^3}{2\pi R^5} \\ \tau_{rz} &= \tau_{zr} = -\frac{3Prz^2}{2\pi R^5}\end{aligned}\right\} \quad (7.5\text{-}12)$$

对于这里的结果,讨论如下:

① 由以上所得的位移分量和应力分量的计算公式(7.5-11)和式(7.5-12)可以看出,随 R 的增大,位移和应力都迅速减小,当 $R \to \infty$ 时,位移和应力均趋于零,这说明此种应力状态下的应力和位移都带有局部的性质。

② 当 $R \to 0$ 时,各应力分量都趋于无限大。所以在集中力 P 作用点处早已进

第7章 空间问题

入塑性状态，由于实际载荷也不可作用在一个几何点上，而是分布在一个小面积上，所以实际应力也不是无限大。根据圣维南原理，式(7.5-11)和式(7.5-12)所表示的位移和应力分量，在距离力 P 的作用点稍远区域才是正确的。

③ 由式(7.5-12)可知，当 $z=0$ 时，即在弹性半无限体边界面上各点：

$$\left.\begin{array}{l} \sigma_z = 0 \\ \tau_{rz} = 0 \\ \sigma_r = -\sigma_\theta = \dfrac{(1-2\nu)P}{2\pi r^2} \end{array}\right\} \quad (7.5\text{-}13)$$

上式说明，边界上各点受纯剪切的作用。

④ 由式(7.5-12)的后两式可以看出，作用于水平截面上的应力（σ_z 及 τ_{rz}）与弹性常数无关，因而在任何材料的弹性体中，作用于水平截面上的应力分量 σ_z 及 τ_{rz} 是相同的，而作用于其他截面上的应力分量，一般都随 ν 值的变化而变化。

⑤ 当 $r=0$、$R=z$ 时，亦即在 z 轴上的各点，由式(7.5-12)可得：

$$\left.\begin{array}{l} \sigma_r = \dfrac{P}{2\pi}\dfrac{1-2\nu}{2z^2} \\ \sigma_\theta = \dfrac{P}{2\pi}\dfrac{1-2\nu}{2z^2} \\ \sigma_z = -\dfrac{P}{2\pi}\dfrac{3}{z^2} \\ \tau_{rz} = 0 \end{array}\right\} \quad (7.5\text{-}14)$$

这说明，在 z 轴上的各点受到两向拉伸、一向压缩的作用，它们的主应力分别为：

$$\left.\begin{array}{l} \sigma_1 = \sigma_2 = \dfrac{P}{2\pi}\dfrac{1-2\nu}{2z^2} \\ \sigma_3 = -\dfrac{P}{2\pi}\dfrac{3}{z^2} \end{array}\right\} \quad (7.5\text{-}15)$$

以绝对值比较，$\sigma_z=\sigma_3$ 比径向及环向应力 σ_1、σ_2 大得多。

⑥ 由式(7.5-11)中的第二式可知，水平界面上任意一点的铅直位移 η（即所谓的沉陷）是：

$$\eta = (w)_{z=0} = \dfrac{(1-\nu^2)P}{\pi E r} \quad (7.5\text{-}16)$$

它和距离 P 作用点的距离 r 成反比。

在这里，弹性半空间体受集中力 P 所得的水平边界上任一点的沉陷 $(w)_{z=0}$ 就是水平边界上任一点的法向位移，它不是相对沉陷而是绝对沉陷。

本小节的方法和结果，可用来研究一些工程问题，如建筑地基中应力与沉陷、采矿开采沉陷、钻具钻孔时破碎岩石的机理问题、高压射流破岩时在岩层中产生的应力问题等。

（二）在边界矩形面积上作用均布法向荷载的解

根据上面得到的半空间体在边界上受法向集中力 P 的解，利用叠加原理，可以得到边界上受法向分布力作用下的解。这些解不但在建筑地基、地下工程等方面有重要的应用意义，而且是研究机械工程中空间接触问题的基础。

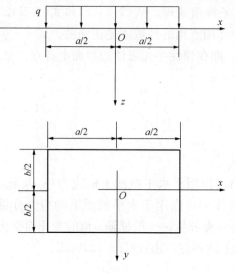

图 7.5-3 半空间弹性体边界矩形面积上作用均布法向载荷 q

如图 7.5-3 所示，在半空间弹性体边界平面的一个矩形面积内受法向均布力 q，矩形的边长为 a 和 b，试对弹性体边界面某些点的沉降予以分析。

在均布载荷 q 作用的面积 $a \times b$ 内取一微面元 $dA = dx'dy'$，此面元的中心坐标为 (x', y')，由于面元很微小，可把作用在 dA 上的载荷看作是作用在 (x', y') 点的一微小集中力 dp 为：

$$dp = qdA = qdx'dy' \tag{7.5-17}$$

若欲求边界面上点 c 的沉陷值 W_c，令点 c 的坐标为 (x, y)，由图 7.5-3 可知，点 $c(x, y)$ 距载荷作用点 (x', y') 的距离 s 为：

$$s = [(x-x')^2 + (y-y')^2]^{\frac{1}{2}} \tag{7.5-18}$$

由式(7.5-16)知，作用在 (x', y') 点的微小集中力 dp 在点 (x, y) 所产生的沉陷 dW_c 为：

$$dW_c = \frac{(1-\nu^2)}{\pi E} \frac{dp}{s} = \frac{1-\nu^2}{\pi E} \frac{qdx'dy'}{[(x-x')^2+(y-y')^2]^{\frac{1}{2}}} \tag{7.5-19}$$

矩形面积上的全部载荷在点 $c(x, y)$ 所产生的沉陷 W_c 为：

$$W_c = \frac{1-\nu^2}{\pi E} \int_{-\frac{a}{2}}^{\frac{a}{2}} \int_{-\frac{b}{2}}^{\frac{b}{2}} \frac{qdx'dy'}{[(x-x')^2+(y-y')^2]^{\frac{1}{2}}} \tag{7.5-20}$$

若点 c 在矩形的 x 对称轴上，即点 c 的坐标为 $(x, 0)$，则点 c 的沉陷值 W_{cx} 为：

$$W_{cx} = \frac{(1-\nu^2)q}{\pi E} \int_{-\frac{a}{2}}^{\frac{a}{2}} \int_{-\frac{b}{2}}^{\frac{b}{2}} \frac{qdx'dy'}{[(x-x')^2+y'^2]^{\frac{1}{2}}} = \frac{(1-\nu^2)q}{\pi E} \int_{x-\frac{a}{2}}^{x+\frac{a}{2}} \int_{-\frac{b}{2}}^{\frac{b}{2}} \frac{d\zeta dy'}{[\zeta^2+y'^2]^{\frac{1}{2}}} \tag{7.5-21}$$

若 $abq = 1$（即单位力均匀分布在矩形 $a \times b$ 面内），并对式(7.5-21)积分，可把积分结果写成：

$$W_{cx} = \frac{1-\nu^2}{\pi Ea} F_{cx} \tag{7.5-22}$$

其中：

$$F_{cx} = \frac{\frac{2x}{a}+1}{\frac{a}{b}} \text{sh}^{-1} \frac{\frac{a}{b}}{\frac{2x}{a}+1} \text{sh}^{-1} \frac{\frac{2x}{a}+1}{\frac{a}{b}} - \left(\frac{\frac{2x-1}{a}}{\frac{a}{b}} \text{sh}^{-1} \frac{\frac{a}{b}}{\frac{2x}{a}-1} + \text{sh}^{-1} \frac{\frac{2x}{a}-1}{\frac{a}{b}} \right)^1$$

$$\tag{7.5-23}$$

若 c 点恰在矩形的中心 O，则 O 点的沉陷 W_{co} 为：

$$W_{co} = \frac{1-\nu^2}{\pi Eab} \int_{-\frac{a}{2}}^{\frac{a}{2}} \int_{-\frac{b}{2}}^{\frac{b}{2}} \frac{d\zeta dy'}{(\zeta^2 + y'^2)^{\frac{1}{2}}} \tag{7.5-24}$$

积分的结果仍然可以写成式(7.5-22)的形式，但

$$F_{co} = 2\left(\frac{a}{b}\text{sh}^{-1}\frac{b}{a} + \text{sh}^{-1}\frac{b}{a}\right) \tag{7.5-25}$$

当 $\frac{x}{a}$ 值为整数时（包括 $\frac{x}{a}$ 为零时），对于比值 $\frac{b}{a}$ 的几个常用数值，可以从表 7.5-1 中查得公式(7.5-22)中的 F_{cx} 的数值。如果 $\frac{x}{a}$ 大于 10，不论 $\frac{b}{a}$ 的数值如何，都可以取 $F_{cx} = \frac{x}{a}$。

在用连杆法计算基础梁的空间问题时，要用到沉陷公式(7.6-39)和表 7.5-1。

半空间体沉陷公式中的 F_{cx} 值 表 7.5-1

$\frac{x}{a}$	$\frac{a}{x}$	$\frac{b}{a}=\frac{2}{3}$	$\frac{b}{a}=1$	$\frac{b}{a}=2$	$\frac{b}{a}=3$	$\frac{b}{a}=4$	$\frac{b}{a}=5$
0	∞	4.265	3.595	2.406	1.867	1.543	1.322
1	1	1.069	1.038	0.929	0.829	0.746	0.678
2	0.500	0.508	0.505	0.490	0.469	0.446	0.246
3	0.333	0.336	0.335	0.330	0.323	0.314	0.305
4	0.250	0.251	0.251	0.249	0.246	0.242	0.237
5	0.200	0.200	0.200	0.199	0.197	0.196	0.193
6	0.167	0.167	0.167	0.166	0.165	0.164	0.163
7	0.143	0.143	0.143	0.143	0.142	0.141	0.140
8	0.125	0.125	0.125	0.125	0.124	0.124	0.123
9	0.111	0.111	0.111	0.111	0.111	0.111	0.110
10	0.100	0.100	0.100	0.100	0.100	0.100	0.099

§7.6 空间球对称问题的解法

在空间问题中，如果弹性体的几何形状、约束情况以及所受的外部作用，都对称于某一点（通过这一点的任一平面都是对称面），则所有的应力、应变和位移也就对称于这一点。这种问题称为点对称问题，又称为球对称问题。显然，球对称问题只可能发生于空心和实心的圆球体中。

在描述球对称问题中的应力、应变、位移时，用球坐标 (r, θ, ϕ) 就非常简单，这是因为，如果以弹性体的对称点为坐标原点 O，则所有的应力分量、应变分量、位移分量都将只是径向坐标 r 的函数，不随其余两个坐标 θ、ϕ 而变。

这一节将讨论圆球坐标系中空间问题的基本方程，进而得到球对称问题的基

本方程，介绍球对称问题的求解方法，并给出具有实际意义的空心圆球受均布压力问题的解答。

（一）球对称问题的基本方程

依照在直角坐标系和圆柱坐标系中的方法，可建立球坐标系中弹性力学的基本方程。

(1) 球坐标系中一般空间问题的基本方程

由图 7.6-1 可以得出直角坐标与球坐标之间的关系为：

$$\left.\begin{aligned} x &= r\sin\phi\cos\theta \\ y &= r\sin\phi\sin\theta \\ z &= r\cos\phi \end{aligned}\right\} \quad (7.6\text{-}1)$$

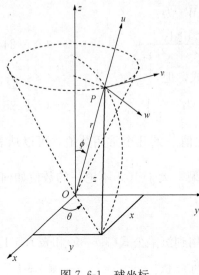

图 7.6-1 球坐标

① 平衡微分方程

$$\left.\begin{aligned} &\frac{\partial \sigma_r}{\partial r} + \frac{1}{r\sin\phi}\cdot\frac{\partial \tau_{r\theta}}{\partial \theta} + \frac{1}{r}\frac{\partial \tau_{r\phi}}{\partial \phi} + \frac{1}{r}(2\sigma_r - \sigma_\phi - \sigma_\theta + \tau_{r\phi}\cot\phi) + f_r = 0 \\ &\frac{\partial \tau_{r\theta}}{\partial r} + \frac{1}{r\sin\phi}\frac{\partial \sigma_\theta}{\partial \theta} + \frac{1}{r}\frac{\partial \tau_{\theta\phi}}{\partial \phi} + \frac{1}{r}[3\tau_{r\theta} + 2\tau_{\theta\phi}\cot\phi] + f_\theta = 0 \\ &\frac{\partial \tau_{r\phi}}{\partial r} + \frac{1}{r\sin\phi}\cdot\frac{\partial \tau_{\theta\phi}}{\partial \theta} + \frac{1}{r}\frac{\partial \sigma_\phi}{\partial \phi} + \frac{1}{r}[(\sigma_\phi - \sigma_\theta)\cot\phi + 3\tau_{r\phi}] + f_\phi = 0 \end{aligned}\right\}$$

$$(7.6\text{-}2)$$

② 几何方程

$$\left.\begin{aligned} \varepsilon_r &= \frac{\partial u}{\partial r} \\ \varepsilon_\theta &= \frac{1}{r\sin\phi}\frac{\partial v}{\partial \theta} + \frac{w}{r}\cot\phi + \frac{u}{r} \\ \varepsilon_\phi &= \frac{1}{r}\frac{\partial w}{\partial \phi} + \frac{u}{r} \\ \gamma_{r\theta} &= \frac{1}{r\sin\phi}\frac{\partial u}{\partial \theta} + \frac{\partial v}{\partial r} - \frac{v}{r} \\ \gamma_{\theta\phi} &= \frac{1}{r}\left(\frac{\partial v}{\partial \phi} - v\cot\phi\right) + \frac{1}{r\sin\phi}\frac{\partial w}{\partial \theta} \\ \gamma_{\phi r} &= \frac{\partial w}{\partial r} - \frac{w}{r} + \frac{1}{r}\frac{\partial u}{\partial \phi} \end{aligned}\right\} \quad (7.6\text{-}3)$$

③ 本构方程——广义胡克定律

以应力分量表示应变分量：

$$\left.\begin{aligned} \varepsilon_r &= \frac{1}{2G}\left(\sigma_r - \frac{\nu}{1-\nu}\sigma_v\right), \gamma_{r\theta} = \frac{1}{G}\tau_{r\theta} \\ \varepsilon_\theta &= \frac{1}{2G}\left(\sigma_\theta - \frac{\nu}{1-\nu}\sigma_v\right), \gamma_{\theta\phi} = \frac{1}{G}\tau_{\theta\phi} \\ \varepsilon_\phi &= \frac{1}{2G}\left(\sigma_\phi - \frac{\nu}{1-\nu}\sigma_v\right), \gamma_{\phi r} = \frac{1}{G}\tau_{\phi r} \end{aligned}\right\} \quad (7.6\text{-}4)$$

第 7 章 空间问题

以应变分量表示应力分量:

$$\left.\begin{array}{l}\sigma_r = \lambda\varepsilon_v + 2G\varepsilon_r, \tau_{r\theta} = G\gamma_{r\theta} \\ \sigma_\theta = \lambda\varepsilon_v + 2G\varepsilon_\theta, \tau_{\theta\phi} = G\gamma_{\theta\phi} \\ \sigma_\phi = \lambda\varepsilon_v + 2G\varepsilon_\phi, \tau_{\phi r} = G\gamma_{\phi r}\end{array}\right\} \quad (7.6\text{-}5)$$

在以上各式中 $\sigma_v = \sigma_r + \sigma_\theta + \sigma_\phi$, $\varepsilon_v = \varepsilon_r + \varepsilon_\theta + \varepsilon_\phi$。$\sigma_r$、$\sigma_\theta$、$\sigma_\phi$、$\tau_{r\theta}$、$\tau_{\theta\phi}$、$\tau_{\phi r}$ 为球坐标中的应力分量,ε_r、ε_θ、ε_ϕ、$\gamma_{r\theta}$、$\gamma_{\theta\phi}$、$\gamma_{\phi r}$ 为球坐标中的应变分量,其意义和正负号规定与直角坐标相同,只需把坐标 r、θ、ϕ 依次看作 x、y、z 即可。u、v、w 分别代表弹性体内任意一点沿 r、θ、ϕ 三个方向的位移分量。

(2) 球坐标系中球对称问题的基本方程

对于球对称问题(球坐标原点为对称中心),则应力分量和位移分量等只是 r 的函数,与 θ、ϕ 两个参数无关,且应有 $f_\theta = f_\phi = 0$、$\tau_{r\theta} = \tau_{\theta\phi} = \tau_{\phi r} = 0$、$v = w = 0$、$\sigma_\phi = \sigma_\theta$,则有:

① 平衡微分方程

$$\frac{\mathrm{d}\sigma_r}{\mathrm{d}r} + \frac{2}{r}(\sigma_r - \sigma_\theta) + f_r = 0 \quad (7.6\text{-}6)$$

② 几何方程

$$\left.\begin{array}{l}\varepsilon_r = \dfrac{\partial u}{\partial r},\ \gamma_{r\theta} = \gamma_{\theta\phi} = \gamma_{\phi r} = 0 \\ \varepsilon_\theta = \varepsilon_\phi = \dfrac{u}{r}\end{array}\right\} \quad (7.6\text{-}7)$$

③ 本构方程

由于球对称时 $\tau_{r\theta} = \tau_{\theta\phi} = \tau_{\phi r} = 0$、$\gamma_{r\theta} = \gamma_{\theta\phi} = \gamma_{\phi r} = 0$、$\sigma_\phi = \sigma_\theta$、$\varepsilon_\phi = \varepsilon_\theta$,则一般空间问题的本构方程式 (7.6-4) 或式 (7.6-5) 化简为:

以应力表示应变:

$$\left.\begin{array}{l}\varepsilon_r = \dfrac{1}{E}(\sigma_r - \nu\sigma_\theta - \nu\sigma_\phi) = \dfrac{1}{E}(\sigma_r - 2\nu\sigma_\theta) \\ \varepsilon_\theta = \varepsilon_\phi = \dfrac{1}{E}(\sigma_\theta - \nu\sigma_\phi - \nu\sigma_r) = \dfrac{1}{E}[(1-\nu)\sigma_\theta - \nu\sigma_r]\end{array}\right\} \quad (7.6\text{-}8)$$

以应变表示应力:

$$\left.\begin{array}{l}\sigma_r = \dfrac{E}{(1+\nu)(1-2\nu)}[(1-\nu)\varepsilon_r + 2\nu\varepsilon_\theta] \\ \sigma_\theta = \sigma_\phi = \dfrac{E}{(1+\nu)(1-2\nu)}[\varepsilon_\theta + \nu\varepsilon_r]\end{array}\right\} \quad (7.6\text{-}9)$$

(二) 球对称问题的求解方法

由上小节的讨论可知,对于球对称问题共有 σ_r、σ_θ、ε_r、ε_θ、u 五个未知函数,它们在弹性体内必须满足平衡微分方程 (7.6-6)、几何方程 (7.6-7)、本构方程 (7.6-8) 或 (7.6-9) 五个基本方程,同时在弹性体边界上还必须满足给定问题的边界条件。这样,球对称问题归结为在给定边界条件下,求解满足五个基本方程的应力分量 σ_r 和 σ_θ、应变分量 ε_r 和 ε_θ、位移分量 u 的边值问题。

可采用应力法或位移法对球对称问题进行求解。下面介绍采用位移法求解过程。

将几何方程（7.6-7）式代入本构方程式（7.6-9），得球对称问题的弹性方程为：

$$\left.\begin{aligned} \sigma_r &= \frac{E}{(1+\nu)(1-2\nu)}\left[(1-\nu)\frac{du}{dr}+2\nu\frac{u}{r}\right] \\ \sigma_\theta &= \sigma_\phi = \frac{E}{(1+\nu)(1-2\nu)}\left(\nu\frac{du}{dr}+\frac{u}{r}\right) \end{aligned}\right\} \quad (7.6\text{-}10)$$

将上式代入球对称问题的平衡微分方程（7.6-6）求得：

$$\frac{E(1-\nu)}{(1+\nu)(1-2\nu)}\left(\frac{d^2u}{dr^2}+\frac{2du}{rdr}-\frac{2}{r^2}u\right)+f_r=0 \quad (7.6\text{-}11)$$

式（7.6-11）就是按位移求解球对称问题时的基本微分方程。当不计体力时，该方程可化简为：

$$\frac{d^2u}{dr^2}+\frac{2du}{rdr}-\frac{2}{r^2}u=0 \quad (7.6\text{-}12)$$

该方程的解为：

$$u=Ar+\frac{B}{r^2} \quad (7.6\text{-}13)$$

其中 A 和 B 是由边界条件确定的常数。将式（7.6-13）代入弹性方程式（7.6-10），得应力分量表达式：

$$\left.\begin{aligned} \sigma_r &= \frac{E}{1-2\nu}A-\frac{2E}{1+\nu}\frac{B}{r^3} \\ \sigma_\theta &= \frac{E}{1-2\nu}A+\frac{E}{1+\nu}\frac{B}{r^3} \end{aligned}\right\} \quad (7.6\text{-}14)$$

对于一个具体的球对称问题，只需根据边界条件定出式（7.6-13）、式（7.6-14）的常数 A、B，即可得出问题的解答。

（三）空心球受均布压力问题的解答

设有一空心圆球，内半径为 a，外半径为 b，在内面及外面分别受均布压力 q_a 及 q_b，体力不计。对于这个球对称问题，其边界条件为：

$$(\sigma_r)_{r=a}=-q_a, \quad (\sigma_r)_{r=b}=-q_b \quad (7.6\text{-}15)$$

将式（7.6-15）代入式（7.6-14）中的第一式得：

$$\left.\begin{aligned} \frac{E}{1-2\nu}A-\frac{2E}{(1+\nu)a^3}B &= -q_a \\ \frac{E}{1-2\nu}A+\frac{E}{(1+\nu)b^3}B &= -q_b \end{aligned}\right\} \quad (7.6\text{-}16)$$

求解上式得：

第7章 空间问题

$$A = \frac{a^3 q_a - b^3 q_b}{E(b^3 - a^3)}(1-2\nu), \quad B = \frac{a^3 b^3 (q_a - q_b)}{2E(b^3 - a^3)}(1+\nu) \tag{7.6-17}$$

将式（7.6-17）代入式（7.6-13），得径向位移为：

$$u = \frac{(1+\nu)r}{E}\left(\frac{\dfrac{b^3}{2r^3} + \dfrac{1-2\nu}{1+\nu}}{\dfrac{b^3}{a^3} - 1} q_a - \frac{\dfrac{a^3}{2r^3} + \dfrac{1-2\nu}{1+\nu}}{1 - \dfrac{a^3}{b^3}} q_b\right) \tag{7.6-18}$$

将式（7.6-17）代入式（7.6-14），得应力分量为：

$$\left.\begin{aligned}
\sigma_r &= \frac{\dfrac{b^3}{r^3} - 1}{\dfrac{b^3}{a^3} - 1} q_a - \frac{1 - \dfrac{a^3}{r^3}}{1 - \dfrac{a^3}{b^3}} q_b \\
\sigma_\theta &= \frac{\dfrac{b^3}{2r^3} + 1}{\dfrac{b^3}{a^3} - 1} q_a - \frac{1 + \dfrac{a^3}{2r^3}}{1 - \dfrac{a^3}{b^3}} q_b
\end{aligned}\right\} \tag{7.6-19}$$

由于不存在切应力，上式所示应力分量就是主应力。

下面讨论该问题的两种特例。

（1）空心球只受内压力（$q_a = q$，$q_b = 0$）

将 $q_a = q$、$q_b = 0$ 代入式（7.6-18）、式（7.6-19）得位移和应力分量为：

$$u = \frac{(1+\nu)}{E\left(\dfrac{1}{a^3} - \dfrac{1}{b^3}\right)} r\left(\frac{1}{2r^3} + \frac{1-2\nu}{1+\nu}\cdot\frac{1}{b^3}\right) \tag{7.6-20}$$

$$\left.\begin{aligned}
\sigma_r &= -\frac{q}{\dfrac{1}{a^3} - \dfrac{1}{b^3}}\left(\frac{1}{r^3} - \frac{1}{b^3}\right) \\
\sigma_\theta &= -\frac{q}{\dfrac{1}{a^3} - \dfrac{1}{b^3}}\left(\frac{1}{2r^3} + \frac{1}{b^3}\right)
\end{aligned}\right\} \tag{7.6-21}$$

（2）无限大弹性体内的圆球形洞中受均布压力

这时，只需将式（7.6-20）、式（7.6-21）中令 $b \to \infty$，即可得该问题得解为：

$$u = \frac{(1+\nu)qa^3}{2Er^2}, \quad \sigma_r = -\frac{qa^3}{r^3}, \quad \sigma_\theta = \frac{qa^3}{2r^3} \tag{7.6-22}$$

由上式可见，径向位移 u 随 r^2 的增大而减小，径向及环向正应力均随 r^3 的增大而减小。特别值得注意的是，圆球形孔洞的孔边发生 $q/2$ 的切向拉应力。这就是说抗拉强度较低的材料中，如果有一个小孔洞，小孔洞内密闭有孔隙水或气体（如瓦斯气体）时，孔隙水或气体的压力有可能引起材料的开裂。在岩土工程中，求炸药爆炸时爆炸气体压力在材料中引起的应力等问题，也可近似简化为这种情况。

*§7.7 半空间体表面受切向集中力问题的位移函数法

设有一半空间体，体力不计，在其边界上受有切向集中力 P，如图 7.7-1 所示。试用位移法求该半空间体内的位移分量和应力分量。

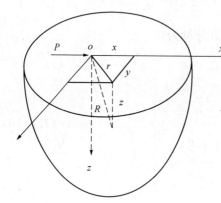

图 7.7-1 半空间体在边界上受切向集中力

解：以力 P 的作用点为坐标原点 O，力的作用线为 x 轴，z 轴指向半空间体的内部，建立坐标系如图 7.7-1 所示。

该问题的边界条件为：

$$(\sigma_z, \tau_{zx}, \tau_{zy})_{z=0, x \neq 0} = 0 \quad (7.7\text{-}1)$$

此外，还有这样的边界条件：在 O 点附近的一小部分边界上，有一组面力作用，它的分布不明确，但已知它等效于集中力 P。在半空间体的任何一个水平截面上的应力，必须和这一组面力合成平衡力系，因而也就必须和力 P 合成平衡力系。于是得出由应力边界条件转换而来的平衡条件：

$$\left.\begin{array}{l}\displaystyle\int_{-\infty}^{\infty}\int_{-\infty}^{\infty}\tau_{zx}\,\mathrm{d}x\mathrm{d}y + P = 0, \quad \int_{-\infty}^{\infty}\int_{-\infty}^{\infty}(y\sigma_z - z\tau_{zy})\,\mathrm{d}x\mathrm{d}y = 0 \\[2mm] \displaystyle\int_{-\infty}^{\infty}\int_{-\infty}^{\infty}\tau_{zy}\,\mathrm{d}x\mathrm{d}y = 0, \quad \int_{-\infty}^{\infty}\int_{-\infty}^{\infty}(x\sigma_z - z\tau_{zx})\,\mathrm{d}x\mathrm{d}y = 0 \\[2mm] \displaystyle\int_{-\infty}^{\infty}\int_{-\infty}^{\infty}\sigma_z\,\mathrm{d}x\mathrm{d}y = 0, \quad \int_{-\infty}^{\infty}\int_{-\infty}^{\infty}(y\tau_{zx} - x\tau_{zx})\,\mathrm{d}x\mathrm{d}y = 0\end{array}\right\} \quad (7.7\text{-}2)$$

其中左边三式依次表示 $\Sigma F_x = 0, \Sigma F_y = 0, \Sigma F_z = 0$，而右边三式依次表示为 $\Sigma M_x = 0, \Sigma M_y = 0, \Sigma M_z = 0$。

取如下的双调和函数为伽辽金位移函数：

$$\xi = A_1[R - z\ln(R+z)], \quad \eta = 0, \quad \zeta = A_2 x \ln(R+z) \quad (7.7\text{-}3)$$

将式 (7.7-3) 代入式 (7.7-4) 和式 (7.7-5)：

$$\left.\begin{array}{l}\displaystyle u = \frac{1}{2G}\left[2(1-\nu)\nabla^2\xi - \frac{\partial}{\partial x}\left(\frac{\partial\xi}{\partial x} + \frac{\partial\eta}{\partial y} + \frac{\partial\zeta}{\partial z}\right)\right] \\[3mm] \displaystyle v = \frac{1}{2G}\left[2(1-\nu)\nabla^2\eta - \frac{\partial}{\partial y}\left(\frac{\partial\xi}{\partial x} + \frac{\partial\eta}{\partial y} + \frac{\partial\zeta}{\partial z}\right)\right] \\[3mm] \displaystyle w = \frac{1}{2G}\left[2(1-\nu)\nabla^2\zeta - \frac{\partial}{\partial z}\left(\frac{\partial\xi}{\partial x} + \frac{\partial\eta}{\partial y} + \frac{\partial\zeta}{\partial z}\right)\right]\end{array}\right\} \quad (7.7\text{-}4)$$

$$\left.\begin{aligned}
\sigma_x &= 2(1-\nu)\frac{\partial}{\partial x}\nabla^2\xi + \left(\nu\nabla^2 - \frac{\partial^2}{\partial x^2}\right)\left(\frac{\partial\xi}{\partial x}+\frac{\partial\eta}{\partial y}+\frac{\partial\zeta}{\partial z}\right) \\
\sigma_y &= 2(1-\nu)\frac{\partial}{\partial y}\nabla^2\eta + \left(\nu\nabla^2 - \frac{\partial^2}{\partial y^2}\right)\left(\frac{\partial\xi}{\partial x}+\frac{\partial\eta}{\partial y}+\frac{\partial\zeta}{\partial z}\right) \\
\sigma_z &= 2(1-\nu)\frac{\partial}{\partial z}\nabla^2\xi + \left(\nu\nabla^2 - \frac{\partial^2}{\partial z^2}\right)\left(\frac{\partial\xi}{\partial x}+\frac{\partial\eta}{\partial y}+\frac{\partial\zeta}{\partial z}\right) \\
\tau_{xy} &= (1-\nu)\left(\frac{\partial}{\partial x}\nabla^2\eta + \frac{\partial}{\partial y}\nabla^2\xi\right) - \frac{\partial^2}{\partial x\partial y}\left(\frac{\partial\xi}{\partial x}+\frac{\partial\eta}{\partial y}+\frac{\partial\zeta}{\partial z}\right) \\
\tau_{yz} &= (1-\nu)\left(\frac{\partial}{\partial y}\nabla^2\zeta + \frac{\partial}{\partial z}\nabla^2\eta\right) - \frac{\partial^2}{\partial y\partial z}\left(\frac{\partial\xi}{\partial x}+\frac{\partial\eta}{\partial y}+\frac{\partial\zeta}{\partial z}\right) \\
\tau_{zx} &= (1-\nu)\left(\frac{\partial}{\partial z}\nabla^2\xi + \frac{\partial}{\partial x}\nabla^2\xi\right) - \frac{\partial^2}{\partial z\partial x}\left(\frac{\partial\xi}{\partial x}+\frac{\partial\eta}{\partial y}+\frac{\partial\zeta}{\partial z}\right)
\end{aligned}\right\} \quad (7.7\text{-}5)$$

求出位移分量和应力分量,然后代入边界条件(7.7-1)及平衡条件(7.7-2)确定出系数 A_1、A_2,得如下满足一切条件的解答:

$$\left.\begin{aligned}
u &= \frac{(1+\nu)P}{2\pi ER}\left\{1+\frac{x^2}{R^2}+(1-2\nu)\left[\frac{R}{R+z}-\frac{x^2}{(R+z)^2}\right]\right\} \\
v &= \frac{(1+\nu)P}{2\pi ER}\left[\frac{xy}{R^2}-\frac{(1-2\nu)xy}{(R+z)^2}\right] \\
w &= \frac{(1+\nu)P}{2\pi ER}\left[\frac{xz}{R^2}+\frac{(1-2\nu)x}{R+z}\right]
\end{aligned}\right\} \quad (7.7\text{-}6)$$

$$\left.\begin{aligned}
\sigma_x &= \frac{Px}{2\pi R^3}\left[\frac{1-2\nu}{(R+z)^2}\left(R^2-y^2-\frac{2Ry^2}{R+z}\right)-\frac{3x^2}{R^2}\right] \\
\sigma_y &= \frac{Px}{2\pi R^3}\left[\frac{1-2\nu}{(R+z)^2}\left(3R^2-x^2-\frac{2Rx^2}{R+z}\right)-\frac{3y^2}{R^2}\right] \\
\sigma_z &= -\frac{3Pxz^2}{2\pi R^5} \\
\tau_{xy} &= \frac{Py}{2\pi R^3}\left[\frac{1-2\nu}{(R+z)^2}\left(-R^2+x^2+\frac{2Rx^2}{R+z}\right)-\frac{3x^2}{R^2}\right] \\
\tau_{yz} &= -\frac{3Pxyz}{2\pi R^5} \\
\tau_{zx} &= -\frac{3Px^2z}{2\pi R^5}
\end{aligned}\right\} \quad (7.7\text{-}7)$$

以上解答是由塞路蒂(V. Cerruti)于 1882 年至 1888 年求得的。该解答的应力分布具有如下特征:

(1) 当 $R\to\infty$ 时,各应力分量都趋于零;$R\to 0$,各应力分量都趋于无限大。

(2) 水平截面上的应力(σ_z,τ_{zx},τ_{zy})都与弹性常数无关,因而在任何材料的弹性体中都是同样地分布。其他截面上的应力,一般都随泊松比而变。

该问题的解答是一个基本解,在工程中具有重要的实际意义,如车轮制动或起动时作用在路面上的力相当于圆面积上作用单向均布水平荷载的半空体问题,其解可由该问题的解答利用叠加原理而求得。

习　　题

7-1　设有任意形状的等截面杆,密度为 ρ,上端悬挂,下端自由,如图习题

7-1 所示。试考察应力分量 $\sigma_x=0$，$\sigma_y=0$，$\sigma_z=\rho g z$，$\tau_{yz}=0$，$\tau_{zx}=0$，$\sigma_x=0$，是否能满足所有一切条件。

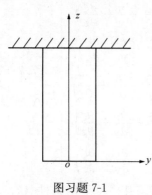

图习题 7-1

7-2 设半空间体在边界平面的一个矩形面积上受均布压力 q，设矩形面积的边长 a 及 b，试求矩形中心及四角处的沉陷。

7-3 试证明对于不计体力的空间轴对称问题，若取

$$u_\rho = \frac{1}{2G}\frac{\partial \Phi}{\partial \rho},\ w = \frac{1}{2G}\frac{\partial \Phi}{\partial z}$$

这里 $\Phi = \Phi(\rho, z)$，且

$$\nabla^2 \Phi = \frac{\partial^2 \Phi}{\partial \rho^2} + \frac{1}{\rho}\frac{\partial \Phi}{\partial \rho} + \frac{\partial^2 \Phi}{\partial z^2} = \text{常数}$$

则与 u_ρ 和 w 对应的应力分量满足平衡微分方程。

7-4 试证明对于不计体力的球对称问题，若取

$$u_r = \frac{1}{2G}\frac{\partial \Phi}{\partial r}$$

这里的 $\Phi = \Phi(r)$，且

$$\nabla^2 \Phi = \frac{d^2 \Phi}{dr^2} + \frac{2}{r}\frac{d\Phi}{dr} = \text{常数}$$

则下面方程是满足的。

$$\frac{E(1-\nu)}{(1+\nu)(1-2\nu)}\left(\frac{\partial^2 u_\rho}{\partial \rho^2} + \frac{2}{\rho}\frac{\partial u_\rho}{\partial \rho} - \frac{2u_\rho}{\rho^2}\right) + f_\rho = 0\left(\rho_1 \frac{\partial^2 u_\rho}{\partial \theta^2}\right)$$

*第8章 线性热弹性力学问题

以上各章已解决了一系列由外力所引起的应力和变形问题。本章研究由于温度变化（以下简称变温）在弹性体内所产生的应力，这种应力称为热应力。在各类机器（例如电动机的热交换、锅炉、化工机械中的高温高压容器）乃至大型水利工程和土木工程的设计中，无不遇到热应力问题。尤其随着原子核动力技术的发展，高速宇宙飞行器的实现，非均匀变温所产生的高温强度问题，已成为工程学中的重大问题。对于这类问题，与材料寿命有关的热应力分析，在设计中占据着重要的位置。

需要指出的是：温度的变化将引起变形，而变形将产生热量，从而又引起温度的变化，因此，变形和温度是相互耦合的。对于耦合问题，方程的解耦，往往成为数学上的难题。不过，对于某些工程实际问题，当它们的体应变为零，或体应变的变化速度非常缓慢时，则变形对温度的影响可以忽略不计，从而变为非耦合问题。本章只讨论非耦合问题，而且，除了已作过的均匀、各向同性、线弹性和小变形的假设外，这里还假设温度变化不大，于是，所得的全部方程和定解条件都是线性的。研究这种问题的理论，称为线性热弹性力学。

在变形和温度不耦合的情况下，要求出热应力，须进行两方面的计算：(1) 由热传导方程和问题的初始条件及边界条件，计算弹性体内各点在各瞬时的温度，即所谓"决定温度场"，而前后两个瞬时温度场之差，就是弹性体的变温。(2) 求解弹性力学的基本方程而得到热应力，即所谓"决定热应力场"。前者需要借助热传学知识求解，即已知温度场，求解应力场。下面重点介绍"决定热应力场"的问题。

§8.1 热传导方程及其定解条件

变形和温度不耦合的热传导方程为：

$$\frac{\partial \Theta}{\partial t} = a\nabla^2\Theta + \frac{W}{c\rho} \tag{8.1-1}$$

式中，$\Theta(x,y,z,t)$ 为温度；$W(x,y,z,t)$ 为单位时间内每单位体积的热源的发热量，即热源强度；$a=\kappa/c\rho$ 为导温系数，c 为比热容，ρ 为密度，κ 为导热系数。对于均匀材料，c、ρ、κ、a 均为常量。

为了能够求解热传导方程，从而求得温度场，必须给定物体在初始瞬时的温度分布，即所谓初始条件；同时还必须给定初始瞬时以后物体边界与周围介质之间进行热交换的规律，即所谓边界条件。初始条件和边界条件合称为定解条件。现分述如下。

设在初始瞬时 $t=0$ 时的温度为 $f(x,y,z)$，则初始条件可表示为：

$$\Theta_{t=0} = f(x,y,z) \tag{8.1-2}$$

在某些特殊情况下,初始瞬时的温度分布为均匀的,则式(8.1-2)变为:

$$\Theta_{t=0} = C \tag{8.1-3}$$

式中,C 为常量。

热应力问题边界条件常见的有三种形式:

(1) 已知物体边界处的温度为 $\varphi(t)$,则边界条件可表示为:

$$\Theta_s = \varphi(t) \tag{8.1-4}$$

其中,Θ_s 表示温度在物体边界任一点的值。

(2) 已知物体边界处的法向热流密度为 $\psi(t)$,则边界条件为:

$$(q_n)_s = \psi(t) \tag{8.1-5}$$

其中,q_n 为法向热流密度,而 $(q_n)_s$ 表示法向热流密度在物体边界任一点的值。由于热流密度在任一方向的分量,等于导热系数乘以温度在该方向的递减率,故上式又可表示为:

$$-\kappa\left(\frac{\partial \Theta}{\partial n}\right)_s = \psi(t) \tag{8.1-6}$$

其中,$\left(\frac{\partial \Theta}{\partial n}\right)_s$ 表示温度沿物体边界法向的方向导数在物体边界上任一点的值。如果边界是绝热的,则热流密度为零,于是式(8.1-6)变为:

$$\left(\frac{\partial \Theta}{\partial n}\right)_s = 0 \tag{8.1-7}$$

(3) 对流换热边界条件。设弹性体边界处的温度为 Θ_s,周围介质的温度为 Θ_e,则按热交换定理,通过边界的法向热流密度 q_n,正比例与物体周围介质的温差,即:

$$(q_n)_s = \beta(\Theta_s - \Theta_e) \tag{8.1-8}$$

式中,β 为散热系数。按照从式(8.1-5)化为式(8.1-6)同样的理由,式(8.1-8)又可写成:

$$\left(\frac{\partial \Theta}{\partial n}\right)_s = \frac{\beta}{\kappa}(\Theta_s - \Theta_e) \tag{8.1-9}$$

散热系数 β 表示热流通过边界传入周围介质的能力,其值越小,散热条件越差。当 $\beta \to 0$ 时,由式(8.1-9)可知,$\left(\frac{\partial \Theta}{\partial n}\right)_s \to 0$,这就是绝热边界条件(8.1-7)。当 $\beta \to \infty$ 时,由式(8.1-9)可得 $\Theta_s = \Theta_e$,即物体边界处的温度和周围介质的温度相等,这就是边界条件(8.1-4)。

在热应力分析中,需要的是温度场 Θ 相对于某一参考状态温度场 Θ_0 的变化,即变温:

$$T = \Theta - \Theta_0$$

如果参考状态温度场是均匀的,即:

$$\Theta_0 = 常数$$

则变温 T 应满足与式（8.1-1）相同的热传导方程：

$$\frac{\partial T}{\partial t} = a\nabla^2 T + \frac{W}{c\rho} \tag{8.1-10}$$

求解方程（8.1-10）所需的定解条件可按与上面类似的方式给出。

§8.2 热膨胀与热应力

（一）热膨胀和由此产生的热应力

弹性体内温度的升降，会引起它体积的膨胀或收缩。先想象地从弹性体内取出一个棱边长度分别为 dx、dy、dz 的微分长方体，设其初始温度为 Θ_0，然后让温度增至 Θ，变温 $T = \Theta - \Theta_0$。如果此微分单元体不受同一物体其他部分的约束，则由于材料的各向同性，三条棱边将产生相同的正应变 αT，而其切应变分量为零，即：

$$\varepsilon_x = \varepsilon_y = \varepsilon_z = \alpha T, \quad \gamma_{yz} = \gamma_{xz} = \gamma_{xy} = 0 \tag{8.2-1}$$

α 称为线膨胀系数，由于假设温度变化不大，故可以把它看作为常量。

据上述的理由，可以想象：如果一个弹性体不受任何约束，也不受任何外力作用，其初始温度 $\Theta_0 =$ 常数，然后让其温度均匀地增加（或减少）至 Θ，则由于其内各部分具有相同的膨胀（或收缩）变形，且这种变形不受外界的任何限制，因此是不会产生热应力的。但如果弹性体内变温是不均匀的，则在体内各部分将产生不同的膨胀（或收缩）变形，为使变形后的物体仍保持为一个连续体，其各部分之间的变形一般会受到相互牵制。因此，弹性体的非均匀变温，即使不受任何约束，也会产生热应力。不失一般性，下面只研究无外力作用、无外界约束的弹性体，由于非均匀变温而引起的热应力问题。

（二）热应力的简单问题

简单的热应力问题能简化为相当于边界已知的情况来处理。作为第一个例子，考察一块等厚度的矩形薄板，其变温 T 仅仅是 y 的函数，而与 x 和 z 无关（图 8.2-1）。

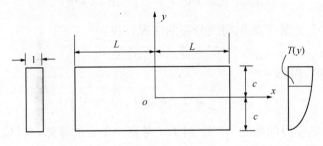

图 8.2-1

先作定性分析。假想将变温前的板分割成无数个棱边与坐标轴平行的平行六面体，并认为彼此之间是不相干的。显然，当板内的温度改变 T 时，各单元体的每条棱边将产生数值为 αT 的相对伸长度。注意到板的变温 T 仅依赖于坐标 y，而与 x 和 z 无关，故为使各自膨胀后的单元体能重新拼合成连续的整体，只有沿

y 方向的两个相邻的单元体之间在 x 方向的变形受到相互的牵制。这也等于说，板内只存在热应力 σ_x。为了求得 σ_y，先让每一个单元体在纵方向的热应变 αT 完全被阻止。为了实现这一点，要求在各单元体的纵向存在应力：

$$\sigma'_x = -\alpha TE \tag{8.2-2}$$

显然，由于板的侧向是自由的，故应力式（8.2-2）的采用不会引起板的侧向应力。另外，为了在整个板内保持以式（8.2-2）表示的应力状态，在矩形板的两端处必须施以 $-\alpha TE$ 的面力。但因在矩形板的两端是无面力作用的，为了消除两端面上的压力 $-\alpha TE$，必须再在这两个面上施以拉力 αTE。因此，板内的热应力应等于由于两端面上的拉力 αTE 所产生的应力和式（8.2-2）表示的应力的叠加。如果 $2c \ll 2L$，则根据圣维南原理，在两端面上的边界条件可以放松，可以用由拉力 αTE 的合力和合力矩在板内所产生的应力来代替直接由拉力 αTE 所产生的应力。αTE 的主矢量为：

$$\int_{-c}^{c} \alpha TE \, dy$$

它在板内所引起的应力：

$$\sigma''_x = \frac{1}{2c} \int_{-c}^{c} \alpha TE \, dy \tag{8.2-3}$$

拉力 αTE 的合力矩为：

$$M = \int_{-c}^{c} \alpha TE \, dy$$

由此产生的弯曲应力为：

$$\sigma'''_x = \frac{My}{I} = \frac{3y}{2c^3} \int_{-c}^{c} \alpha ET(y) y \, dy \tag{8.2-4}$$

叠加式（8.2-2）、式（8.2-3）和式（8.2-4），得矩形板内的热应力为：

$$\sigma_x = -\alpha ET(y) + \frac{1}{2c} \int_{-c}^{c} \alpha ET(y) \, dy + \frac{3y}{2c^3} \int_{-c}^{c} \alpha ET(y) y \, dy \tag{8.2-5}$$

若变温 $T(y)$ 是偶函数，则式（8.2-1）右边的最后一项为零，于是得：

$$\sigma_x = -\alpha ET(y) + \frac{1}{2c} \int_{-c}^{c} \alpha ET(y) \, dy \tag{8.2-6}$$

例如，对于变温 T 为抛物线分布的情况，设：

$$T = T_0(1 - y^2/c^2)$$

代入式（8.2-6）得到：

$$\sigma_x = \frac{2}{3} \alpha ET_0 - \alpha ET_0 \left(1 - \frac{y^2}{c^2}\right) \tag{8.2-7}$$

作为简单热应力问题的第二个例子，考察一个大的球体，设位移中心部位半径为 a 的小球体内变温 T 为常数。如该小球体完全不受约束，则其径向膨胀为 αTa。但是，由于小球是大球的一部分，且远离边界，所以它的热膨胀受到外侧部分的约束。结果在小球表面上受到等压力 p 的作用，而由此引起的径向应变为 $p(1-2\nu)/E$。因此，小球体内总的径向应变为：

$$\alpha T - \frac{p(1-2\nu)}{E}$$

而半径的改变：

$$\Delta R = \alpha T a - \frac{pa(1-2\nu)}{E} \tag{8.2-8}$$

再考察上述的压力 p 对小球外侧球体的作用。设大球半径为 b，则由式 (7.6-21) 得应力：

$$\left.\begin{aligned} \sigma_r &= \frac{pa^3(b^3-r^3)}{r^3(a^3-b^3)} \\ \sigma_\theta &= -\frac{pa^3(2r^3+b^3)}{2r^3(a^3-b^3)} \end{aligned}\right\} \tag{8.2-9}$$

当 $b \gg a$ 时，

$$\left.\begin{aligned} \sigma_r &\approx -\frac{pa^3}{r^3} \\ \sigma_\theta &\approx -\frac{pa^3}{2r^3} \end{aligned}\right\} \tag{8.2-10}$$

在 $r=a$ 处，有：

$$\left.\begin{aligned} \sigma_r &= -p \\ \sigma_\theta &= \frac{p}{2} \end{aligned}\right\} \tag{8.2-11}$$

如果注意到 $\varepsilon_\theta = \varepsilon_\phi = \dfrac{u_r}{r}$，则：

$$\Delta R = (u_r)_{r=a} = (a\varepsilon_\theta)_{r=a} = \frac{a}{E}[\sigma_\theta - \nu(\sigma_r+\sigma_\phi)]_{r=a} = \frac{pa}{2E}(1+\nu) \tag{8.2-12}$$

联立式 (8.2-8) 和式 (8.2-12)，得：

$$p = \frac{2}{3}\frac{\alpha E T}{1-\nu} \tag{8.2-13}$$

将上式代入式 (8.2-9)，故最后得小球外侧球体内的应力分量：

$$\left.\begin{aligned} \sigma_r &= -\frac{2}{3}\frac{\alpha E T a^3}{(1-\nu)r^3} \\ \sigma_\theta &= \frac{1}{3}\frac{\alpha E T a^3}{(1-\nu)r^3} \end{aligned}\right\} \tag{8.2-14}$$

§8.3 热弹性力学的基本方程

（一）直角坐标系下热弹性力学基本方程

热弹性力学的基本方程仍包括平衡微分方程、几何方程和本构方程，平衡微分方程和几何方程同等温情况一样。设不计体力，平衡微分方程为：

$$\left.\begin{aligned}\frac{\partial \sigma_x}{\partial x}+\frac{\partial \tau_{yx}}{\partial y}+\frac{\partial \tau_{zx}}{\partial z}=0 \\ \frac{\partial \tau_{xy}}{\partial x}+\frac{\partial \sigma_y}{\partial y}+\frac{\partial \tau_{zy}}{\partial z}=0 \\ \frac{\partial \tau_{xz}}{\partial x}+\frac{\partial \tau_{yz}}{\partial y}+\frac{\partial \sigma_z}{\partial z}=0\end{aligned}\right\} \quad (8.3\text{-}1)$$

几何方程为：

$$\left.\begin{aligned}\varepsilon_x=\frac{\partial u}{\partial x},\ \varepsilon_y=\frac{\partial v}{\partial y},\ \varepsilon_z=\frac{\partial w}{\partial z} \\ \gamma_{yz}=\frac{\partial w}{\partial y}+\frac{\partial v}{\partial z} \\ \gamma_{xz}=\frac{\partial u}{\partial z}+\frac{\partial w}{\partial x} \\ \gamma_{xy}=\frac{\partial v}{\partial x}+\frac{\partial u}{\partial y}\end{aligned}\right\} \quad (8.3\text{-}2)$$

本构方程和等温情况有所不同。因为在变温情况下，弹性体的应变分量应由两部分叠加而成：其一，是由于自由膨胀引起的应变分量，如式（8.2-1）所示；其二，是由于应力引起的应变分量。因此，变温情况下的本构方程为：

$$\left.\begin{aligned}\varepsilon_x=\frac{1}{E}[\sigma_x-\nu(\sigma_y+\sigma_z)]+\alpha T \\ \varepsilon_y=\frac{1}{E}[\sigma_y-\nu(\sigma_x+\sigma_z)]+\alpha T \\ \varepsilon_z=\frac{1}{E}[\sigma_z-\nu(\sigma_x+\sigma_y)]+\alpha T \\ \gamma_{yz}=\frac{2(1+\nu)}{E}\tau_{yz} \\ \gamma_{xz}=\frac{2(1+\nu)}{E}\tau_{xz} \\ \gamma_{xy}=\frac{2(1+\nu)}{E}\tau_{xy}\end{aligned}\right\} \quad (8.3\text{-}3)$$

也可用应变分量来表示应力分量，即：

$$\left.\begin{aligned}\sigma_x=\lambda\varepsilon_v+2G\varepsilon_x-\frac{\alpha ET}{1-2\nu} \\ \sigma_y=\lambda\varepsilon_v+2G\varepsilon_y-\frac{\alpha ET}{1-2\nu} \\ \sigma_z=\lambda\varepsilon_v+2G\varepsilon_z-\frac{\alpha ET}{1-2\nu} \\ \tau_{yz}=G\gamma_{yz} \\ \tau_{xz}=G\gamma_{xz} \\ \tau_{xy}=G\gamma_{xy}\end{aligned}\right\} \quad (8.3\text{-}4)$$

如果将式（8.3-2）代入，则应力分量又可通过位移分量表示，有：

$$\left.\begin{aligned}\sigma_x &= \lambda \varepsilon_v + 2G\frac{\partial u}{\partial x} - \frac{\alpha ET}{1-2\nu} \\ \sigma_y &= \lambda \varepsilon_v + 2G\frac{\partial v}{\partial y} - \frac{\alpha ET}{1-2\nu} \\ \sigma_z &= \lambda \varepsilon_v + 2G\frac{\partial w}{\partial z} - \frac{\alpha ET}{1-2\nu} \\ \tau_{yz} &= G\left(\frac{\partial w}{\partial y} + \frac{\partial v}{\partial z}\right) \\ \tau_{xz} &= G\left(\frac{\partial u}{\partial z} + \frac{\partial w}{\partial x}\right) \\ \tau_{xy} &= G\left(\frac{\partial v}{\partial x} + \frac{\partial u}{\partial y}\right)\end{aligned}\right\} \quad (8.3\text{-}5)$$

在物体的边界处，还须满足面力为零的应力边界条件：

$$\left.\begin{aligned}0 &= \sigma_x l + \tau_{yx} m + \tau_{zx} n \\ 0 &= \tau_{xy} l + \sigma_y m + \tau_{zy} n \\ 0 &= \tau_{xz} l + \tau_{yz} m + \sigma_z n\end{aligned}\right\} \quad (8.3\text{-}6)$$

和位移边界条件：

$$u = \bar{u}, v = \bar{v}, w = \bar{w} \quad (8.3\text{-}7)$$

不难写出热弹性力学基本方程的柱坐标和球坐标形式。为考虑到下面举例的需要，现只分别写出它们轴对称和球对称的特殊形式。

（二）轴对称的热弹性力学基本方程

平衡微分方程：

$$\left.\begin{aligned}\frac{\partial \sigma_\rho}{\partial \rho} + \frac{\partial \tau_{\rho z}}{\partial z} + \frac{\sigma_\rho - \sigma_\phi}{\rho} &= 0 \\ \frac{\partial \tau_{\rho z}}{\partial \rho} + \frac{\partial \sigma_z}{\partial z} + \frac{\tau_{\rho z}}{\rho} &= 0\end{aligned}\right\} \quad (8.3\text{-}8)$$

几何方程：

$$\left.\begin{aligned}\varepsilon_\rho &= \frac{\partial u_\rho}{\partial \rho} \\ \varepsilon_\phi &= \frac{u_\rho}{\rho} \\ \varepsilon_z &= \frac{\partial w}{\partial z} \\ \gamma_{\rho z} &= \frac{\partial u_\rho}{\partial z} + \frac{\partial w}{\partial \rho}\end{aligned}\right\} \quad (8.3\text{-}9)$$

本构方程：

$$\sigma_\rho = \frac{E}{1+\nu}\left(\frac{\nu}{1-2\nu}\varepsilon_v + \varepsilon_\rho\right) - \frac{\alpha ET}{1-2\nu}$$

$$\sigma_\phi = \frac{E}{1+\nu}\left(\frac{\nu}{1-2\nu}\varepsilon_v + \varepsilon_\phi\right) - \frac{\alpha ET}{1-2\nu} \quad (8.3\text{-}10)$$

$$\sigma_z = \frac{E}{1+\nu}\left(\frac{\nu}{1-2\nu}\varepsilon_v + \varepsilon_z\right) - \frac{\alpha ET}{1-2\nu}$$

$$\tau_{\rho z} = \frac{E}{2(1+\nu)}\gamma_{\rho z}$$

（三）球对称的热弹性力学基本方程

平衡微分方程：

$$\frac{d\sigma_r}{dr} + \frac{2(\sigma_r - \sigma_\theta)}{r} = 0 \quad (8.3\text{-}11)$$

几何方程：

$$\left.\begin{array}{l} \varepsilon_r = \dfrac{du_r}{dr} \\[2mm] \varepsilon_\theta = \dfrac{u_r}{r} \end{array}\right\} \quad (8.3\text{-}12)$$

本构方程：

$$\left.\begin{array}{l} \sigma_r = \dfrac{E}{1+\nu}\left(\dfrac{\nu}{1-2\nu}\varepsilon_v + \varepsilon_r\right) - \dfrac{\alpha ET}{1-2\nu} \\[3mm] \sigma_\theta = \dfrac{E}{1+\nu}\left(\dfrac{\nu}{1-2\nu}\varepsilon_v + \varepsilon_\theta\right) - \dfrac{\alpha ET}{1-2\nu} \end{array}\right\} \quad (8.3\text{-}13)$$

解决热弹性力学问题仍可采用两种方法，即位移解法和应力解法。下面，将分别讨论这两种解法。

§8.4 位 移 解 法

以位移作为基本未知函数。将式（8.3-5）代入方程（8.3-1），得到变温情况下位移表示的平衡微分方程：

$$\left.\begin{array}{l} (\lambda + G)\dfrac{\partial \varepsilon_v}{\partial x} + G\nabla^2 u - \dfrac{\alpha E}{1-2\nu}\dfrac{\partial T}{\partial x} = 0 \\[2mm] (\lambda + G)\dfrac{\partial \varepsilon_v}{\partial y} + G\nabla^2 v - \dfrac{\alpha E}{1-2\nu}\dfrac{\partial T}{\partial y} = 0 \\[2mm] (\lambda + G)\dfrac{\partial \varepsilon_v}{\partial z} + G\nabla^2 w - \dfrac{\alpha E}{1-2\nu}\dfrac{\partial T}{\partial z} = 0 \end{array}\right\} \quad (8.4\text{-}1)$$

如果将式（8.3-5）代入应力边界条件式（8.3-6），得到变温情况下以位移表示的应力边界条件：

$$\left.\begin{aligned} \frac{\alpha ET}{1-2\nu}l &= \lambda\varepsilon_v l + G\left(\frac{\partial u}{\partial x}l + \frac{\partial u}{\partial y}m + \frac{\partial u}{\partial z}n\right) + G\left(\frac{\partial u}{\partial x}l + \frac{\partial v}{\partial x}m + \frac{\partial w}{\partial x}n\right) \\ \frac{\alpha ET}{1-2\nu}m &= \lambda\varepsilon_v m + G\left(\frac{\partial v}{\partial x}l + \frac{\partial v}{\partial y}m + \frac{\partial v}{\partial z}n\right) + G\left(\frac{\partial u}{\partial y}l + \frac{\partial v}{\partial y}m + \frac{\partial w}{\partial y}n\right) \\ \frac{\alpha ET}{1-2\nu}n &= \lambda\varepsilon_v n + G\left(\frac{\partial w}{\partial x}l + \frac{\partial w}{\partial y}m + \frac{\partial w}{\partial z}n\right) + G\left(\frac{\partial u}{\partial z}l + \frac{\partial v}{\partial z}m + \frac{\partial w}{\partial z}n\right) \end{aligned}\right\}$$

(8.4-2)

将式（8.4-1）和式（8.4-2）分别与式（5.3-3）和式（5.3-12）比较，可见：

$$-\frac{\alpha E}{1-2\nu}\frac{\partial T}{\partial x},\ -\frac{\alpha E}{1-2\nu}\frac{\partial T}{\partial y},\ -\frac{\alpha E}{1-2\nu}\frac{\partial T}{\partial z} \tag{8.4-3}$$

代替了体力分量 f_{bx}、f_{by}、f_{bz}，而

$$\frac{\alpha ET}{1-2\nu}l,\ \frac{\alpha ET}{1-2\nu}m,\ \frac{\alpha ET}{1-2\nu}n \tag{8.4-4}$$

代替了面力分量 $\overline{f}_x$、$\overline{f}_y$、$\overline{f}_z$。因此，在一定的位移边界条件下，弹性体内由于变温而引起的位移，等于等温情况下受假想体力：

$$\left.\begin{aligned} f_{bx} &= -\frac{\alpha E}{1-2\nu}\frac{\partial T}{\partial x} \\ f_{by} &= -\frac{\alpha E}{1-2\nu}\frac{\partial T}{\partial y} \\ f_{bz} &= -\frac{\alpha E}{1-2\nu}\frac{\partial T}{\partial z} \end{aligned}\right\} \tag{8.4-5}$$

和假想的法向面力：

$$\frac{\alpha ET}{1-2\nu} \tag{8.4-6}$$

作用时的位移。在应力边界条件（8.4-2）和位移边界条件（8.3-7）下求得了方程（8.4-1）的解后，利用式（8.3-5）可求得应力分量。

§8.5 圆球体的球对称热应力

设圆球体内的变温 T 对球心是对称分布的，则此问题是球对称问题。采用球对称的热弹性力学基本方程式（8.3-11）至式（8.3-13），并将式（8.3-12）代入式（8.3-13），然后将所得的结果代入式（8.3-11），得球对称问题以位移表示的平衡微分方程：

$$\frac{d^2 u_r}{dr^2} + \frac{2}{r}\frac{du_r}{dr} - \frac{2u_r}{r^2} = \frac{1+\nu}{1-\nu}\alpha\frac{dT}{dr} \tag{8.5-1a}$$

或写成：

$$\frac{d}{dr}\left[\frac{1}{r^2}\frac{d}{dr}(r^2 u_r)\right] = \frac{1+\nu}{1-\nu}\alpha\frac{dT}{dr} \tag{8.5-1b}$$

其解是：

$$u_r = \frac{1+\nu}{1-\nu}\alpha\frac{1}{r^2}\int_a^r Tr^2\,dr + C_1 r + \frac{C_2}{r^2} \tag{8.5-2}$$

式中，C_1 和 C_2 是积分常数，以后由边界条件确定；a 是积分下限，对空心球体，a 为内半径。

将式（8.5-2）代入式（8.3-12），然后将所得的结果代入式（8.3-13），得对应的热应力分量为：

$$\begin{aligned}
\sigma_r &= \frac{2\alpha E}{1-\nu}\frac{1}{r^3}\int_a^r Tr^2\,dr + \frac{EC_1}{1-2\nu} - \frac{2EC_2}{1+\nu}\frac{1}{r^3} \\
\sigma_\theta &= \frac{\alpha E}{1-\nu}\frac{1}{r^3}\int_a^r Tr^2\,dr + \frac{EC_1}{1-2\nu} + \frac{EC_2}{1+\nu}\frac{1}{r^3} - \frac{\alpha ET}{1-\nu}
\end{aligned} \tag{8.5-3}$$

下面考虑两种特殊情况。

（一）实心圆球体

对于半径为 b 的实心球体，取下限 a 为零。由于在 $r=0$ 处，$u_r=0$，所以，从式（8.5-2）中：

$$\lim_{r\to 0}\frac{1}{r^2}\int_0^r Tr^2\,dr = 0$$

可知，C_2 必为零。这样，式（8.5-3）给出的应力在球心给出有限值。C_1 由边界条件确定。由此得：

$$C_1 = \frac{2(1-2\nu)\alpha}{1-\nu}\frac{1}{b^3}\int_0^b Tr^2\,dr \tag{8.5-4}$$

将上式代入式（8.5-3），得实心圆球体内的热应力分量：

$$\left.\begin{aligned}
\sigma_r &= \frac{2\alpha E}{1-\nu}\left(\frac{1}{b^3}\int_0^b Tr^2\,dr - \frac{1}{r^3}\int_0^r Tr^2\,dr\right) \\
\sigma_\theta &= \frac{\alpha E}{1-\nu}\left(\frac{2}{b^3}\int_0^b Tr^2\,dr + \frac{1}{r^3}\int_0^r Tr^2\,dr - T\right)
\end{aligned}\right\} \tag{8.5-5}$$

（二）空心圆球体

本问题的边界条件为：

$$(\sigma_r)_{r=a} = 0,\quad (\sigma_r)_{r=b} = 0 \tag{8.5-6}$$

将它用于式（8.5-3）的第一式，有：

$$\frac{EC_1}{1-2\nu} - \frac{2EC_2}{1+\nu}\frac{1}{a^3} = 0 \tag{8.5-7}$$

$$-\frac{2\alpha E}{1-\nu}\frac{1}{b^3}\int_a^b Tr^2\,dr + \frac{EC_1}{1-2\nu} - \frac{2EC_2}{1+\nu}\frac{1}{b^3} = 0 \tag{8.5-8}$$

解得 C_1 和 C_2 后代入式（8.5-3），得空心球体内的热应力分量：

$$\left.\begin{aligned}\sigma_r &= \frac{2\alpha E}{1-\nu}\left(\frac{r^3-a^3}{(b^3-a^3)r^3}\int_a^b Tr^2\,\mathrm{d}r - \frac{1}{r^3}\int_a^r Tr^3\,\mathrm{d}r\right)\\ \sigma_\theta &= \frac{\alpha E}{1-\nu}\left(\frac{2r^3+a^3}{2(b^3-a^3)r^3}\int_a^b Tr^2\,\mathrm{d}r + \frac{1}{2r^3}\int_a^r Tr^2\,\mathrm{d}r - \frac{T}{2}\right)\end{aligned}\right\} \quad (8.5\text{-}9)$$

例如，设变温 T 为：

$$T = \frac{T_a a}{b-a}\left(\frac{b}{r}-1\right) \quad (8.5\text{-}10)$$

则由式（8.5-9）可求得热应力分量为：

$$\left.\begin{aligned}\sigma_r &= \frac{2\alpha T_a}{1-\nu}\frac{ab}{b^3-a^3}\left[a+b-\frac{1}{r}(b^2+ab+a^2)+\frac{a^2b^2}{r^3}\right]\\ \sigma_\theta &= \frac{\alpha E T_a}{1-\nu}\frac{ab}{b^3-a^3}\left[a+b-\frac{1}{2r}(b^2+ab+a^2)-\frac{a^2b^2}{2r^3}\right]\end{aligned}\right\} \quad (8.5\text{-}11)$$

§8.6 热弹性应变势

方程（8.4-1）是非齐次偏微分方程组，它的求解可分两步进行：第一步先求出它的任意一组特解，这一组特解并不一定满足问题的边界条件；第二步，求出它的某一组齐次解，使这一组解与上述特解叠加以后能满足边界条件。

为了求得方程（8.4-1）的特解，可引进一个函数 $\Phi(x,y,z)$，使：

$$u' = \frac{\partial \Phi}{\partial x},\ v' = \frac{\partial \Phi}{\partial y},\ w' = \frac{\partial \Phi}{\partial z} \quad (8.6\text{-}1)$$

函数 Φ 称为热弹性应变势。将式（8.6-1）代入式（8.4-1），并注意到：

$$\lambda = \frac{E\nu}{(1+\nu)(1-2\nu)},\ G = \frac{E}{2(1+\nu)}$$

有：

$$\left.\begin{aligned}\frac{\partial}{\partial x}\nabla^2\Phi &= \frac{1+\nu}{1-\nu}\alpha\frac{\partial T}{\partial x}\\ \frac{\partial}{\partial y}\nabla^2\Phi &= \frac{1+\nu}{1-\nu}\alpha\frac{\partial T}{\partial y}\\ \frac{\partial}{\partial z}\nabla^2\Phi &= \frac{1+\nu}{1-\nu}\alpha\frac{\partial T}{\partial z}\end{aligned}\right\} \quad (8.6\text{-}2)$$

显然，如果函数 Φ 满足微分方程：

$$\nabla^2\Phi = \frac{1+\nu}{1-\nu}\alpha T \quad (8.6\text{-}3)$$

则式（8.6-2）将成为恒等式。这等于说，只要 Φ 满足方程（8.6-3），则由式（8.6-1）给出的位移分量就能满足方程（8.4-1），因而能作为方程（8.4-1）的特解。将式（8.6-1）和由式（8.6-3）得来的 $\alpha T = \frac{1-\nu}{1+\nu}\nabla^2\Phi$ 代入式（8.3-5），

得到与位移特解对应的应力分量：

$$\left.\begin{aligned}\sigma'_x &= -2G\left(\frac{\partial^2 \Phi}{\partial y^2} + \frac{\partial^2 \Phi}{\partial z^2}\right) \\ \sigma'_y &= -2G\left(\frac{\partial^2 \Phi}{\partial z^2} + \frac{\partial^2 \Phi}{\partial x^2}\right) \\ \sigma'_z &= -2G\left(\frac{\partial^2 \Phi}{\partial x^2} + \frac{\partial^2 \Phi}{\partial y^2}\right) \\ \tau'_{yz} &= 2G\frac{\partial^2 \Phi}{\partial y \partial z} \\ \tau'_{xz} &= 2G\frac{\partial^2 \Phi}{\partial x \partial z} \\ \tau'_{xy} &= 2G\frac{\partial^2 \Phi}{\partial x \partial y}\end{aligned}\right\} \quad (8.6\text{-}4)$$

若方程（8.4-1）的齐次解用 u''、v''、w'' 表示，利用几何方程和无变温时的本构方程，可得与此对应的应力分量：

$$\left.\begin{aligned}\sigma''_x &= 2G\left[\frac{\partial u''}{\partial x} + \frac{\nu}{1-2\nu}\left(\frac{\partial u''}{\partial x} + \frac{\partial v''}{\partial y} + \frac{\partial w''}{\partial z}\right)\right] \\ \sigma''_y &= 2G\left[\frac{\partial u''}{\partial y} + \frac{\nu}{1-2\nu}\left(\frac{\partial u''}{\partial x} + \frac{\partial v''}{\partial y} + \frac{\partial w''}{\partial z}\right)\right] \\ \sigma''_z &= 2G\left[\frac{\partial u''}{\partial z} + \frac{\nu}{1-2\nu}\left(\frac{\partial u''}{\partial x} + \frac{\partial v''}{\partial y} + \frac{\partial w''}{\partial z}\right)\right] \\ \tau''_{yz} &= G\left(\frac{\partial w''}{\partial y} + \frac{\partial v''}{\partial z}\right) \\ \tau''_{xz} &= G\left(\frac{\partial u''}{\partial z} + \frac{\partial w''}{\partial x}\right) \\ \tau''_{xy} &= G\left(\frac{\partial v''}{\partial x} + \frac{\partial u''}{\partial y}\right)\end{aligned}\right\} \quad (8.6\text{-}5)$$

这样，总的位移分量为：

$$\left.\begin{aligned}u &= u' + u'' \\ v &= v' + v'' \\ w &= w' + w''\end{aligned}\right\} \quad (8.6\text{-}6)$$

要求它们满足位移边界条件（8.4-7），总应力分量为：

$$\begin{aligned}\sigma_x &= \sigma'_x + \sigma''_x, \quad \tau_{yz} = \tau'_{yz} + \tau''_{yz} \\ \sigma_y &= \sigma'_y + \sigma''_y, \quad \tau_{xz} = \tau'_{xz} + \tau''_{xz} \\ \sigma_z &= \sigma'_z + \sigma''_z, \quad \tau_{xy} = \tau'_{xy} + \tau''_{xy}\end{aligned} \quad (8.6\text{-}7)$$

要求它们满足应力边界条件（8.3-6）。

下一节将介绍引用热弹性应变势解决问题的实例。

§8.7 圆筒的轴对称热应力

设有一个内径为 a、外半径为 b 的长圆筒，其内的变温 T 是轴对称分布的，要求筒内的热应力。

这是轴对称的平面应变问题。注意到 $w=0$，u_ρ 仅依赖于 ρ，则方程式（8.3-8）、式（8.3-9）和式（8.3-10）简化为

$$\frac{d\sigma_\rho}{d\rho} + \frac{\sigma_\rho - \sigma_\phi}{\rho} = 0 \tag{8.7-1}$$

$$\varepsilon_\rho = \frac{\partial u_\rho}{\partial \rho}, \quad \varepsilon_\phi = \frac{u_\rho}{\rho} \tag{8.7-2}$$

$$\left.\begin{array}{l} \sigma_\rho = \dfrac{E}{1+\nu}\left(\dfrac{\nu}{1-2\nu}\varepsilon_v + \varepsilon_\rho\right) - \dfrac{\alpha ET}{1-2\nu} \\[2mm] \sigma_\phi = \dfrac{E}{1+\nu}\left(\dfrac{\nu}{1-2\nu}\varepsilon_v + \varepsilon_\phi\right) - \dfrac{\alpha ET}{1-2\nu} \\[2mm] \sigma_z = \dfrac{E\nu}{(1+\nu)(1-2\nu)}\varepsilon_v - \dfrac{\alpha ET}{1-2\nu} \\[2mm] \varepsilon_v = \varepsilon_\rho + \varepsilon_\phi \end{array}\right\} \tag{8.7-3}$$

将式（8.7-2）代入式（8.7-3），然后将所得的结果代入式（8.7-1），得：

$$\frac{d^2 u_\rho}{d\rho^2} + \frac{1}{\rho}\frac{du_\rho}{d\rho} - \frac{u_\rho}{\rho^2} = \frac{1+\nu}{1-\nu}\alpha\frac{dT}{d\rho} \tag{8.7-4}$$

显然，如引入热弹性应变势 $\Phi(\rho)$，使：

$$u_\rho = \frac{d\Phi}{d\rho} \tag{8.7-5}$$

则当 Φ 满足方程：

$$\frac{d^2\Phi}{d\rho^2} + \frac{1}{\rho}\frac{d\Phi}{d\rho} = \frac{1+\nu}{1-\nu}\alpha T \tag{8.7-6}$$

时，由式（8.7-5）给出的位移 u_ρ 满足方程（8.7-4）。很容易看出，方程（8.7-6）即为方程（8.6-3）在平面轴对称情况下的特殊形式。

现在考虑如下变温：

$$T = \frac{T_a \ln\dfrac{b}{\rho}}{\ln\dfrac{b}{a}} \tag{8.7-7}$$

将式（8.7-7）代入式（8.7-6），并注意到：

$$\frac{\mathrm{d}^2}{\mathrm{d}\rho^2} + \frac{1}{\rho}\frac{\mathrm{d}}{\mathrm{d}\rho} = \frac{1}{\rho}\frac{\mathrm{d}}{\mathrm{d}\rho}\left(\rho\frac{\mathrm{d}}{\mathrm{d}\rho}\right)$$

于是有：

$$\frac{1}{\rho}\frac{\mathrm{d}}{\mathrm{d}\rho}\left(\rho\frac{\mathrm{d}}{\mathrm{d}\rho}\right) = \frac{1+\nu}{1-\nu}\frac{\alpha T_a}{\ln\frac{b}{a}}\ln\frac{b}{\rho} \tag{8.7-8}$$

这个方程的特解为：

$$\varPhi = \frac{K\rho^2}{\ln\frac{b}{a}}\left(\ln\frac{b}{\rho} + 1\right) \tag{8.7-9}$$

其中：

$$K = \frac{1+\nu}{4(1-\nu)}\alpha T_a \tag{8.7-10}$$

参照 8.6 节中的式（8.7-2），不难写出平面轴对称情况下应力分量与热弹性应变势的关系：

$$\sigma'_\rho = -2G\frac{1}{\rho}\frac{\mathrm{d}\varPhi}{\mathrm{d}\rho},\quad \sigma'_\phi = -2G\frac{\mathrm{d}^2\varPhi}{\mathrm{d}\rho^2} \tag{8.7-11}$$

将式（8.7-9）代入，得到与方程（8.7-4）的特解对应的应力分量：

$$\left.\begin{array}{l}\sigma'_\rho = -\dfrac{2GK}{\ln\dfrac{b}{a}}\left(2\ln\dfrac{b}{\rho} + 1\right) \\[2ex] \sigma'_\phi = -\dfrac{2GK}{\ln\dfrac{b}{a}}\left(2\ln\dfrac{b}{\rho} - 1\right)\end{array}\right\} \tag{8.7-12}$$

这个解并不满足圆筒内外壁面力为零的边界条件，它们在内外壁处分别给出：

$$\left.\begin{array}{l}(\sigma'_\rho)_{\rho=a} = -2GK\left(2 + \dfrac{1}{\ln\dfrac{b}{a}}\right) \equiv -q_1 \\[2ex] (\sigma'_\rho)_{\rho=b} = -\dfrac{2GK}{\ln\dfrac{b}{a}} \equiv -q_2\end{array}\right\} \tag{8.7-13}$$

的面压力。现在，还有找一组与方程（8.7-4）的齐次解对应的应力分量，使与特解（8.7-12）叠加后，在圆筒内外壁处满足面力为零的边界条件。不难看出，这个齐次解正好是圆筒内外壁分别受均匀拉力 q_1 和 q_2 时的解，由式（8.7-14）：

*第8章 线性热弹性力学问题

$$\left.\begin{aligned} \sigma_\rho &= \frac{a^2 b^2}{b^2 - a^2} \frac{q_2 - q_1}{\rho^2} + \frac{a^2 q_1 - b^2 q_2}{b^2 - a^2} \\ \sigma_\phi &= \frac{a^2 b^2}{b^2 - a^2} \frac{q_2 - q_1}{\rho^2} + \frac{a^2 q_1 - b^2 q_2}{b^2 - a^2} \\ \tau_{\rho\phi} &= \tau_{\phi\rho} = 0 \end{aligned}\right\} \quad (8.7\text{-}14)$$

得:

$$\left.\begin{aligned} \sigma_\rho'' &= -\frac{a^2 b^2}{b^2 - a^2} \frac{q_2 - q_1}{\rho^2} - \frac{a^2 q_1 - b^2 q_2}{b^2 - a^2} \\ \sigma_\phi'' &= \frac{a^2 b^2}{b^2 - a^2} \frac{q_2 - q_1}{\rho^2} - \frac{a^2 q_1 - b^2 q_2}{b^2 - a^2} \end{aligned}\right\} \quad (8.7\text{-}15)$$

将式(8.7-12)和式(8.7-15)相加,并把式(8.7-13)中的 q_1 和 q_2 的值代入,即得要求的热应力:

$$\left.\begin{aligned} \sigma_\rho &= -\frac{\alpha E T_a}{2(1-\nu)} \left[\frac{\ln \dfrac{b}{\rho}}{\ln \dfrac{b}{a}} - \frac{\left(\dfrac{b}{\rho}\right)^2 - 1}{\left(\dfrac{b}{a}\right)^2 - 1} \right] \\ \sigma_\phi &= -\frac{\alpha E T_a}{2(1-\nu)} \left[\frac{\ln \dfrac{b}{\rho} - 1}{\ln \dfrac{b}{a}} + \frac{\left(\dfrac{b}{\rho}\right)^2 + 1}{\left(\dfrac{b}{a}\right)^2 - 1} \right] \end{aligned}\right\} \quad (8.7\text{-}16)$$

§8.8 应力解法

按应力求解热弹性力学问题时,不仅要求热应力分量满足平衡微分方程(8.3-1)和应力边界条件(8.3-6),而且还须满足变温情况下的应力协调方程。这方程通过将式(8.3-3)代入应变协调方程,并利用方程(8.3-1)简化而得到,它们是:

$$\left.\begin{aligned} \nabla^2 \sigma_x + \frac{1}{1+\nu} \frac{\partial^2 \sigma}{\partial x^2} &= -\alpha E \left(\frac{1}{1-\nu} \nabla^2 T + \frac{1}{1+\nu} \frac{\partial^2 T}{\partial x^2} \right) \\ \nabla^2 \sigma_y + \frac{1}{1+\nu} \frac{\partial^2 \sigma}{\partial y^2} &= -\alpha E \left(\frac{1}{1-\nu} \nabla^2 T + \frac{1}{1+\nu} \frac{\partial^2 T}{\partial y^2} \right) \\ \nabla^2 \sigma_z + \frac{1}{1+\nu} \frac{\partial^2 \sigma}{\partial z^2} &= -\alpha E \left(\frac{1}{1-\nu} \nabla^2 T + \frac{1}{1+\nu} \frac{\partial^2 T}{\partial z^2} \right) \\ \nabla^2 \tau_{yz} + \frac{1}{1+\nu} \frac{\partial^2 \sigma}{\partial y \partial z} &= -\frac{\alpha E}{1+\nu} \frac{\partial^2 T}{\partial y \partial z} \\ \nabla^2 \tau_{xz} + \frac{1}{1+\nu} \frac{\partial^2 \sigma}{\partial x \partial z} &= -\frac{\alpha E}{1+\nu} \frac{\partial^2 T}{\partial x \partial z} \\ \nabla^2 \tau_{xy} + \frac{1}{1+\nu} \frac{\partial^2 \sigma}{\partial x \partial y} &= -\frac{\alpha E}{1+\nu} \frac{\partial^2 T}{\partial x \partial y} \end{aligned}\right\} \quad (8.8\text{-}1)$$

为了简化解法,将式(8.3-4)改写成:

$$\left.\begin{aligned}\sigma_x &= \sigma_X - \frac{\alpha ET}{1-2\nu} \\ \sigma_y &= \sigma_Y - \frac{\alpha ET}{1-2\nu} \\ \sigma_z &= \sigma_Z - \frac{\alpha ET}{1-2\nu} \\ \tau_{yz} &= \tau_{YZ} \\ \tau_{xz} &= \tau_{XZ} \\ \tau_{xy} &= \tau_{XY}\end{aligned}\right\} \quad (8.8\text{-}2)$$

其中:

$$\left.\begin{aligned}\sigma_X &= \lambda \varepsilon_v + 2G\varepsilon_x \\ \sigma_Y &= \lambda \varepsilon_v + 2G\varepsilon_y \\ \sigma_Z &= \lambda \varepsilon_v + 2G\varepsilon_z\end{aligned}\right\} \quad (8.8\text{-}3)$$

将式(8.8-2)分别代入式(8.3-1)、式(8.8-1)和式(8.3-6),经整理,得变量 σ_X、σ_Y、σ_Z、σ_{YZ}、σ_{XZ}、σ_{XY} 满足的微分方程和边界条件:

$$\left.\begin{aligned}\frac{\partial \sigma_X}{\partial x} + \frac{\partial \tau_{YX}}{\partial y} + \frac{\partial \tau_{ZX}}{\partial z} - \frac{\alpha E}{1-2\nu}\frac{\partial T}{\partial x} &= 0 \\ \frac{\partial \tau_{XY}}{\partial x} + \frac{\partial \sigma_Y}{\partial y} + \frac{\partial \tau_{ZY}}{\partial z} - \frac{\alpha E}{1-2\nu}\frac{\partial T}{\partial x} &= 0 \\ \frac{\partial \tau_{XZ}}{\partial x} + \frac{\partial \tau_{YZ}}{\partial y} + \frac{\partial \sigma_Z}{\partial z} - \frac{\alpha E}{1-2\nu}\frac{\partial T}{\partial x} &= 0\end{aligned}\right\} \quad (8.8\text{-}4)$$

$$\nabla^2 \sigma_X + \frac{1}{1+\nu}\frac{\partial^2 \widetilde{\sigma}}{\partial x^2} = \frac{\alpha E}{1-2\nu}\left(\frac{\nu}{1-\nu}\nabla^2 T + 2\frac{\partial^2 T}{\partial x^2}\right)$$

$$\nabla^2 \sigma_Y + \frac{1}{1+\nu}\frac{\partial^2 \widetilde{\sigma}}{\partial y^2} = \frac{\alpha E}{1-2\nu}\left(\frac{\nu}{1-\nu}\nabla^2 T + 2\frac{\partial^2 T}{\partial y^2}\right)$$

$$\nabla^2 \sigma_Z + \frac{1}{1+\nu}\frac{\partial^2 \widetilde{\sigma}}{\partial z^2} = \frac{\alpha E}{1-2\nu}\left(\frac{\nu}{1-\nu}\nabla^2 T + 2\frac{\partial^2 T}{\partial z^2}\right)$$

$$\nabla^2 \tau_{YZ} + \frac{1}{1+\nu}\frac{\partial^2 \widetilde{\sigma}}{\partial y \partial z} = \frac{2\alpha E}{1-2\nu}\frac{\partial^2 T}{\partial y \partial z}$$

$$\nabla^2 \tau_{XZ} + \frac{1}{1+\nu}\frac{\partial^2 \widetilde{\sigma}}{\partial x \partial z} = \frac{2\alpha E}{1-2\nu}\frac{\partial^2 T}{\partial y \partial z}$$

$$\nabla^2 \tau_{XY} + \frac{1}{1+\nu}\frac{\partial^2 \widetilde{\sigma}}{\partial x \partial y} = \frac{2\alpha E}{1-2\nu}\frac{\partial^2 T}{\partial x \partial y}$$

$$(8.8\text{-}5)$$

其中：

$$\tilde{\sigma} = \sigma_x + \sigma_y + \sigma_z$$

$$\left. \begin{aligned} \frac{\alpha E T}{1-2\nu} l &= \sigma_x l + \tau_{YX} m + \tau_{ZX} n \\ \frac{\alpha E T}{1-2\nu} m &= \tau_{XY} l + \sigma_Y m + \tau_{ZY} n \\ \frac{\alpha E T}{1-2\nu} n &= \tau_{XZ} l + \tau_{YZ} m + \sigma_z n \end{aligned} \right\} \tag{8.8-6}$$

由式（8.8-4）至式（8.8-6）可见，和位移解法一样，按应力解法求热应力的问题，可归结为求在假想体力 $\left(-\frac{\alpha E}{1-2\nu}\frac{\partial T}{\partial x}, -\frac{\alpha E}{1-2\nu}\frac{\partial T}{\partial y}, -\frac{\alpha E}{1-2\nu}\frac{\partial T}{\partial z}\right)$ 和假想面力 $\left(\frac{\alpha E T}{1-2\nu}l, \frac{\alpha E T}{1-2\nu}m, \frac{\alpha E T}{1-2\nu}n\right)$ 作用下的等温问题的解，求得了变量 σ_X、σ_Y、σ_Z、τ_{YZ}、τ_{XZ}、τ_{XY}，代入式（8.8-2），即得要求的热应力分量。

§8.9 热应力函数

在平面问题中，不计体力的平衡微分方程为：

$$\left. \begin{aligned} \frac{\partial \sigma_x}{\partial x} + \frac{\partial \tau_{yx}}{\partial y} &= 0 \\ \frac{\partial \tau_{xy}}{\partial x} + \frac{\partial \sigma_y}{\partial y} &= 0 \end{aligned} \right\} \tag{8.9-1}$$

应变协调方程为：

$$\frac{\partial^2 \varepsilon_y}{\partial x^2} + \frac{\partial^2 \varepsilon_x}{\partial y^2} = \frac{\partial^2 \gamma_{xy}}{\partial x \partial y} \tag{8.9-2}$$

由式（8.3-3），平面应力状态下的应力和应变关系为：

$$\left. \begin{aligned} \varepsilon_x &= \frac{1}{E}(\sigma_x - \nu \sigma_y) + \alpha T \\ \varepsilon_y &= \frac{1}{E}(\sigma_y - \nu \sigma_x) + \alpha T \\ \gamma_{xy} &= \frac{\tau_{xy}}{G} = \frac{2(1+\nu)}{E}\tau_{xy} \end{aligned} \right\} \tag{8.9-3}$$

若为平面应变，由：

$$\varepsilon_z = \frac{1}{E}[\sigma_z - \nu(\sigma_x + \sigma_y)] + \alpha T = 0$$

可得：

$$\sigma_z = \nu(\sigma_x + \sigma_y) - \alpha ET \tag{8.9-4}$$

将式（8.9-4）代入式（8.3-3），得到平面应变状态下应力与应变的关系为：

$$\left.\begin{aligned}\varepsilon_x &= \frac{1-\nu^2}{E}\left(\sigma_x - \frac{\nu}{1-\nu}\sigma_y\right) + (1+\nu)\alpha T \\ \varepsilon_y &= \frac{1-\nu^2}{E}\left(\sigma_y - \frac{\nu}{1-\nu}\sigma_x\right) + (1+\nu)\alpha T \\ \gamma_{xy} &= \frac{2(1+\nu)}{E}\tau_{xy}\end{aligned}\right\} \tag{8.9-5}$$

比较式（8.9-5）和式（8.9-3）可见，如果设：

$$E_1 = \frac{E}{1-\nu^2},\ \nu_1 = \frac{\nu}{1-\nu},\ \alpha_1 = (1+\nu)\alpha \tag{8.9-6}$$

则平面应变问题和平面应力问题具有相同形式的应力与应变的关系，即：

$$\left.\begin{aligned}\varepsilon_x &= \frac{1}{E_1}(\sigma_x - \nu_1\sigma_y) + \alpha_1 T \\ \varepsilon_y &= \frac{1}{E_1}(\sigma_y - \nu_1\sigma_x) + \alpha_1 T \\ \gamma_{xy} &= \frac{2(1+\nu_1)}{E_1}\tau_{xy}\end{aligned}\right\} \tag{8.9-7}$$

现引入艾里热应力函数 $\varphi_T(x,y)$，使：

$$\left.\begin{aligned}\sigma_x &= \frac{\partial^2 \varphi_T}{\partial y^2} \\ \sigma_y &= \frac{\partial^2 \varphi_T}{\partial x^2} \\ \tau_{xy} &= -\frac{\partial^2 \varphi_T}{\partial x \partial y}\end{aligned}\right\} \tag{8.9-8}$$

显然，方程（8.9-1）是满足的。将式（8.9-8）代入式（8.9-3），再将所得的结果代入式（8.9-2），经整理，得到艾里热应力函数所必须满足的方程为：

$$\nabla^4 \varphi_T = -\alpha E \nabla^2 T \tag{8.9-9}$$

对于平面应变问题，只要将方程（8.9-9）等号右边的 αE 换成 $\frac{\alpha E}{1-\nu}$ 即可。

考虑的是无外力作用、无边界约束的情况，故边界条件为：

$$\left.\begin{aligned}\overline{f}_x &= \sigma_x l + \tau_{yx} m = \frac{\partial^2 \varphi_T}{\partial y^2}l - \frac{\partial^2 \varphi_T}{\partial x \partial y}m = 0 \\ \overline{f}_y &= \tau_{xy} l + \sigma_y m = \frac{\partial^2 \varphi_T}{\partial x \partial y}l + \frac{\partial^2 \varphi_T}{\partial x^2}m = 0\end{aligned}\right\} \tag{8.9-10}$$

这样，就将求解平面热弹性力学问题，归结为在边界条件（8.9-10）下，求解方程（8.9-9）的问题。对于等温问题，$\nabla^2 T = 0$，方程（8.9-9）退化成方程：

*第 8 章 线性热弹性力学问题

$$\nabla^4 U = \frac{\partial^4 \varphi_T}{\partial x^4} + 2\frac{\partial^4 \varphi_T}{\partial x^2 \partial y^2} + \frac{\partial^4 \varphi_T}{\partial y^4} = 0 \tag{8.9-11}$$

这个结果是预料到的。

如果用极坐标表示平面热弹性力学问题，则与等温问题一样，应力分量 σ_ρ、σ_ϕ、$\tau_{\rho\phi}$ 与热应力函数 $\varphi_T(\rho,\phi)$ 之间的关系为：

$$\left.\begin{aligned} \sigma_\rho &= \frac{1}{\rho^2}\frac{\partial^2 \varphi_T}{\partial \phi^2} + \frac{1}{\rho}\frac{\partial \varphi_T}{\partial \rho} \\ \sigma_\phi &= \frac{\partial^2 \varphi_T}{\partial \rho^2} \\ \tau_{\rho\phi} &= -\frac{\partial}{\partial \rho}\left(\frac{1}{\rho}\frac{\partial \varphi_T}{\partial \phi}\right) \end{aligned}\right\} \tag{8.9-12}$$

这里的 φ_T 满足方程 (8.9-9)，不过，现在：

$$\nabla^2 = \frac{\partial^2}{\partial \rho^2} + \frac{1}{\rho}\frac{\partial}{\partial \rho} + \frac{1}{\rho^2}\frac{\partial^2}{\partial \phi^2} \tag{8.9-13}$$

对于轴对称的平面应变问题，由于应力函数和变温 T 与 ϕ 无关，故方程 (8.9-9) 可写成：

$$\frac{1}{\rho}\frac{\mathrm{d}}{\mathrm{d}\rho}\left\{\rho\frac{\mathrm{d}}{\mathrm{d}\rho}\left[\frac{1}{\rho}\frac{\mathrm{d}}{\mathrm{d}\rho}\left(\rho\frac{\mathrm{d}\varphi_T}{\mathrm{d}\rho}\right)\right]\right\} = -\frac{\alpha E}{1-\nu}\frac{1}{\rho}\frac{\mathrm{d}}{\mathrm{d}\rho}\left(\rho\frac{\mathrm{d}T}{\mathrm{d}\rho}\right) \tag{8.9-14}$$

上式积分四次，得到：

$$\varphi_T = -\frac{\alpha E}{1-\nu}\int\left(\frac{1}{\rho}\int T\rho\,\mathrm{d}\rho\right)\mathrm{d}\rho + A\ln\rho + B\rho^2 \tag{8.9-15}$$

将上式代入式 (8.9-12)，有：

$$\left.\begin{aligned} \sigma_\rho &= \frac{1}{\rho}\frac{\mathrm{d}\varphi_T}{\mathrm{d}\rho} = -\frac{\alpha E}{(1-\nu)\rho^2}\int T\rho\,\mathrm{d}\rho + 2B + \frac{A}{\rho^2} \\ \sigma_\phi &= \frac{\partial^2 \varphi_T}{\partial \rho^2} = \frac{\alpha E}{(1-\nu)\rho^2}\int T\rho\,\mathrm{d}\rho - \frac{\alpha E T}{1-\nu} + 2B - \frac{A}{\rho^2} \end{aligned}\right\} \tag{8.9-16}$$

仍以内半径为 a、外半径为 b 的圆筒为例，其内存在变温：

$$T = \frac{T_a \ln\frac{b}{\rho}}{\ln\frac{b}{a}} \tag{8.9-17}$$

由于：

$$\int T\rho\,\mathrm{d}\rho = \frac{T_a \rho^2}{2\ln\frac{b}{a}}\left(\ln\frac{b}{\rho} + \frac{1}{2}\right) \tag{8.9-18}$$

故由式 (8.9-16)，有：

$$\left.\begin{aligned} \sigma_\rho &= -\frac{\alpha E T_a}{2(1-\nu)\ln\frac{b}{a}}\left(\ln\frac{b}{\rho} + \frac{1}{2}\right) + 2B + \frac{A}{\rho^2} \\ \sigma_\phi &= \frac{\alpha E T_a}{2(1-\nu)\ln\frac{b}{a}}\left(-\ln\frac{b}{\rho} + \frac{1}{2}\right) + 2B - \frac{A}{\rho^2} \end{aligned}\right\} \tag{8.9-19}$$

利用边界条件 $(\sigma_\rho)_{\rho=a}=0$、$(\sigma_\rho)_{\rho=b}=0$ 求出常数 A 和 B，代回后经整理，可得到以式（8.7-16）表示的应力分量。

§8.10 简单热应力问题

弹性体因所处环境的温度变化将引起物体的膨胀和收缩，并相伴产生应力，这种应力称为热应力。对于某些在温度变化环境中工作的结构和构筑物，其热应力是不容忽视的，本节将简明扼要地说明热应力的分析思路。本节将以受热管道及坝体热应力为例说明热应力分析思路。

（一）受热管道的热应力

下面讨论受热厚管的应力分析。设管的半径为 a，管内增温为 T_a，管外增温为零，管内无热源时管内热应力为零。由于管为定常温度场，由热传导方程知：

$$\frac{\partial T}{\partial t}=0, \quad \nabla^2 T=0 \tag{8.10-1}$$

此为轴对称温度场，故有：

$$\frac{d^2 T}{d\rho^2}+\frac{1}{\rho}\frac{dT}{d\rho}=0 \tag{8.10-2}$$

积分，得：

$$T=A\ln\rho+B \tag{8.10-3}$$

边界条件：

$$\left.\begin{array}{l}(T)_{\rho=a}=T_a \\ (T)_{\rho=b}=0\end{array}\right\} \tag{8.10-4}$$

可得：

$$A=\frac{1}{\ln a-\ln b}T_a, \quad B=\frac{-\ln b}{\ln a-\ln b}T_a \tag{8.10-5}$$

$$T=\frac{\ln b-\ln\rho}{\ln b-\ln a}T_a \tag{8.10-6}$$

由轴对称平面应变问题，有：

$$w=0,\ u_\rho=u_\rho(\rho) \tag{8.10-7}$$

则有：

$$\frac{\partial \sigma_\rho}{\partial \rho}+\frac{\sigma_\rho-\sigma_\phi}{\rho}=0 \tag{8.10-8}$$

$$\varepsilon_\rho=\frac{du_\rho}{d\rho},\ \varepsilon_\phi=\frac{u_\rho}{\rho} \tag{8.10-9}$$

$$\left.\begin{array}{l}\sigma_\rho=\dfrac{E}{1+\nu}\left(\dfrac{\nu}{1-2\nu}\phi+\varepsilon_\rho\right)-\dfrac{\alpha ET}{1-2\nu} \\[2mm] \sigma_\phi=\dfrac{E}{1+\nu}\left(\dfrac{\nu}{1-2\nu}\phi+\varepsilon_\phi\right)-\dfrac{\alpha ET}{1-2\nu} \\[2mm] \sigma_z=\dfrac{E\nu\phi}{(1+\nu)(1-2\nu)}-\dfrac{\alpha ET}{1-2\nu} \\[2mm] \phi=\varepsilon_\rho+\varepsilon_\phi\end{array}\right\} \tag{8.10-10}$$

将以上两式代入平衡微分方程,得:

$$\frac{d^2 u_\rho}{d\rho^2} + \frac{1}{\rho}\frac{du_\rho}{d\rho} - \frac{u_\rho}{\rho^2} = \frac{1+\nu}{1-\nu}\alpha\frac{dT}{d\rho} \tag{8.10-11}$$

引入热弹性势 $\Phi(\rho)$,使得:

$$u_\rho = \frac{d\Phi}{d\rho} \tag{8.10-12}$$

注意到:

$$\frac{d^2}{d\rho^2} + \frac{1}{\rho}\frac{d}{d\rho} = \frac{1}{\rho}\frac{d}{d\rho}\left(\rho\frac{d}{d\rho}\right) \tag{8.10-13}$$

并根据式(8.10-6),可得:

$$\Phi = \frac{\beta\rho^2}{\ln b - \ln a}(\ln b - \ln\rho + 1), \beta = \frac{1+\nu}{4(1-\nu)}\alpha T$$

则有:

$$\overline{\sigma_\rho} = -2G\frac{d\Phi}{\rho d\rho}, \overline{\sigma_\phi} = -2G\frac{d^2\Phi}{d\rho^2} \tag{8.10-14}$$

于是可得:

$$\left.\begin{array}{l}\overline{\sigma_\rho} = -\dfrac{2G\beta}{\ln b - \ln a}\left(2\ln\dfrac{b}{\rho} + 1\right) \\ \overline{\sigma_\phi} = -\dfrac{2G\beta}{\ln b - \ln a}\left(2\ln\dfrac{b}{\rho} + 1\right)\end{array}\right\} \tag{8.10-15}$$

在上式中,令 $\rho=a$,$\rho=b$ 代入后,得到:

$$(\sigma'_\rho)_{\rho=a} = -q_1, \quad (\sigma'_\rho)_{\rho=b} = -q_2 \tag{8.10-16}$$

这与原命题不符,故应消去管内外的 $-q_1$ 和 q_2,为此,可以借助于平面问题的解,将其叠加到式(8.10-15)上,最终可得管内热应力为:

$$\left.\begin{array}{l}\sigma_\rho = -\dfrac{\alpha E T_a}{2(1-\nu)}\left[\dfrac{\ln b - \ln\rho}{\ln b - \ln a} - \dfrac{(b/\rho)^2 - 1}{(b/a)^2 - 1}\right] \\ \sigma_\phi = -\dfrac{\alpha E T_a}{2(1-\nu)}\left[\dfrac{\ln b - \ln\rho - 1}{\ln b - \ln a} + \dfrac{(b/\rho)^2 + 1}{(b/a)^2 - 1}\right]\end{array}\right\} \tag{8.10-17}$$

(二)坝体热应力

现在研究顶角为 2β 的楔形坝体的内部热应力问题。(图 8.10-1)

坝体中的热应力是一个重要的工程实际问题。但问题比较复杂,引起温度变化的因素较多,这里只考虑一种楔形坝体的中心线上的温度变化为 T_0,两侧边上的变化为零,内部变化按下列公式的规律而变化的情况:

$$T = \frac{\cos\phi - \cos\beta}{1 - \cos\beta}T_0 \tag{8.10-18}$$

这一问题属平面应变问题（图 8.10-1），在此先按平面应力问题计算。由平面应力问题位移法，热弹性势 Φ 满足：
$$\nabla^2 \Phi = (1+\nu)\alpha T$$
即：
$$\left(\frac{\partial^2}{\partial \rho^2} + \frac{\partial}{\rho \partial \rho} + \frac{\partial^2}{\rho^2 \partial \phi^2}\right)\Phi = (1+\nu)\alpha T_0 \frac{\cos\phi - \cos\beta}{1-\cos\beta} \tag{8.10-19}$$

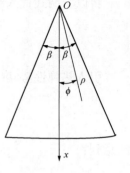

图 8.10-1

取弹性势能函数为：
$$\Phi = \rho^2 (c_1 \cos\phi + c_2) \tag{8.10-20}$$
将式 (8.10-20) 代入式 (8.10-19)，得：
$$3c_1 \cos\phi + 4c_2 = (1+\nu)\alpha T_0 \frac{\cos\phi - \cos\beta}{1-\cos\beta} \tag{8.10-21}$$
由此可得：
$$c_1 = \frac{(1+\nu)\alpha T_0}{3(1-\cos\beta)}, \quad c_2 = -\frac{(1+\nu)\alpha T_0 \cos\beta}{4(1-\cos\beta)}$$
代入式 (8.10-20) 后，得：
$$\Phi = \frac{(1+\nu)\alpha T_0 \rho^2}{(1-\cos\beta)} \left(\frac{1}{3}\cos\phi - \frac{1}{4}\cos\beta\right) \tag{8.10-22}$$
与上面的例子类似，可得特解的应力分量：
$$\left.\begin{aligned} \sigma'_\rho &= k_1 \left(\frac{1}{3}\cos\phi - k_2\right) \\ \sigma'_\phi &= k_1 \left(\frac{2}{3}\cos\phi - k_2\right) \\ \tau'_{\rho\phi} &= k_1 \frac{1}{3}\sin\phi \end{aligned}\right\} \tag{8.10-23}$$
其中：
$$k_1 = -\frac{E\alpha T_0}{1-\cos\beta}, \quad k_2 = \frac{1}{2}\cos\beta$$
由此可求出在边界上的应力分量为：
$$\left.\begin{aligned} (\sigma'_\rho)_{\phi=\pm\beta} &= \frac{1}{3} k_1 k_2 \\ (\tau'_{\rho\phi})_{\phi=\pm\beta} &= \pm \frac{k_1 \sin\beta}{3} \end{aligned}\right\} \tag{8.10-24}$$

为了消除与原命题不符的应力场，类似地应叠加一相反的应力场，为此考虑应力函数：
$$\Phi = \rho^2 f(\phi) \tag{8.10-25}$$
因为 Φ 为双调和函数，故有：
$$\Phi = \rho^2 (A\cos 2\phi - B\sin 2\phi + C\phi + D) \tag{8.10-26}$$

因此，按平面问题的方法，可求得应力场 σ_ρ''、σ_ϕ''、$\tau_{\rho\phi}''$ 后与式（8.10-23）叠加，并考虑 σ_ϕ、$\tau_{\rho\phi}$ 在边界均为零的边界条件后，最终得：

$$\left.\begin{aligned}\sigma_\rho &= -\frac{k_1(\sin\phi-\cos\beta\cos\phi+\cos^2\beta)}{6k_2}\\ \sigma_\phi &= -\frac{k_1(\cos\phi-\cos\beta)^2}{6k_2}\\ \sigma_{\rho\phi} &= -\frac{k_1\sin\phi(\cos\phi-\cos\beta)}{6k_2}\end{aligned}\right\} \quad (8.10\text{-}27)$$

可见最大拉应力在边界上，其值为：

$$(\sigma'_\rho)_{\phi=\pm\beta} = \frac{k_1}{6k_2}(\cos^2\beta-1) \quad (8.10\text{-}28)$$

习　　题

8-1　非均匀材料具有均匀变温场时，是否产生热应力？为什么？

8-2　设在图 8.3-1 所示的矩形板中，$L \gg c$，变温分别为：

(a) $T = T_0\left(1-\dfrac{y}{c}\right)$；

(b) $T = T_0\dfrac{y^3}{c^3}$；

(c) $T = T_0\cos\dfrac{\pi y}{2c}$。

求板内热应力。

8-3　试采用与 8.6 节同样的方法，为了求得用位移表示的平衡微分方程的特解，引进热弹性应变势 $\Phi(x,y)$，使 $u' = \dfrac{\partial \Phi}{\partial x}$、$v' = \dfrac{\partial \Phi}{\partial y}$，证明对于平面应力问题，$\Phi$ 满足：

$$\nabla^2\Phi = (1+\nu)\alpha T$$

而对于平面应变问题，有：

$$\nabla^2\Phi = \frac{1+\nu}{1-\nu}\alpha T$$

8-4　设图习题 8-1 所示的矩形薄板中发生变温：

$$T = -T_0\frac{y^3}{b^3},$$

试求温度应力（假定 a 远大于 b）。

提示：用应力函数 $\Phi = Cy^3$ 给出的应力分量作为相应于位移补充解的应力分量。

8-5　设如图习题 8-1 所示的楔形坝体中发生变温：

$$T = T_0\frac{\cos 2\phi - \cos 2\beta}{1-\cos 2\beta},$$

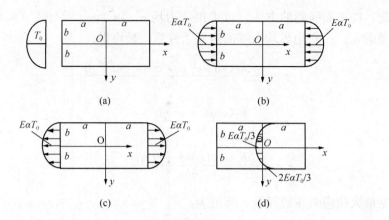

图习题 8-1

试求温度应力,并求出最大拉应力。

提示:取 $\psi = \rho^2(C_1 + C_2\phi\sin2\phi)$。

*第 9 章 弹性介质中波的传播理论

以上各章论述了弹性静力学问题，在此类问题中，弹性体是在常载荷作用下处于静止状态。或者，即使考虑到载荷的变化，这种变化也是充分缓慢的，因而可以正确假定弹性体在每一瞬时都处于静止状态，这就是准静力问题。

来自爆炸的突施载荷，或是引起地震的地壳中断层滑动，在本质上都属于动力问题。在动力问题中，平衡微分方程必须用运动方程来代替。在开始施力时，力的作用并不立即传到物体的所有各部分。应力和变形的波是以有限大的传播速度从受载荷区域向外辐射的。例如在大家熟悉的空气传声的情况下，直到声波有时间到达某一点，该点才受到扰动。在弹性体中，有不止一种的波，因而有不止一种的波速。

本章将从直角坐标系的三维问题一般方程和最简单形式的波的最简单解答开始。等到用一般理论澄清了涉及的假定性质以后，再来近似地描述一些特殊情况下的波的运动。

§9.1 集散波和畸变波

在讨论弹性介质中波的传播时，利用以位移表示的平衡微分方程较方便。要从这些平衡微分方程得出运动方程，只需加上惯性力。这时，假定没有体力，运动方程是：

$$\left.\begin{array}{l}(\lambda+G)\dfrac{\partial \varepsilon_v}{\partial x}+G\nabla^2 u-\rho\dfrac{\partial^2 u}{\partial t^2}=0\\[2mm](\lambda+G)\dfrac{\partial \varepsilon_v}{\partial y}+G\nabla^2 v-\rho\dfrac{\partial^2 v}{\partial t^2}=0\\[2mm](\lambda+G)\dfrac{\partial \varepsilon_v}{\partial z}+G\nabla^2 w-\rho\dfrac{\partial^2 w}{\partial t^2}=0\end{array}\right\} \quad (9.1\text{-}1)$$

首先假定波引起的变形是这样一种变形：体积应变为零，而变形只包含切应变和转动。这时方程（9.1-1）成为：

$$\left.\begin{array}{l}G\nabla^2 u-\rho\dfrac{\partial^2 u}{\partial t^2}=0\\[2mm]G\nabla^2 v-\rho\dfrac{\partial^2 v}{\partial t^2}=0\\[2mm]G\nabla^2 w-\rho\dfrac{\partial^2 w}{\partial t^2}=0\end{array}\right\} \quad (9.1\text{-}2)$$

这些方程所代表的波称为等容波或畸变波。

现在来考虑波所引起的变形不伴有转动的情形。单元体的转动是：

$$\omega_{zy} = \frac{1}{2}\left(\frac{\partial w}{\partial y} - \frac{\partial v}{\partial z}\right), \quad \omega_{xz} = \frac{1}{2}\left(\frac{\partial u}{\partial z} - \frac{\partial w}{\partial x}\right), \quad \omega_{yz} = \frac{1}{2}\left(\frac{\partial v}{\partial x} - \frac{\partial u}{\partial y}\right)$$

(9.1-3)

因此，无旋变形的条件可以表示为：

$$\frac{\partial w}{\partial y} - \frac{\partial v}{\partial z} = 0, \quad \frac{\partial u}{\partial z} - \frac{\partial w}{\partial x} = 0, \quad \frac{\partial v}{\partial x} - \frac{\partial u}{\partial y} = 0 \qquad (9.1\text{-}4)$$

如果位移 u、v、w 可由单一函数 φ 表示为：

$$u = \frac{\partial \varphi}{\partial x}, \quad v = \frac{\partial \varphi}{\partial y}, \quad w = \frac{\partial \varphi}{\partial z} \qquad (9.1\text{-}5)$$

则方程（9.1-4）可被满足。这时：

$$\varepsilon_v = \nabla^2 \varphi, \quad \frac{\partial \varepsilon_v}{\partial x} = \frac{\partial}{\partial x} \nabla^2 \varphi = \nabla^2 u$$

代入方程（9.1-1），得：

$$\left.\begin{aligned}
(\lambda + 2G)\nabla^2 u - \rho \frac{\partial^2 u}{\partial t^2} &= 0 \\
(\lambda + 2G)\nabla^2 v - \rho \frac{\partial^2 v}{\partial t^2} &= 0 \\
(\lambda + 2G)\nabla^2 w - \rho \frac{\partial^2 w}{\partial t^2} &= 0
\end{aligned}\right\} \qquad (9.1\text{-}6)$$

这就是无旋波或集散波的方程。

将畸变波与集散波相结合，就得到弹性介质中波传播的更一般的情形。对于这两种波，运动方程具有共同的形式：

$$\frac{\partial^2 \psi}{\partial t^2} = \alpha^2 \nabla^2 \psi \qquad (9.1\text{-}7)$$

对于集散波：

$$\alpha = c_1 = \sqrt{\frac{\lambda + 2G}{\rho}} \qquad (9.1\text{-}8)$$

而对于畸变波：

$$\alpha = c_2 = \sqrt{\frac{G}{\rho}} \qquad (9.1\text{-}9)$$

下面将证明，c_1 和 c_2 各为集散波和畸变波的传播速度。

§9.2 平 面 波

如果在弹性介质中的某一点发生扰动，就有波从这一点向各个方向辐射。在离扰动中心较远之处，这种波可以看作平面波，并可假设所有质点的运动都平行于波的传播方向（纵波）或垂直于波的传播方向（横波）。第一种情况下的波是集散波，第二种情形下的波是畸变波。

首先考察纵波。取波的传播方向为 x 轴，于是 $v = w = 0$，而 u 只是 x 和 t 的函数。这时方程（9.1-6）给出：

$$\frac{\partial^2 u}{\partial t^2} = c_1^2 \frac{\partial^2 u}{\partial x^2} \qquad (9.2\text{-}1)$$

*第 9 章 弹性介质中波的传播理论

用代入法可以证明，任一函数 $f(x+c_1t)$ 都是方程（9.2-1）的解，函数 $f(x-c_1t)$ 也是一个解，因而方程（9.2-1）的通解可以表示成为如下的形式：

$$u = f(x+c_1t) + f_1(x-c_1t) \tag{9.2-2}$$

这个解具有很简单的物理意义，说明如下。试考察方程（9.2-2）右边的第二项。在一定的瞬时 t，这一项只是 x 的函数，可用一曲线如 mnp（图 9.2-1a）表示，它的形状与函数 f_1 有关。在经过一段时间 Δt 以后，函数 f_1 的自变量成为 $x-c_1(t+\Delta t)$。假设随着 t 增加 Δt 而横坐标也同时增加 $\Delta x = c_1\Delta t$，函数 f_1 将保持不变。这就是说，如果将瞬时 t 的曲线 mnp 沿 x 方向移动一距离 $\Delta x = c_1\Delta t$（如图中虚线所示），这曲线对于 $t+\Delta t$ 的瞬时也适用。由此可见，解答（9.2-2）的第二项代表以匀速 c_1 沿 x 方向移动的波。同样可以证明，解答式（9.2-2）的第一项代表沿相反方向移动的波。于是通解（9.2-2）代表两个波，沿着 x 轴以方程（9.1-8）所示的匀速 c_1 向两相反方向移动。这个速度可以用 E、ν、ρ 表示，为此，只需将 $\lambda = \dfrac{\nu E}{(1+\nu)(1-2\nu)}$ 和 $G = \dfrac{E}{2(1+\nu)}$ 代入方程（9.1-8）。于是得：

$$c_1 = \sqrt{\dfrac{E(1-\nu)}{(1+\nu)(1-2\nu)\rho}} \tag{9.2-3}$$

钢材的 c_1 可以取为 5959m/s。

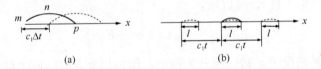

图 9.2-1

考虑方程（9.2-2）中函数 $f_1(x-c_1t)$ 所示的"向前"波动，得出质点速度 $\dot{u}$ 为：

$$\dot{u} = \dfrac{\partial u}{\partial t} = -c_1 f_1'(\xi) \tag{9.2-4}$$

其中，$\xi = x - c_1t$，而一撇的记号表示 $f_1(\xi)$ 对 ξ 求导。于是得单元体 $\mathrm{d}x\mathrm{d}y\mathrm{d}z$ 的动能为：

$$\dfrac{1}{2}\rho \mathrm{d}x\mathrm{d}y\mathrm{d}z \left(\dfrac{\partial u}{\partial x}\right)^2 = \dfrac{1}{2}\rho \mathrm{d}x\mathrm{d}y\mathrm{d}z \, c_1^2 [f_1'(\xi)]^2 \tag{9.2-5}$$

势能就等于应变能。应变分量是：

$$\varepsilon_x = \dfrac{\partial u}{\partial x} = f_1'(\xi), \quad \varepsilon_y = \varepsilon_z = 0 \tag{9.2-6}$$

于是通过方程 $W = \dfrac{1}{2}\lambda\varepsilon_v^2 + G(\varepsilon_x^2 + \varepsilon_y^2 + \varepsilon_z^2) + \dfrac{1}{2}G(\gamma_{xy}^2 + \gamma_{yz}^2 + \gamma_{xz}^2)$ 得单元体的应变能为：

$$W\mathrm{d}x\mathrm{d}y\mathrm{d}z = \dfrac{1}{2}(\lambda + 2G)[f_1'(\xi)]^2 \mathrm{d}x\mathrm{d}y\mathrm{d}z \tag{9.2-7}$$

将方程（9.2-5）与方程（9.2-7）对比，并注意方程（9.1-5），显然可见，在任一瞬时，动能与势能相等。

对于应力，有：
$$\sigma_x = (\lambda + 2G)\varepsilon_x, \quad \sigma_y = \sigma_z = \lambda\varepsilon_x \tag{9.2-8}$$

从而有：
$$\frac{\sigma_y}{\sigma_x} = \frac{\sigma_z}{\sigma_x} = \frac{\lambda}{\lambda + 2G} = \frac{\nu}{1-\nu} \tag{9.2-9}$$

这些应力分量 σ_y 和 σ_z 是为了保持 $\varepsilon_y = \varepsilon_z = 0$ 所需要的。将式（9.2-8）中的 σ_x 与式（9.2-4）中的 $\dot{u}$ 对比，并应用由式（9.2-6）得来的 $\varepsilon_x = f'_1(\xi)$，可得：
$$\sigma_x = -\rho c_1 \dot{u} \tag{9.2-10}$$

如果考虑方程（9.2-2）中函数 $f(x + c_1 t)$ 所示的"向后"波动，则方程（9.2-10）和方程（9.2-4）中的负号将改为正号。

在每一具体情况下，函数 f 和 f_1 须由 $t=0$ 时的初始条件来决定。对于初瞬时，由方程（9.2-2）有：
$$\left.\begin{array}{l}(u)_{t=0} = f(x) + f_1(x) \\ \left(\dfrac{\partial u}{\partial t}\right)_{t=0} = c_1[f'(x) - f'_1(x)]\end{array}\right\} \tag{9.2-11}$$

例如，假定初速度是零，但有初位移如下式所示：
$$(u)_{t=0} = F(x)$$

为了满足条件（9.2-11），可以取：
$$f(x) = f_1(x) = \frac{1}{2}F(x)$$

于是，在这一种情况下，初位移分为两半，作为相反方向的两个波进行传播（图 9.2-1b）。

现在来考察横波，取 x 轴沿波的传播方向，而 y 轴沿横向位移的方向，于是位移 u 和 w 是零，而位移 v 是 x 和 t 的函数。这时，由方程（9.1-2）得：
$$\frac{\partial^2 v}{\partial t^2} = c_2^2 \frac{\partial^2 v}{\partial x^2} \tag{9.2-12}$$

这方程的形式与方程（9.2-1）相同，因而可以断定，畸变波沿 x 轴传播的速度是：
$$c_2 = \sqrt{\frac{G}{\rho}}$$

或者用式（9.2-3）得：
$$c_2 = c_1 \sqrt{\frac{1-2\nu}{2(1-\nu)}}$$

当 $\nu = 0.25$ 时，上列方程给出：
$$c_2 = \frac{c_1}{\sqrt{3}}$$

任一函数：
$$f(x - c_2 t) \tag{9.2-13}$$

都是方程（9.2-12）的解，并代表以速度 c_2 沿 x 方向传播的波。例如，取解答（9.2-13）为如下的形式：

*第9章 弹性介质中波的传播理论

$$v = v_0 \sin \frac{2\pi}{l}(x - c_2 t) \quad (9.2\text{-}14)$$

这个波是正弦曲线形的，波长为 l，波幅为 v_0。横向运动的速度是：

$$\frac{\partial v}{\partial t} = -\frac{2\pi c_2}{l} v_0 \cos \frac{2\pi}{l}(x - c_2 t) \quad (9.2\text{-}15)$$

当位移（9.2-14）为最大时，速度为零；而当位移为零时，速度有最大值。这个波所引起的切应变是：

$$\gamma_{xy} = \frac{\partial v}{\partial x} = -\frac{2\pi v_0}{l} v_0 \cos \frac{2\pi}{l}(x - c_2 t) \quad (9.2\text{-}16)$$

可见，在某一定点，式（9.2-16）中切应变的最大值与式（9.2-15）中速度的最大绝对值同时发生。

这一类的波的传播可表示如下：设 mn（图 9.2-2）是弹性介质的一根细丝。当式（9.2-14）所示正弦曲线波沿 x 轴传播时，细丝的一个单元 A 将发生位移和畸变，其变化有如阴影单元 1、2、3、4、5……所示。在 $t=0$ 的瞬时，单元 A

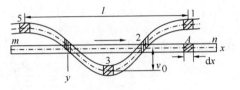

图 9.2-2

的位置如 1 所示。在这一瞬时，这单元的畸变和速度都是零。然后，它将有一正速度，而在经过时间 $1/(4c_2)$ 以后，它的畸变如 2 所示。在这一瞬时，这单元的位移是零而速度最大。再经过时间 $l/(4c_2)$ 以后，情况如 3 所示，以此类推。

取细丝的截面积为 $dydz$，则单元 A 的动能是：

$$\frac{1}{2}\rho dxdydz\left(\frac{\partial v}{\partial t}\right)^2 = \frac{1}{2}\rho dxdydz \frac{4\pi c_2^2}{l^2} v_0^2 \cos^2 \frac{2\pi}{l}(x - c_2 t)$$

而它的应变能是：

$$\frac{1}{2}G\gamma_{xy}^2 dxdydz \frac{G}{2} \frac{4\pi v_0^2}{l^2} \cos^2 \frac{2\pi}{l}(x - c_2 t)\rho dxdydz$$

由于 $c_2^2 = G/\rho$，因而可以断定，在任一瞬时，这单元的动能与势能相等。

当地震时，集散波与畸变波各以速度 c_1 和 c_2 在地球内传播。这两种波都可用地震仪记录，而两种波到达时间之差，可以约略指示记录站与震源中心的距离。

正弦曲线形和其他形式的平面波可用不同的方式相结合，以满足自由边界面或两种不同介质的交界面的物理条件。当传播方向不平行于界面时，将会发生相应于自由面的反射或相应于交界面的反射和折射。平行于自由边界，以不同于 c_1 和 c_2 的速度传播的波动（瑞利表面波）9.5 节中加以考虑。

§9.3 纵波在柱形杆中传播的初等理论

在一根矩形截面的杆中，只有当杆的侧面上保持着方程（9.2-9）所示的 σ_y 和 σ_z 时，9.2 节中所述的简单平面波才可能存在。对一根任意截面的杆来说，侧面上也必须有相应的应力。

当侧面为自由面时，要得出整套运动方程（9.1-1）的适当解答，那就困难得多。但是，对于很多实际情形，简单近似理论就够用了。在这种初等理论中，把杆的每一薄片当作受简单拉伸，相应的轴向应变为 $\partial u/\partial x$，而 u 只是 x 和 t 的函数。于是：

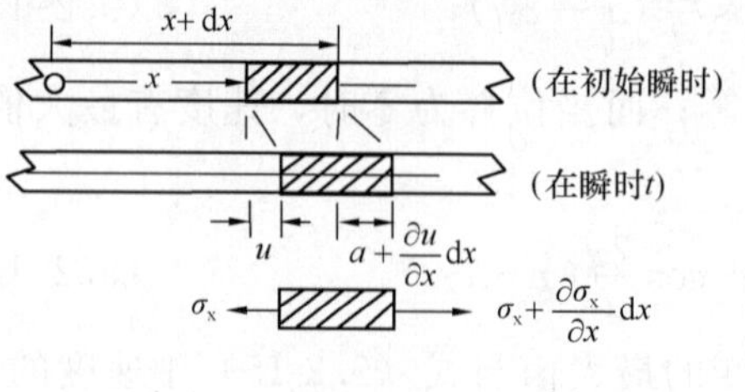

$$\sigma_x = E\frac{\partial u}{\partial x} \qquad (9.3\text{-}1)$$

其他的应力分量则略去不计。试考察一个原来处于 x 和 $x+dx$ 两个截面之间的单元体，如图 9.3-1。它的运动方程（在消去截面积以后）是：

图 9.3-1

$$\frac{\partial \sigma_x}{\partial x}dx = \rho dx \frac{\partial^2 u}{\partial t^2}$$

或将式（9.3-1）代入而得：

$$\frac{\partial^2 u}{\partial t^2} = c^2\frac{\partial^2 u}{\partial x^2} \qquad (9.3\text{-}2)$$

其中：

$$c = \sqrt{\frac{E}{\rho}} \qquad (9.3\text{-}3)$$

方程（9.3-2）与9.2节中的方程（9.2-1）具有同样的形式，其通解为：

$$u = f(x+ct) + f_1(x-ct) \qquad (9.3\text{-}4)$$

这通解的意义与前面对方程（9.2-2）所述的意义相仿。但这里的波速是 c，如方程（9.3-3）所示。它低于方程（9.2-3）中的波速 c_1，比值 c_1/c 为：

$$\frac{c_1}{c} = \sqrt{\frac{(1-\nu)}{(1+\nu)(1-2\nu)}}$$

当 $\nu=0.3$ 时，这个比值等于 1.16。对于钢材，可以取 $c=5136$m/s。

如果在方程（9.3-4）中只保留函数 f_1（向前的波动），则由方程（9.3-1）和方程（9.3-3）有：

$$\sigma_x = -\rho c \dot{u} \qquad (9.3\text{-}5)$$

如果只有 f（向后的传播），则有：

$$\sigma_x = \rho c \dot{u} \qquad (9.3\text{-}6)$$

不借助微分方程，也可以得方程（9.3-1）和方程（9.3-6）的结果。试考虑突然施加于杆左端的均布压应力（图 9.3-2）。在最初的瞬时，只有杆端无限薄的一层内发生均匀压缩。

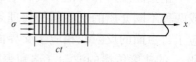

图 9.3-2

这压缩将被传送至相邻的一层，并继续传送。于是有一个压缩波开始以某一速度 c 沿杆移动，而在经过时间 t 之后，长度为 ct 的一段杆将被压缩，但其余部分仍然保持无应力状态。

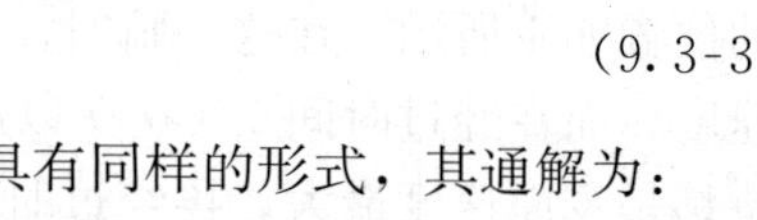

波的传播速度 c 与压力所给予杆的受压部分的质点速度 v 不同。质点的速度 v 可由受压部分（图中阴影部分）因受压应力 σ 而缩短 $(\sigma/E)ct$ 的条件求得。因

此，杆的左端移动的速度，也就等于受压部分的各质点的速度，是：
$$v = \frac{c\sigma}{E} \tag{9.3-7}$$

波的传播速度 c 可用动量方程求得。开始时，杆的阴影部分是静止的。经过时间 t 之后，它将有速度 v 和动量 $Act\rho v$。令这动量等于压力的冲量，得：
$$A\sigma t = Act\rho v \tag{9.3-8}$$
利用方程（9.3-7），就得到方程（9.3-1）所示的 c 值，而质点的速度是：
$$v = \frac{\sigma}{\sqrt{E\rho}} \tag{9.3-9}$$

这一结果与方程（9.3-6）相对应，因为方程（9.3-6）中的 $\dot{u}$ 代表质点的速度。由此可见，c 与压力无关，而质点的速度 v 则与应力 σ 成比例。

如果不是将压力而是将拉力突然加于杆端，就将有拉伸波以速度 c 沿杆传播。质点的速度仍然如方程（9.3-9）所示，但方向与 x 轴的方向相反。因此，在压缩波中，质点速度 v 的方向与波的传播速度的方向相同，而在拉伸波中，速度 v 的方向与波的传播方向相反。

由方程（9.3-3）和方程（9.3-9）得：
$$\sigma = E\frac{v}{c} \tag{9.3-10}$$
可见波中的应力决定于两个速度的比率和材料的弹性模量 E。如果有一个以速度 v 运动的绝对刚体沿纵向冲击一根柱形杆，则在最初的瞬时，接触面上的压应力如式（9.3-10）所示。如果冲击体的速度 v 超过某一限度（这限度决定于杆的材料的机械性质），那么，即使冲击体的质量很小，杆中也将发生永久变形。

现在来考察图 9.3-2 中阴影部分的波的能量。这能量包括两部分：一部分是由于变形而有的应变能，等于：
$$\frac{Act\sigma^2}{2E}$$

另一部分是动能，等于：
$$\frac{Act\rho v^2}{2} = \frac{Act\sigma^2}{2E}$$

可见，波的总能量，等于压力 $A\sigma$ 在 $(\sigma/E)ct$ 一段距离内所做的功，一半是势能，一半是动能。

决定波的传播的方程（9.3-2）是线性方程，因此，如果有这方程的两个解，则两个解之和也将是这方程的解。由此可见，在讨论沿杆移动的波时，可应用叠加法。如果沿相反方向移动的两个波（图 9.3-3a）相遇，合应力和质点的合速度都可用叠加法求得。例如，设两个波都是压缩波，那么，合压力可用简单加法求得，如图 9.3-3b 所示，而质点的合速度则用减法求得。两波分离以后，仍各恢复其原来的形状，如图 9.3-3c 所示。

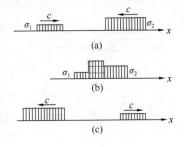

图 9.3-3

设有一压缩波沿着杆在 x 方向运动,另有一波长相同、应力大小也相同的拉伸波向相反方向运动（图 9.3-4）。当两波相遇时,拉伸与压缩互相抵消,因而在杆中两波重叠部分的应力是零；同时,在这部分杆中质点的速度加倍,等于 $2v$。两波分离以后,仍各恢复其原来的形状,如图 9.3-4b 所示。在中间截面 mn 处,无论何时应力都是零,因而可将这截面当作杆的自由端（图 9.3-4c）。将图 9.3-4（a）与 9.3-4（b）对比,可以断定：在自由端,压缩波反射而成为相似的拉伸波,反过来也是一样。

如果相向运动的两个等同的波（图 9.3-5a）相遇,则在杆中两波重叠部分的应力加倍而质点的速度是零。在中间截面 mn 处,速度总是零。当波传播时,这截面保持不动,因而可当作杆的固定端（图 9.3-5c）。将图 9.3-5（a）与 9.3-5（b）对比,可以断定：波由固定端反射后毫无改变。

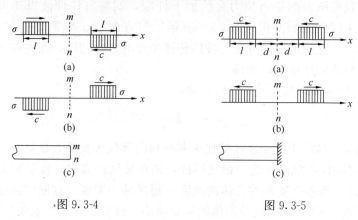

图 9.3-4　　　　　　　　　图 9.3-5

§9.4　杆的纵向碰撞

如果两根长度相等,材料相同的杆以相同的速度 v 沿纵向互相碰撞（图 9.4-1a）,那么,在碰撞过程中,接触面 mn 将不动,而两个相同的压缩波开始以相等的速度 c 沿两杆传播。波区内的质点的速度与杆的初速度叠加以后,使波区成为静止,而在波到达杆的自由端的瞬时（$t = l/c$）,两杆都受均匀压缩并处于静止中。然后,压缩波由自由端折回成为拉伸波,并向接触面 mn 移动,这时,波区内的质点的速度等于 v 而方向是离开 mn。当波到达接触面时,两杆就以与初速度 v 相等的速度分离。在这情形下,碰撞延续时间显然等于 $2l/c$,而压应力等于 $v\sqrt{E\rho}$［方程 (9.3-9)］。

现在来考察杆 1 和杆 2（图 9.4-1b）各以速度 v_1 和 v_2（$v_1 > v_2$）而运动的更一般的情形。在碰撞开始的瞬时,两个相同的压缩波开始沿两杆传播。两杆波区内的质点对于两杆的未受应力部分的相对速度相等,而方向是离开接触面。两杆在接触面上的质点的绝对速度必须相等,因而相对速度的大小必等

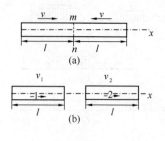

图 9.4-1

于 $(v_1 - v_2)/2$。在经过一段时间 l/c 后，压缩波到达两杆的自由端。在这一瞬时，两杆都在均匀压缩状态中，而两杆所有质点的绝对速度都是：

$$v_1 - \frac{v_1 - v_2}{2} = v_2 + \frac{v_1 - v_2}{2} = \frac{v_1 + v_2}{2}$$

此后，压缩波由将自由端折回成为拉伸波，而在波到达两杆接触面的瞬时 $t = 2l/c$，杆 1 和杆 2 的速度将各为：

$$\frac{v_1 + v_2}{2} - \frac{v_1 - v_2}{2} = v_2$$

$$\frac{v_1 + v_2}{2} + \frac{v_1 - v_2}{2} = v_1$$

可见，在碰撞后两杆的速度互换。

如果上述两杆具有不同的长度 l_1 和 l_2（图 9.4-2a），则碰撞开始时的情况将与上述情况相同。但是，经过一段时间 $2l_1/c$ 之后，短杆 1 中的波折回而到达接触面 mn，并通过接触面而沿长杆传播，情况将如图 9.4-2 (b) 所示。杆 1 的拉伸波将两杆之间的压力抵消，但两杆仍保持接触，直到长杆中的压缩波（图中阴影所示）折回而到达接触面时（$t = 2l_2/c$）为止。

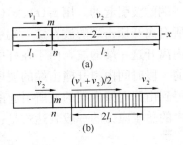

图 9.4-2

在两杆等长情况下，回跳之后，每杆中所有各点的速度相同，每一杆都像刚体一样运动。这时的总能量就是平行移动的动能。在两杆不等长的情况下，回跳之后，长杆中还有移动着的波，在计算杆的总能量时必须考虑这波的能量。

现在来考察一端固定的杆（图 9.4-3）在另一端受运动体撞击的问题。设 M 是杆截面的每单位面积上所受的运动体的质量，v_0 是运动体的初速度。将运动体看作绝对刚体，在碰撞开始的瞬时（$t = 0$），杆端各质点的速度就是 v_0，而初压应力则由方程（9.3-9）求得为：

$$\sigma_0 = v_0 \sqrt{E\rho} \qquad (9.4\text{-}1)$$

由于杆的阻力，运动的速度及其对于杆的压力都将逐渐减低，于是得到一个沿杆长传播而压应力逐渐减低的压缩波（图 9.4-3b）。压应力随时间变化很容易由物体的运动方程求得。用 σ 代表杆端的变化压应力，v 代表物体的变化速度，得：

$$M\frac{dv}{dt} + \sigma = 0 \qquad (9.4\text{-}2)$$

将方程（9.3-9）中 v 的表达式代入，得：

$$\frac{M}{\sqrt{E\rho}}\frac{d\sigma}{dt} + \sigma = 0$$

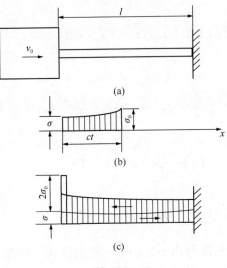

图 9.4-3

由此得：

$$\sigma = \sigma_0 e^{\frac{t\sqrt{E\rho}}{M}} \tag{9.4-3}$$

在 $t < 2l/c$ 的时间内，这方程都适用。当 $t = 2l/c$ 时，波前压力为 σ_0 的压缩波将折回到与运动体接触的杆端。运动体的速度不能突然改变，因此，波将被反射回来，就像从固定端反射回来一样，而接触面上的压应力将突然增大 $2\sigma_0$，如图 9.4-3 (c) 所示。在碰撞过程中，在每一段时间 $T = 2l/c$ 的终了，都将发生这种压力突然增大的现象，因而必须用不同的表达式以表示各段时间内的应力 σ。在第一段时间内，$0 < t < T$，可用方程（9.3-1）。在第二段时间内，$T < t < 2T$，有如图 9.4-3 (c) 所示的情况，压应力 σ 是由两个离开撞击端的波和一个移向这一端的波引起的。用 $s_1(t)$、$s_2(t)$、$s_3(t)$……代表经过时间 T、$2T$、$3T$……之后所有离开撞击端的波在这一端引起的总压应力。回向撞击端的波就是前一段时间内离开这一端的波，由于在杆中来回一次，所以延迟一段时间 T。因此，只需把前一段时间内离开撞击端的波所引起的压应力的表达式中的 t 用 $t - T$ 代替，就得到由回向撞击端的波所引起的压应力。于是，在任一时间 $nT < t < (n+1)T$ 内的总压应力的一般表达式是：

$$\sigma = s_n(t) + s_{n-1}(t - T) \tag{9.4-4}$$

撞击端的质点的速度，应为由于离开这一端的波的压力 $s_n(t)$ 而有的速度减去由于移向这一端的波的压力 $s_{n-1}(t - T)$ 而有的速度。于是，由方程(9.3-10)得：

$$v = \frac{1}{\sqrt{E\rho}}[s_n(t) - s_{n-1}(t - T)] \tag{9.4-5}$$

现在利用撞击体的运动方程（9.4-2）求出 $s_n(t)$ 与 $s_{n-1}(t - T)$ 之间的关系。用 α 代表杆的质量与撞击体的质量之比，就有：

$$\alpha = \frac{l\rho}{M}, \frac{\sqrt{E\rho}}{M} = \frac{c\rho}{Ml} = \frac{2\alpha}{T} \tag{9.4-6}$$

应用这关系式和式（9.4-4）与式（9.4-5），方程（9.4-2）就成为：

$$\frac{d}{dt}[s_n(t) - s_{n-1}(t - T)] + \frac{2\alpha}{T}[s_n(t) + s_{n-1}(t - T)] = 0$$

乘以 $e^{\frac{2\alpha t}{T}}$，得：

$$e^{\frac{2\alpha t}{T}} \frac{ds_n(t)}{dt} + \frac{2\alpha}{T} e^{\frac{2\alpha t}{T}} s_n(t) = e^{\frac{2\alpha t}{T}} \frac{ds_{n-1}(t-T)}{dt} + \frac{2\alpha}{T} e^{\frac{2\alpha t}{T}} s_{n-1}(t-T) - \frac{4\alpha}{T} e^{\frac{2\alpha t}{T}} s_{n-1}(t-T)$$

或

$$\frac{d}{dt}\left[e^{\frac{2\alpha t}{T}} s_n(t)\right] = \frac{d}{dt}\left[e^{\frac{2\alpha t}{T}} s_{n-1}(t-T)\right] - \frac{4\alpha}{T} e^{\frac{2\alpha t}{T}} s_{n-1}(t-T)$$

由此得：

$$s_n(t) = s_{n-1}(t - T) - \frac{4\alpha}{T} e^{\frac{2\alpha t}{T}} \left[\int e^{\frac{2\alpha t}{T}} s_{n-1}(t-T) dt + C\right] \tag{9.4-7}$$

其中，C 是积分常数。现在将利用这方程依次导出 s_1、s_2……的表达式。在第一段时间 $0 < t < T$ 内，压应力由方程（9.4-3）给出，可以写成：

*第9章 弹性介质中波的传播理论

$$s_0 = \sigma_0 e^{-\frac{2\alpha t}{T}} \tag{9.4-8}$$

用这个值代替方程（9.4-7）中的 s_{n-1} 得：

$$s_1(t) = \sigma_0 e^{-2\alpha\left(\frac{t}{T}-1\right)} - \frac{4\alpha}{T}e^{-\frac{2\alpha t}{T}}\left(\int \sigma_0 e^{2\alpha} dt + C\right) \tag{9.4-9}$$

$$= \sigma_0 e^{-2\alpha\left(\frac{t}{T}-1\right)}\left(1 - \frac{4\alpha t}{T}\right) - C\frac{4\alpha}{T}e^{-\frac{2\alpha t}{T}}$$

积分常数 C 可由这样的条件求得：撞击端的压应力在 $t = T$ 的瞬时突然增加 $2\sigma_0$（图 9.4-3c）。因此，用方程（9.4-4），得：

$$\left[\sigma_0 e^{-\frac{2\alpha t}{T}}\right]_{t=T} + 2\sigma_0 = \left[\sigma_0 e^{-2\alpha\left(\frac{t}{T}-1\right)} + \sigma_0 e^{-2\alpha\left(\frac{t}{T}-1\right)}\left(1 - \frac{4\alpha t}{T}\right) - C\frac{4\alpha}{T}e^{-\frac{2\alpha t}{T}}\right]_{t=T}$$

由此得：

$$C = -\frac{\sigma_0 T}{4\alpha}(1 + 4\alpha e^{2\alpha})$$

代入方程（9.4-9），得：

$$s_1 = s_0 + \sigma_0 e^{-2\alpha\left(\frac{t}{T}-1\right)}\left[1 + 4\alpha\left(1 - \frac{t}{T}\right)\right] \tag{9.4-10}$$

依照同样的方法进行，用 s_1 代替方程（9.4-7）中的 s_{n-1}，得到：

$$s_3 = s_2 + \sigma_0 e^{-2\alpha\left(\frac{t}{T}-1\right)}\left[1 + 2(4\alpha)\left(2 - \frac{t}{T}\right) + 2(4\alpha^2)\left(2 - \frac{t}{T}\right)^2\right] \tag{9.4-11}$$

再依同样的方法继续进行，就得到：

$$s_3 = s_2 + \sigma_0 e^{-2\alpha\left(\frac{t}{T}-3\right)}\left[1 + 2(6\alpha)\left(3 - \frac{t}{T}\right) + 2(3)4\alpha^2\left(3 - \frac{t}{T}\right)^2 \right.$$

$$\left. + \frac{2(2)3}{3(3)}8\alpha^3\left(3 - \frac{t}{T}\right)^3\right] \tag{9.4-12}$$

其余类推。图 9.4-4 针对 $\sigma_0 = 1$ 和 $\alpha = 1/6$、$1/4$、$1/2$、1 四种不同的比率用曲线表示函数 s_0、s_1、s_2……。利用这些曲线，很容易由方程（9.4-1）算出撞击端的

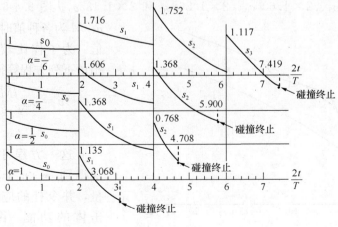

图 9.4-4

压应力 σ。图 9.4-5 针对 $\sigma_0=1$ 和 $\alpha=1/4$、$1/2$、1 用曲线表示这压应力。在每一段时间 T、$2T$……的终了，应力都有突变。应力的最大值与比率 α 有关。当 $\alpha=1/2$ 和 $\alpha=1$ 时，在 $t=T$ 的瞬时，应力有最大值。当 $\alpha=1/4$ 时，最大应力发生在 $t=2T$ 的瞬时。当 σ 变成等于零的瞬时，表明碰撞终止。可见，当 α 减小时，碰撞延续时间增长。圣维南的计算给出碰撞延续时间的值如下表 9.4-1 所示。

碰撞延续时间表　　　　　　　　　　表 9.4-1

α	1/6	1/4	1/2	1
$2t/T$	7.419	5.900	4.708	3.068

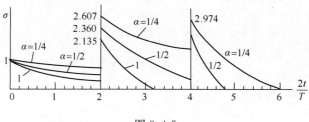

图 9.4-5

当 α 很小时，碰撞延续时间可用初等公式：

$$t = \frac{\pi l}{c}\sqrt{\frac{1}{\alpha}} \quad (9.4\text{-}13)$$

算得。推导这公式时，完全不计杆的质量，并假定碰撞延续时间等于将撞击体固定于杆端作简谐振动时的周期的一半。

上面算得的函数 s_1、s_2、s_3……也可以用来确定杆的任一截面上的应力。总应力总是两个 s 值之和[方程（9.4-4）]，一个值是由于移向固定端的合成波而有的，另一个值是由于向相反的方向移动的合成波而有的。当对应于 s 的最大值（图 9.4-4 中每一曲线的最高点）的波到达固定端而折回时，上述两个波都将具有这一最大值，而这一点在这一瞬时的总压应力发生在固定端，并等于 s 的最大值的两倍。由图 9.4-4 立即可知，当 $\alpha=1/6$、$1/4$、$1/2$、1 时，最大压应力分别是 $2\times 1.752\sigma_0$、$2\times 1.606\sigma_0$、$2\times 1.368\sigma_0$ 和 $2\times 1.135\sigma_0$。图 9.4-6 中给出 $\alpha=\rho l/M$ 为各种值时的 σ_{max}/σ_0 的值。为了作比较，图中并画出由下列方程算得的抛物线：

$$\sigma = \sigma_0\sqrt{\frac{M}{\rho l}} = \frac{\sigma_0}{\sqrt{\alpha}} \quad (9.4\text{-}14)$$

这一方程可用简单的方法得到——完全不计杆的质量，并令杆的应变能等于撞击体的功能。图中虚线是方程：

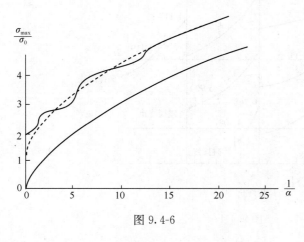

图 9.4-6

*第9章 弹性介质中波的传播理论

$$\sigma = \sigma_0 \left(\sqrt{\frac{M}{\rho l}} + 1 \right) \tag{9.4-15}$$

所决定的抛物线；可见，对于大的 $1/\alpha$ 值，能由这曲线得到很好的近似值。

上述碰撞理论是根据"杆端全部表面同时发生接触"这一假定推出的。事实上，这一假定很难实现。为了保证杆端确是平面而且两杆确能对准，以及为了把两杆端之间的空气薄膜的影响降至最小，必须非常当心。这样，观察到的波的传播就能很好地符合初等理论。

§9.5 瑞利表面波

在 9.1 节和 9.2 节中，把服从胡克定律的各向同性均匀介质中传播的扰动作为两种波的叠加，即速度为 c_1 的无旋波和速度为 c_2 的等容波的叠加。即使当波前处的质点速度和应力有间断时，只要初始的扰动是局限于有限大的区域内，那么，无限大介质中的波速也只可能是 c_1 和 c_2。

如果有自由边界，或者有两种介质的交界面，就会有另外的传播速度。可能出现"表面波"它实质上只涉及一个薄表面层的运动。这种波很像石块投入水中时平静水面上发生的波，又很像带有高频交流电的导体的"表面效应"。瑞利首先指出一般方程存在着表面波解答。

在离开波源较远之处，由这些波所引起的变形可以当作二维变形。假定物体以 $y=0$ 的平面为界，并取 y 轴的正方向指向物体内部，而 x 轴的正方向为波的传播方向。将集散波方程（9.1-6）与畸变波方程（9.1-2）结合，可求得位移的表达式。假定在两种情况下 w 都是零，集散波方程（9.1-6）的解答可取为如下的形式：

$$\left. \begin{array}{l} u_1 = s e^{-ry} \sin(pt - sx) \\ v_1 = -r e^{-ry} \cos(pt - sx) \end{array} \right\} \tag{9.5-1}$$

其中，p、r 和 s 都是常数。式中的指数因子表明，当 r 为正实数时，波幅随深度 y 的增加而迅速减小。三角函数的幅角 $pt - sx$ 表明波沿 x 方向传播，速度是：

$$c_3 = \frac{p}{s} \tag{9.5-2}$$

将式（9.5-1）代入方程（9.1-6），可以发现，如果：

$$r^2 = s^2 - \frac{\rho p^2}{\lambda + 2G}$$

各方程就都被满足；或者引用记号：

$$\frac{\rho p^2}{\lambda + 2G} = \frac{p^2}{c_1^2} = h^2 \tag{9.5-3}$$

就有：

$$r^2 = s^2 - h^2 \tag{9.5-4}$$

现在取畸变波（9.1-2）的解答为如下的形式：

$$\left. \begin{array}{l} u_2 = A b e^{-by} \sin(pt - sx) \\ v_2 = -A s e^{-by} \cos(pt - sx) \end{array} \right\} \tag{9.5-5}$$

式中，A 是常数，而 b 是整数。可以证明，如果：

$$b^2 = s^2 - \frac{\rho p^2}{G}$$

对应于位移（9.5-5）的体积膨胀就成为零，而方程（9.1-2）也被满足；或者，引用记号：

$$\frac{\rho p^2}{G} = \frac{p^2}{c_2^2} = k^2 \tag{9.5-6}$$

就得到：

$$b^2 = s^2 - k^2 \tag{9.5-7}$$

现在将解答式（9.5-1）与式（9.5-5）结合，而取 $u = u_1 + u_2$、$v = v_1 + v_2$，并决定常数 A、b、p、r、s 使能满足边界条件。物体的边界上没有外力作用，因此，当 $y=0$ 时，$\overline{X} = 0$、$\overline{Y} = 0$。将这些值代入方程：

$$\left.\begin{aligned}\overline{X} &= \lambda \varepsilon_v l + G\left(\frac{\partial u}{\partial x}l + \frac{\partial u}{\partial y}m + \frac{\partial u}{\partial z}n\right) + G\left(\frac{\partial u}{\partial x}l + \frac{\partial v}{\partial x}m + \frac{\partial w}{\partial x}n\right) \\ \overline{Y} &= \lambda \varepsilon_v m + G\left(\frac{\partial v}{\partial x}l + \frac{\partial v}{\partial y}m + \frac{\partial v}{\partial z}n\right) + G\left(\frac{\partial u}{\partial y}l + \frac{\partial v}{\partial y}m + \frac{\partial w}{\partial y}n\right)\end{aligned}\right\} \tag{9.5-8}$$

得到：

$$\frac{\partial u}{\partial y} + \frac{\partial v}{\partial x} = 0 \tag{9.5-9}$$

$$\lambda \varepsilon_v + 2G\frac{\partial v}{\partial y} = 0 \tag{9.5-10}$$

前一个方程表明物体表面上的切应力是零，第二个方程表明表面上的正应力是零。将上面 u 和 v 的表达式代入这两个方程，得：

$$2rs + A(b^2 + s^2) = 0 \tag{9.5-11}$$

$$\left(\frac{k^2}{h^2}\right)(r^2 - s^2) + 2(r^2 + Abs) = 0 \tag{9.5-12}$$

式中：

$$\frac{k^2}{h^2} - 2 = \frac{\lambda}{G}$$

是由式（9.5-3）和式（9.5-4）得。

由方程（9.5-12）中消去常数 A，并利用式（9.5-4）和式（9.5-7），就得到：

$$(2s^2 - k^2)^2 = 4brs^2 \tag{9.5-13}$$

或者，再用式（9.5-4）和式（9.5-7），得

$$\left(\frac{k^2}{h^2} - 2\right)^4 = 16\left(1 - \frac{h^2}{s^2}\right)\left(1 - \frac{k^2}{s^2}\right)$$

利用方程式（9.5-3）、式（9.5-6）和式（9.5-2），可将这方程中的各个量用集散波的速度 c_1、畸变波的速度 c_2 和表面波的速度 c_2' 表示，于是得：

$$\left(\frac{c_3^2}{c_2^2} - 2\right)^4 = 16\left(1 - \frac{c_3^2}{c_1^2}\right)\left(1 - \frac{c_3^2}{c_2^2}\right) \tag{9.5-14}$$

用记号：
$$\frac{c_3}{c_2} = \alpha$$

并注意：
$$\frac{c_2^2}{c_1^2} = \frac{1-2\nu}{2(1-\nu)}$$

方程式（9.5-14）就成为：
$$\alpha^6 - 8\alpha^4 + 8\left(3 - \frac{1-2\nu}{1-\nu}\right)\alpha^2 - 16\left[1 - \frac{1-2\nu}{2(1-\nu)}\right] = 0 \tag{9.5-15}$$

例如，取 $\nu = 0.25$，得：
$$3\alpha^6 - 24\alpha^4 + 56\alpha^2 - 32 = 0 \text{ 或}(\alpha^2 - 4)(3\alpha^4 - 12\alpha^2 + 8) = 0$$

这方程的三个根是：
$$\alpha^2 = 4,\ \alpha^2 = 2 + \frac{2}{\sqrt{3}},\ \alpha^2 = 2 - \frac{2}{\sqrt{3}}$$

这三个根中，只有最后一个能使方程式（9.5-4）和式（9.5-7）中的 r^2 和 b^2 为正数。因此：
$$c_3 = \alpha c_2 = 0.9194\sqrt{\frac{G}{\rho}}$$

在 $\nu = 1/2$ 的极端情形下，方程（9.5-15）成为：
$$\alpha^6 - 8\alpha^4 + 24\alpha^4 - 16 = 0$$

由此得：
$$c_3 = 0.9553\sqrt{\frac{G}{\rho}}$$

在这两种情况下，表面波的速度都只是略小于畸变波在物体中传播的速度。有了 α，就容易算出物体表面处的水平位移与铅直位移两者的幅度的比率。当 $\nu = 1/4$ 时，这个比率是 0.681。上述表面波的传播速度，也可以考虑两平行面间的物体的振动而求得。

§9.6 球对称波与球形洞内的爆炸压力

（一）无限介质中的球对称波

当球形洞内有球对称的爆炸之类的扰动时，发生的波或脉冲也是球对称的。这时，位移只有径向分量 u，它是球面坐标系中的径向坐标 r 和时间 t 的函数。由于对称性，位移是无旋的，因此，只涉及方程式（9.1-8）或式（9.2-3）所示的传播速度 c_1。

考虑一个如图 9.6-1 所示的、由四个径向平面和两个球面所围成的、径向厚度为 d_1 的典型单元体，不难得出 u 的微分方程。径向运动的动力方程是：
$$\frac{\partial \sigma_r}{\partial r} + \frac{2}{r}(\sigma_r - \sigma_\theta) = \rho \frac{\partial^2 u}{\partial t^2} \tag{9.6-1}$$

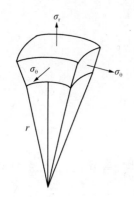

图 9.6-1

应变分量是：
$$\varepsilon_r = \frac{\partial u}{\partial r}, \quad \varepsilon_\theta = \frac{u}{r} \tag{9.6-2}$$

于是由胡克定律得：
$$\left.\begin{aligned}\sigma_r &= \frac{E}{(1+\nu)(1-2\nu)}\left[(1-\nu)\frac{\partial u}{\partial r} + 2\nu\frac{u}{r}\right] \\ \sigma_\theta &= \frac{E}{(1+\nu)(1-2\nu)}\left(\frac{u}{r} + \nu\frac{\partial u}{\partial r}\right)\end{aligned}\right\} \tag{9.6-3}$$

代入方程 (9.6-1)，得：
$$\frac{\partial^2 u}{\partial r^2} + \frac{2}{r}\frac{\partial u}{\partial r} - \frac{2u}{r^2} = \frac{1}{c_1^2}\frac{\partial^2 u}{\partial t^2} \tag{9.6-4}$$

相应于方程 (9.1-5)，引用函数 φ，可以写出：
$$u = \frac{\partial \varphi}{\partial r} \tag{9.6-5}$$

于是，方程 (9.6-4) 等价于：
$$\frac{\partial}{\partial r}\left[\frac{1}{r}\frac{\partial^2}{\partial r^2}(r\varphi)\right] = \frac{1}{c_1^2}\frac{\partial}{\partial r}\frac{\partial^2 \varphi}{\partial t^2} \tag{9.6-6}$$

将式 (9.6-6) 对 r 积分，得：
$$\frac{1}{r}\frac{\partial^2}{\partial r^2}(r\varphi) - \frac{1}{c_1^2}\frac{\partial^2 \varphi}{\partial t^2} = F(t) \tag{9.6-7}$$

其中，$F(t)$ 是任意函数。如果这个任意函数不是零，总可以找到式 (9.6-7) 的一个特解，它只是 t 的一个函数 $\varphi(t)$，但这并不会改变位移式 (9.6-5)。因此，可以把 $F(t)$ 删去。于是，将式 (9.6-7) 乘以 r，即得：
$$\frac{\partial^2}{\partial r^2}(r\varphi) = \frac{1}{c_1^2}\frac{\partial^2}{\partial t^2}(r\varphi) \tag{9.6-8}$$

与方程式 (9.2-1) 及其解答式 (9.2-2) 对比，可见式 (9.6-8) 的通解是：
$$r\varphi = f(r - c_1 t) + g(r + c_1 t) \tag{9.6-9}$$

对这个通解的解释与对通解 (9.2-2) 的相似。函数 $f(r-c_1 t)$ 代表一个向外的波，而函数 $g(r+c_1 t)$ 代表一个向内的波。前者适用于爆炸问题，后者适用于向内爆炸的问题，例如有无限大实心球体中在整个表面上受到实施压力以后向球心汇集的波。

(二) 球形洞内的爆炸压力

舍去方程 (9.6-2) 中的函数 g，问题就归结为决定单个函数 f，使其既满足边界条件，又满足初始条件。

初始条件是：在 $t=0$ 时，含球形洞的无限介质的位移和速度到处为零。当 $t>0$ 时，作用于洞表面 $r=a$ 的压力是 t 的已知函数 $p(t)$，这是边界条件之一。另一个边界条件是无限远处的介质保持不受扰动。

由于在 $r=a$ 处有一个边界条件，宜将式 (9.6-9) 取为：

*第9章 弹性介质中波的传播理论

$$\varphi = \frac{1}{r} f(\Gamma), \text{其中 } \Gamma = t - \frac{1}{c_1}(r-a) \tag{9.6-10}$$

于是在 $r=a$ 处有 $\Gamma=t$，而且 Γ 就量度一个信号从 $r=a$ 处发生而到达 $r>a$ 处的时间。用记号：

$$f' = \frac{\mathrm{d}}{\mathrm{d}\Gamma} f(\Gamma)$$

则由 9.6 节中的方程式 (9.6-5) 和式 (9.6-3) 可得：

$$u = -\frac{1}{c_1}\frac{1}{r}f' - \frac{1}{r^2}f \tag{9.6-11}$$

$$\frac{1}{\rho c_1^2}(1-\nu)\sigma_r = (1-\nu)\frac{1}{c_1^2}\frac{1}{r}f'' + 2(1-2\nu)\left(\frac{1}{c_1}\frac{1}{r^2}f' + \frac{1}{r^3}f\right) \tag{9.6-12}$$

$$\frac{1}{\rho c_1^2}(1-\nu)\sigma_\theta = \nu\frac{1}{c_1^2}\frac{1}{r}f'' - (1-2\nu)\left(\frac{1}{c_1}\frac{1}{r^2}f' + \frac{1}{r^3}f\right) \tag{9.6-13}$$

洞面的边界条件是：在 $r=a$ 处，$\sigma_r = -p(t)$。将这个 σ_r 值代入式 (9.6-12) 的左边而在右边取 $r=a$，并注意有 $\Gamma=t$，可见该边界条件要求：

$$f''(t) + 2\zeta f'(t) + 2\zeta \frac{c_1}{a} f(t) = -\frac{a}{\rho} p(t) \tag{9.6-14}$$

其中的撇号现在可以看作对 t 的求导，而：

$$\zeta = \frac{1-2\nu}{1-\nu}\frac{c_1}{a} \tag{9.6-15}$$

常微分方程 (9.6-14) 属于：

$$x''(t) + a_1 x'(t) + a_0 x(t) = F(t) \tag{9.6-16}$$

的形式，其中 a_1 和 a_0 是常数。这种形式在动力学中是常见的，它是受黏滞阻尼的简单弹簧振荡器的一般受迫运动问题的微分方程。它的通解可以表示成为：

$$x(t) = \int_0^t F(\xi) g_1(t-\xi) \mathrm{d}\xi + C_1 e^{\alpha t} + C_2 e^{\beta t} \tag{9.6-17}$$

在这里，C_1 和 C_2 是齐次方程的通解中任意常数，α 和 β 是 z 的下列二次方程的两个根：

$$z^2 + a_1 z + a_0 = 0 \tag{9.6-18}$$

式 (9.6-17) 右边的积分式是式 (9.6-16) 的一个特解，其中的函数 $g_1(t-\xi)$ 可由函数：

$$g_1(t) = \frac{1}{\alpha - \beta}(e^{\alpha t} - e^{\beta t}) \tag{9.6-19}$$

得到，而后者是在通解中选择 C_1 和 C_2 得到，使得：

$$g_1(0) = 0, g_1'(0) = 1 \tag{9.6-20}$$

相应于式 (9.6-17) 右边的积分式，方程 (9.6-14) 的特解是：

$$f(t) = -\frac{1}{\alpha - \beta}\frac{a}{\rho}\int_0^t p(\xi)[e^{\alpha(t-\xi)} - e^{\beta(t-\xi)}]\mathrm{d}\xi \tag{9.6-21}$$

现在其中：

$$\alpha = \zeta(-1+is), \beta = \zeta(-1-is) \text{ 而 } s = \sqrt{\frac{1}{1-2\nu}} \tag{9.6-22}$$

并且 s 和上面式（9.6-15）给出的 ζ 都是正实数。虽然这里的 α 和 β 是复数，但方程（9.6-21）的右边是实数。

现在可以说明，特解（9.6-21）就是爆炸问题中所需的一切。在方程（9.6-11）中令 $t=0$，可见位移为零的初始条件要求：

在 $r \geqslant a$ 处，

$$-\frac{1}{c_1}\frac{1}{r}f'\left(-\frac{r-a}{c_1}\right) - \frac{1}{r^2}f\left(\frac{r-a}{c_1}\right) = 0 \tag{9.6-23}$$

将方程（9.6-11）对 t 求导。得出：

$$\frac{\partial u}{\partial t} = -\frac{1}{c_1}\frac{1}{r}f''(\Gamma) - \frac{1}{r^2}f'(\Gamma)$$

然后在 Γ 中令 $t=0$，即可将速度为零的初始条件表示成为：

$$-\frac{1}{c_1}\frac{1}{r}f''\left(-\frac{r-a}{c_1}\right) - \frac{1}{r^2}f'\left(\frac{r-a}{c_1}\right) = 0 \tag{9.6-24}$$

到此为止，对于函数 $f(t)$ 的自变量 t 只注视了它的正值。但在初始条件式（9.6-23）和式（9.6-24）中，自变量是 $-(r-a)/c_1$，它在所讨论的区域 $r>a$ 内是负的。显然，这就必须定义 $f(\eta)$，使 η 可用于任何自变量，包括正实数和负实数。

试考虑如下的定义：对于正的 η，在式（9.6-21）中用 η 代替 t，从而给出 $f(\eta)$；当 η 为负时，$f(\eta)$ 为零。

于是，当 η 为负时，导数 $f'(\eta)$、$f''(\eta)$ 也都是零，因而初始条件式（9.6-23）和式（9.6-24）都被满足。此外，由式（9.6-21）可见，对于正的 Γ：

$$\lim_{\Gamma \to 0} f(\Gamma) = 0, \lim_{\Gamma \to 0} f'(\Gamma) = 0 \tag{9.6-25}$$

因此，注意到上面的方程（9.6-25），可见在 r 处的位移一直到 $t=(r-a)/c_1$（也就是一直到 $\Gamma=0$）时都是保持为零，而在此后成为不间断的非零值。这就进一步表示，无穷远处的材料保持不受扰动。而且，如果考虑 r 的全范围，则位移在任何瞬时都没有间断，正如物理条件所要求的那样。显然，上面对 $f(\eta)$ 所下的定义能满足问题的所有一切条件。

突施并持续的洞内压力。在这一情况下，可以取：$t>0$ 时，$p(t)=p_0$，而 p_0 为常量。于是在方程（9.6-21）中有 $p(\xi)=p_0$，因而容易求得该方程中的积分式。用 Γ 代替 t 以后，结果是：

$$f(\Gamma) = \frac{p_0 \alpha^2}{2\rho\zeta c_1}\left[1 - e^{-\zeta\Gamma}\left(\cos\zeta s\Gamma + \frac{1}{s}\sin\zeta s\Gamma\right)\right] \tag{9.6-26}$$

代入方程式（9.6-11）、式（9.6-12）、式（9.6-13），即可得出位移和应力。

习 题

9-1 试求泊松比 $\nu=0$ 及 $\nu=1/3$ 时的 c_1、c_2、c_3。

9-2 如图习题 9-1 所示的半无限弹性体，边界为自由面，有一个波幅为 A，

与边界法线成 α_1 角入射的简谐横波，在边界上产生全反射，求反射角和波幅 A。

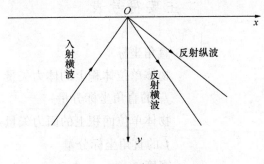

图习题 9-1

主要符号表

符号	含义
x, y, z	直角坐标
$\boldsymbol{f}$	物体单位体积上的体力矢量
f_x, f_y, f_z	f_b 的直角坐标分量
$\overline{\boldsymbol{f}}$	物体单位面积上的面力矢量
$\overline{f}_x, \overline{f}_y, \overline{f}_z$	$\overline{\boldsymbol{f}}$ 的直角坐标分量
ρ	密度
g	重力加速度
$\sigma_{xx}, \sigma_{yy}, \sigma_{zz}$	直角坐标系中正应力分量
$\sigma_x, \sigma_y, \sigma_z$	直角坐标系中正应力分量
$\tau_{xy}, \tau_{xz}, \tau_{yx}, \tau_{yz}, \tau_{zx}, \tau_{zy}$	直角坐标系中切应力分量
(σ_{ij})	应力张量
$\boldsymbol{p}$	斜截面上的应力矢量
p_x, p_y, p_z	$\boldsymbol{p}$ 的直角坐标分量
$\boldsymbol{n}$	斜截面上的单位法向量
l, m, n	$\boldsymbol{n}$ 的直角坐标分量
$\boldsymbol{i}, \boldsymbol{j}, \boldsymbol{k}$	直角坐标单位向量
$[L]$	不同坐标系间的转换矩阵
$\sigma_1, \sigma_2, \sigma_3$	3 个主应力
σ_v	三个主应力之和
I_1, I_2, I_3	应力张量不变量
σ_n	斜截面上正应力
σ_s	斜截面上切应力
$\overline{\sigma}$	材料力学第四强度理论中计算应力
σ_m	平均主应力
(M_{ij})	应力球张量
(S_{ij})	应力偏张量
S_1, S_2, S_3	主偏应力
J_1, J_2, J_3	偏应力张量不变量
ρ, ϕ	极坐标
f_ρ, f_ϕ	极坐标系中的体力分量
$\sigma_\rho, \sigma_\phi, \tau_{\rho\phi} = \tau_{\phi\rho}$	极坐标系中的应力分量
u, v, w	位移的直角坐标分量；v 在第 9 章表示波速
(ε_{ij})	应变张量

主要符号表

(ω_{ij})	刚体转动张量
$\varepsilon_x, \varepsilon_y, \varepsilon_z$	直角坐标系中正应变分量
$\varepsilon_{xy}, \varepsilon_{xz}, \varepsilon_{yx}, \varepsilon_{yz}, \varepsilon_{zx}, \varepsilon_{zy}$	直角坐标系中几何切应变分量
$\gamma_{xy}, \gamma_{xz}, \gamma_{yx}, \gamma_{yz}, \gamma_{zx}, \gamma_{zy}$	直角坐标系中工程切应变分量
$\varepsilon_1, \varepsilon_2, \varepsilon_3$	主应变
ε	任一主应变
I'_1, I'_2, I'_3	应变张量不变量
ε_n	正应变
ε_s	切应变
ε_m	平均主应变
(M'_{ij})	应变球张量
(S'_{ij})	应变偏张量
S'	主偏应变
J'_1, J'_2, J'_3	偏应变张量不变量
ε_ρ	径向应变
ε_ϕ	环向应变
$\gamma_{\rho\phi}$	切应变
E	弹性模量；能量方程中表示动能
G	剪切模量
ν	泊松比
K	体积弹性模量
λ, μ	拉梅常数
ε_v	体积应变
U	应变能密度
U_v	体积应变能密度
U_d	形状应变能密度
V_ε	应变能
W	外力功
∇^2	拉普拉斯算子
φ_f	艾里应力函数
ρ, θ, ϕ	球坐标
ρ, θ, z	柱坐标
M	弯矩
I	惯性矩
I_p	极惯性矩
S	静矩

F_S	剪力
$\mathbb{F}$	体力势函数
t	时间
Θ	温度，是 x、y、z、t 的函数
ψ	热流密度
Φ	热弹性应变势
T	第 8 章为温度，第 9 章为周期
σ	任一主应力
φ_T	艾里热应力函数
$\zeta(r,z)$	拉甫位移函数

参 考 文 献

[1] 铁木辛柯,古地尔. 徐芝纶译. 弹性理论. 北京:高等教育出版社,1990.
[2] 徐芝纶. 弹性力学简明教程. 北京:高等教育出版社,2002.
[3] 徐芝纶. 弹性力学:上、下册. 北京:人民教育出版社,2006.
[4] 顿志林,高家美. 弹性力学及其在岩土工程中的应用. 北京:煤炭工业出版社,2003.
[5] 吴家龙. 弹性力学. 北京:高等教育出版社,2001.
[6] 杨桂通. 弹性力学(第二版). 北京:高等教育出版社,2011.
[7] 薛守义. 弹塑性力学. 北京:中国建材工业出版社,2005.
[8] 卢莹莹. 弹性力学简明教程同步辅导及习题全解. 徐州:中国矿业大学出版社,2008.
[9] 王龙甫. 弹性理论. 北京:科学出版社,1978.
[10] 施振东,韩耀新. 弹性力学教程. 北京:北京航空学院出版社,1987.
[11] 陆明万,罗学富. 弹性理论基础. 北京:清华大学出版社,1990.
[12] 严宗达,王洪礼. 热应力. 北京:高等教育出版社,1993.
[13] 程昌钧. 弹性力学. 兰州:兰州大学出版社,1995.
[14] 徐秉业,刘信声. 应用弹塑性力学. 北京:清华大学出版社,1995.
[15] 钟伟芳,皮道华. 高等弹性力学. 武汉:华中理工大学出版社,1993.
[16] 张行. 高等弹性理论. 北京:北京航空航天大学出版社,1994.
[17] 俞嘉声. 弹性力学教程. 北京:高等教育出版社,1991.
[18] 王敏中,王炜,武际可. 弹性力学教程. 北京:北京大学出版社,2002.
[19] 谢贻权,林钟祥,丁皓江. 弹性力学. 杭州:浙江大学出版社,1988.
[20] 武际可,王敏中. 弹性力学 引论. 北京:北京大学出版社,1981.
[21] 杨桂通,张善元. 弹性动力学. 北京:中国铁道出版社,1988.
[22] 杨绪灿,金建三. 弹性力学. 北京:高等教育出版社,1987.
[23] 黄怡筠,程兆雄. 弹性理论基础. 北京:北京理工大学出版社,1988.
[24] 蒋咏秋. 弹性力学基础. 西安:陕西科技出版社,1984.
[25] Mase G. T., Mase, G. E. Continuum Mechanics for Engineers (Second Edition). Boca Raton, CRC Press, 1999.
[26] Lubarda V. A. Elastoplasticity theory. Boca Raton:CRC Press, 2001.
[27] Saada A. S. Elasticity theory and applications. New York:Pergamon Press, 1974.
[28] Spencer A. J. M. Continuum Mechanics. New York:Dover Publications, 2004.
[29] Lai M, Rubin D, Kaempl E. Introduction to Continuum Mechanics, Fourth Edition. Oxford:Elsevier, 2009.
[30] Love A. E. H. A treatise on the mathematical theory of elasticity, fourth revised edtion, New York:Dover Publications, 2011.